H. Rickert   Einführung in die Elektrochemie fester Stoffe

H. Rickert

Einführung in die

Elektrochemie fester Stoffe

Springer-Verlag Berlin Heidelberg GmbH 1973

Professor Dr. HANS RICKERT

Lehrstuhl für Physikalische Chemie
an der Universität Dortmund

Mit 64 Abbildungen

ISBN 978-3-662-06853-3   ISBN 978-3-662-06852-6 (eBook)
DOI 10.1007/978-3-662-06852-6

Das Werk ist urheberrechtlich geschützt. Die dadurch begründeten Rechte, insbesondere die der Übersetzung, des Nachdruckes, der Entnahme von Abbildungen, der Funksendung, der Wiedergabe auf photomechanischem oder ähnlichem Wege und der Speicherung in Datenverarbeitungsanlagen bleiben, auch bei nur auszugsweiser Verwertung, vorbehalten. Bei Vervielfältigungen für gewerbliche Zwecke ist gemäß § 54 UrhG eine Vergütung an den Verlag zu zahlen, deren Höhe mit dem Verlag zu vereinbaren ist. © by Springer Verlag Berlin Heidelberg 1973. Ursprünglich erschienen bei Springer-Verlag Berlin Heidelberg New York 1973. Softcover reprint of the hardcover 1st edition 1973.
Library of Congress Catalog Card Number 73-78496.

Die Wiedergabe von Gebrauchsnamen, Handelsnamen, Warenbezeichnungen usw. in diesem Werk berechtigt auch ohne besondere Kennzeichnung nicht zu der Annahme, daß solche Namen im Sinne der Warenzeichen- und Markenschutz-Gesetzgebung als frei zu betrachten wären und daher von jedermann benutzt werden dürften.

Für

Carl Wagner

Vorwort

In den letzten Jahren hat das Gebiet der Elektrochemie fester Stoffe sprunghaft an Bedeutung gewonnen. Ein Zeichen dafür ist die wachsende Zahl der Veröffentlichungen auf diesem Gebiet. Mit Hilfe von festen Ionenleitern — festen Elektrolyten — werden ständig mehr galvanische Ketten für thermodynamische oder kinetische Untersuchungen und technische Anwendungen gebaut.
Ziel dieses Buches ist es, eine Einführung in die Elektrochemie fester Stoffe zu geben, wobei besonderer Wert auf die Grundlagen gelegt wird. Es ist also kein Handbuch mit möglichst vollständiger Berücksichtigung der Literatur. Umfangreichere Darstellungen einzelner Teilgebiete sind an anderer Stelle vorhanden und werden im Text erwähnt. Voraussetzung zum Lesen des Buches sind Grundkenntnisse in der physikalischen Chemie, besonders in der Thermodynamik. Die einzelnen Kapitel sind so geschrieben, daß sie weitgehend unabhängig voneinander gelesen werden können.
Für die Entstehung dieses Buches waren wichtige Impulse, Anregungen und Hilfen durch Fachkollegen und Mitarbeiter von Bedeutung. Besonders wertvoll waren hierbei meine Kontakte mit C. WAGNER, der auch freundlicherweise das Manuskript dieses Buches gelesen hat. Für die kritische Durchsicht und die Hilfe beim Korrekturlesen danke ich W. WEPPNER.

HANS RICKERT

Inhaltsverzeichnis

I	Einleitung	1
	Literatur	4

II	Fehlordnung in festen Stoffen	5
	II.1 Allgemeines über Gitterfehler und deren Bedeutung	5
	II.2 Punktfehler oder Störstellen	7
	II.3 Fehlordnungsgleichgewichte	15
	II.4 Die chemischen Potentiale der Störstellen	19
	II.5 Fehlordnungsgleichgewichte im Volumen	23
	II.6 Kinetische Herleitung von Fehlordnungsgleichgewichten	34
	II.7 Fehlordnungsgleichgewichte mit Nachbarphasen	36
	II.8 Fehlordnungsgleichgewichte mit Oberflächen	42
	Literatur	44

III	Beispiele für Fehlordnung in festen Stoffen	47
	III.1 Die Fehlordnung von dotiertem Zirkondioxid und Thoriumdioxid	48
	III.2 Die Fehlordnung in ZnO, Cu_2O und CuO	51
	III.2.1 ZnO	51
	III.2.2 Cu_2O bei 1000 °C	52
	III.2.3 Die Fehlordnung in CuO bei 1000 °C	53
	Literatur	53

IV	Thermodynamische Größen der quasifreien Elektronen und Defektelektronen in Halbleitern	54
	IV.1 Allgemeine Überlegungen	54
	IV.2 Das elektrochemische Potential $\tilde{\eta}_e$ der Elektronen	55
	IV.3 Die Fermi-Verteilungsfunktion $f(\varepsilon)$	56
	IV.4 Die Zustandsdichte $D(\varepsilon)$	60

	IV.5	Beziehung zwischen der Konzentration der Elektronen bzw. Defektelektronen und ihrem elektrochemischen Potential	61
	IV.6	Chemisches Potential der Elektronen und Standardzustände	63
	IV.7	Der Aktivitätskoeffizient der Elektronen und Defektelektronen bei Entartung	66
	IV.8	Die Phasengrenze Festkörper/Vakuum; Austrittsarbeit E_A	67
	IV.9	Das Voltapotential oder Kontaktpotential	69
	IV.10	Die Phasengrenze Festkörper I/Festkörper II; die Galvanispannung	70
	Literatur		71
V	Ein Beispiel für die Fehlordnung der Elektronen; Elektronen und Defektelektronen in α-Ag_2S		72
	Literatur		80
VI	Beweglichkeit, Diffusion und Teilleitfähigkeit der Ionen und Elektronen		81
	VI.1	Die phänomenologische Behandlung der Transportvorgänge	81
		VI.1.1 Diffusionsgleichungen	81
		VI.1.2 Die mechanische Beweglichkeit B_m	83
		VI.1.3 Die Beziehung von NERNST und EINSTEIN	84
		VI.1.4 Der Komponentendiffusionskoeffizient D_K	85
		VI.1.5 Der Zusammenhang zwischen D und D_K	86
		VI.1.6 Der Zusammenhang zwischen dem Komponentendiffusionskoeffizienten D_K und dem Tracerdiffusionskoeffizienten D_{Tr}	87
		VI.1.7 Teilchenfluß im elektrischen Feld	87
		VI.1.8 Teilchenfluß bei gleichzeitigem Konzentrations- bzw. Aktivitätsgefälle und elektrischem Feld	89
		VI.1.9 Beschreibung von Teilchenflüssen mit den phänomenologischen Ansätzen der irreversiblen Thermodynamik	91
		VI.1.10 Chemische Diffusion	92
	VI.2	Statistische Behandlung der Transportgrößen	94
	VI.3	Methoden zur Messung von Teilleitfähigkeiten	100
		VI.3.1 Überführungsmessungen	102

Inhaltsverzeichnis

	VI.3.2	Messung von Überführungszahlen durch EMK-Messungen an galvanischen Ketten	103
	VI.3.3	Ermittlung von Teilleitfähigkeiten durch stationäre Polarisationsmessungen	106
Literatur			115

VII Galvanische Ketten mit festen Elektrolyten für thermodynamische Untersuchungen und technische Anwendungen ... 117

- VII.1 Bestimmung von molaren Gibbsschen Reaktionsenergien ... 118
- VII.2 Die Bestimmung von chemischen Potentialen bzw. thermodynamischen Aktivitäten oder Partialdrükken ... 126
  - VII.2.1 Galvanische Ketten erster Art ... 127
  - VII.2.2 Galvanische Ketten zweiter Art ... 135
- VII.3 Messung von ΔS- und ΔH-Werten mit Hilfe der Temperaturabhängigkeit der EMK E von galvanischen Ketten ... 137
- VII.4 Galvanische Ketten für technische Anwendungen ... 137
- Literatur ... 139

VIII Festkörperreaktionen ... 141

- VIII.1 Theorie der Deckschichtbildung auf Metallen ... 141
  - VIII.1.1 Zeitgesetze der Deckschichtbildung ... 143
  - VIII.1.2 Berechnung der Konstanten des parabolischen Zeitgesetzes nach C. WAGNER ... 145
- VIII.2 Beispiele für die Deckschichtbildung auf Metallen ... 148
  - VIII.2.1 Die Oxidation von Kupfer zu Cu_2O bei 1000 °C ... 148
  - VIII.2.2 Die Oxidation von Zink bei 400 °C ... 149
  - VIII.2.3 Die Reaktion von Silber mit flüssigem Schwefel bei 400 °C ... 149
  - VIII.2.4 Bildung von Doppelsalzen und Doppeloxiden durch Reaktion im festen Zustand ... 151
- Literatur ... 152

IX Galvanische Ketten mit festen Elektrolyten für kinetische Untersuchungen ... 153

- IX.1 Elektrochemische Messung der Sauerstoffdiffusion in Metallen bei höheren Temperaturen mit Zirkondioxid als Festelektrolyt ... 154

　　　　　　　　IX.1.1　Das Prinzip der elektrochemischen Messung der Sauerstoffdiffusion 154
　　　　　　　　IX.1.2　Potentiostatische Methode 155
　　　　　　　　　　　　IX.1.2.1　Die lineare Geometrie 156
　　　　　　　　　　　　IX.1.2.2　Die zylindrische Geometrie . . 159
　　　　　　　　IX.1.3　Galvanostatische Methode 162
　　　　IX.2　Elektrochemische Untersuchung über die Bildung von Nickelsulfid in festem Zustand bei höheren Temperaturen 164
　　　　　　　　IX.2.1　Potentiostatische Messung 167
　　　　　　　　IX.2.2　Galvanostatische Messung 168
　　　　IX.3　Elektrochemische Untersuchungen über den Durchtritt von Silber, Silberionen und Elektronen durch die Phasengrenze festes Silber/festes Silbersulfid . . 170
　　　　　　　　IX.3.1　Vereinfachte Versuchsanordnung 171
　　　　　　　　IX.3.2　Erweiterte Versuchsanordnung 172
　　　　　　　　IX.3.3　Ergebnisse und Diskussion der Polarisationsmessungen an der Phasengrenze Ag/Ag_2S 175
　　　　IX.4　Elektrochemische Untersuchung der Verdampfung von Jod aus Kupferjodid 176
　　　　IX.5　Elektrochemische Knudsenzelle zur Untersuchung der Thermodynamik von Gasen 184
　　　　IX.6　Elektrochemische Messung des chemischen Diffusionskoeffizienten von Wüstit und Silbersulfid . . . 193
　　　　Literatur 199

X　Nichtisotherme Systeme 201

　　　　X.1　Grundgleichungen der irreversiblen Thermodynamik 202
　　　　X.2　Der Soret-Effekt 205
　　　　X.3　Stationäre Transportvorgänge in festen Stoffen im Temperaturgefälle 207
　　　　X.4　Thermokräfte 210
　　　　Literatur 215

Namenverzeichnis 217

Sachverzeichnis 221

Liste der verwendeten Symbole

a_B	Aktivität der Komponente B
$A = U - TS$	Freie Energie (Helmholtzsche Energie)
A	Neutrales A-Teilchen auf Zwischengitterplatz (Schottky neu)
|A|	Neutrale A-Leerstelle (Schottky neu)
A$\circ$	Neutrales A-Teilchen auf Zwischengitterplatz (Schottky alt)
A$\square$	Neutrale A-Leerstelle (Schottky alt)
A_A	A-Teilchen auf A-Platz (Kröger-Vink)
A_B	A-Teilchen auf B-Platz (Kröger-Vink)
A_i	A-Teilchen auf Zwischengitterplatz (Kröger-Vink)
AB	AB-Gittermolekül (Schottky alt, neu, Kröger-Vink)
B$\bullet$(A)	Neutrales B-Teilchen auf A-Platz (Schottky alt)
B|A|	Neutrales B-Teilchen auf A-Platz (Schottky neu)
B_m	Mechanische Beweglichkeit
c_B, [B]	Konzentration der Komponente B
D	(Fickscher) Diffusionskoeffizient
D_K	Komponentendiffusionskoeffizient
D_{Tr}	Tracerdiffusionskoeffizient
$D(\varepsilon)$	Zustandsdichte
e	Quasifreies Elektron (Schottky neu, Kröger-Vink), Elementarladung
|e|	Defektelektron (Schottky neu)
E	EMK
$\mathbf{E}$	Elektrische Feldstärke
E_A	Austrittsarbeit
E_F	Fermi-Potential, -Niveau oder -Energie
E_L	Unterkante des Leitungsbandes
E_V	Oberkante des Valenzbandes
f	Korrelationsfaktor
$f(\varepsilon)$	Fermi-Verteilungsfunktion
F	Faradaykonstante
$F_{\frac{1}{2}}$	Fermi-Dirac-Integral „einhalb"
g	Partielle molare Gibbsenergie

	Liste der verwendeten Symbole
$\tilde{g}_i$	konzentrationsunabhängiger Beitrag zur partiellen Gibbsenergie einer einzelnen Störstelle
$\tilde{g}_M$	Konzentrationsunabhängiger Beitrag zur partiellen Gibbsenergie eines Gittermoleküls
$G = H - TS$	Gibbsenergie (früher freie Enthalpie)
h	Plancksche Wirkungskonstante; Defektelektron (Kröger-Vink); partielle molare Enthalpie
$H = U + pV$	Enthalpie
i	Elektrische Stromdichte
I	Elektrische Stromstärke
j_B	Teilchenstromdichte der Komponente B
J_B	Teilchenstrom der Komponente B
k	Boltzmannsche Konstante; Wellenvektor
k_r	Reaktionsgeschwindigkeitskonstante
K	Kraft
l	Länge
L	Loschmidtzahl
L_{ik}	Onsager-Koeffizient
m	Masse
m^*	Effektive Masse
M	Molekulargewicht
$n = [e]$	Überschußelektronenkonzentration
n_B	Molzahl der Komponente B
N_B	Teilchenzahl, Teilchenzahldichte der Komponente B
N_L	Effektive Zustandsdichte der Elektronen
N_V	Effektive Zustandsdichte der Defektelektronen
p	Impuls
$p = [h]$	Defektelektronenkonzentration
q	Querschnitt
Q	Ladungsmenge
Q_i^*	Überführungswärme
r	Radialkoordinate (Zylinderkoordinatensystem)
r_i	Verschiebungsvektor (i-ter Sprung)
R	Gaskonstante; Widerstand
$\boldsymbol{R}$	Verschiebungsvektor (n Sprünge)
s	Partielle molare Entropie
S	Entropie
t	Zeit
t_B	Überführungszahl der Komponente B
T	Absolute Temperatur
u	Partielle molare innere Energie; elektrische Beweglichkeit
U	Innere Energie
$U = I \cdot R$	Elektrische Spannung

Liste der verwendeten Symbole

v	Reaktionsgeschwindigkeit; Teilchengeschwindigkeit
V	Voltapotential; Volumen
V_A	A-Leerstelle (Kröger-Vink)
V_i	Zwischengitterplatz-Leerstelle (Kröger-Vink)
V_M	Molvolumen
w	Wahrscheinlichkeit (mathematisch)
W	Thermodynamische Wahrscheinlichkeit
x_B	Molenbruch der Komponente B
x, y, z	Ortskoordinaten
X	Reaktionsschichtdicke
X_i	Verallgemeinerte Kraft
z_B	Ladungszahl eines Ions B (positiv für Kationen, negativ für Anionen)
Z	Anzahl der Plätze im Energieintervall
γ_B	Aktivitätskoeffizient (Konzentration in Molen pro Volumeneinheit gemessen)
Γ	Oberflächenkonzentration
δ	Stöchiometrische Abweichung
ε	Partielle innere Energie der Elektronen; Thermokraft
η_B	Elektrochemisches Potential der Komponente B bezogen auf 1 Mol
$\tilde{\eta}_B$	Elektrochemisches Potential der Komponente B bezogen auf 1 Teilchen
μ_B	Chemisches Potential der Komponente B bezogen auf 1 Mol
$\tilde{\mu}_B$	Chemisches Potential der Komponente B bezogen auf 1 Teilchen
$\mu_B^0, \tilde{\mu}_B^0$	Chemisches Potential der Komponente B im Standardzustand
ν	Stöchiometrischer Koeffizient; Sprungfrequenz
ρ	Ladungsdichte; spezifischer Widerstand
σ	Elektrische Leitfähigkeit
τ	Transitionszeit
φ	Elektrisches Potential
$\ominus$	Quasifreies Elektron (Schottky alt)
$\oplus$	Defektelektron (Schottky alt)
$\sim$	Schlange über einem Symbol bedeutet: bezogen auf 1 Teilchen

I Einleitung

Inhalt der Elektrochemie fester Stoffe und geschichtliche Entwicklung

Die Elektrochemie fester Stoffe behandelt analoge Fragestellungen an festen Stoffen, insbesondere an festen Verbindungen mit mehr oder weniger Ionencharakter wie die Elektrochemie der Flüssigkeiten an flüssigen Lösungen oder die Elektrochemie der geschmolzenen Salze an Salzschmelzen. Bei der Elektrochemie der festen Stoffe kommt gegenüber der üblichen Elektrochemie der Flüssigkeiten, insbesondere der der wäßrigen Lösungen, als neues Problem hinzu, daß elektronische Ladungsträger sich an der Stromleitung beteiligen können, oft sogar überwiegend Elektronen- oder Defektelektronenleitung neben der Ionenleitung auftritt. Schwerpunkte in der Elektrochemie der flüssigen Elektrolyte sind:

a) Die Konstitution der Elektrolytlösungen, insbesondere die elektrolytische Dissoziation und Ionenwanderung,

b) galvanische Ketten mit flüssigen Elektrolyten und

c) die elektrochemische Kinetik, insbesondere die Elektrodenkinetik.

Diese haben weitgehende Parallelen im Falle der festen Stoffe, insbesondere der festen Verbindungen. Die entsprechenden Schwerpunkte in der Feststoffelektrochemie sind:

a) Die Fehlordnung in festen Stoffen, insbesondere Fehlordnungsgleichgewichte und Transportvorgänge von Gitterdefekten,

b) galvanische Ketten mit festen Elektrolyten und

c) Reaktionen in und an festen Stoffen.

Die Theorie der elektrolytischen Dissoziation *flüssiger Elektrolytlösungen* besagt, daß ein Teil der Moleküle, die in dem jeweiligen Elektrolyten gelöst sind, in bewegliche, positiv und negativ geladene Ionen zerfallen sind. Diese Ionen können den elektrischen Strom tragen. Die Konzentrationen der Ionen unterliegen den Gesetzen des thermodynamischen Gleichgewichts, insbesondere sind Massenwirkungsgesetze auf sie anwendbar. Die Ursache für die Möglichkeit der Ionenwanderung in *festen Stoffen* ergibt sich durch die thermodynamisch bedingte Fehl-

Tabelle I.1. Geschichtliche Entwicklung der Elektrochemie wäßriger Lösungen

1791	GALVANI	Froschschenkelversuch (Froschschenkel, die zwei verschiedene, miteinander verbundene Metalle berühren, zucken)
1792	VOLTA	Erklärung des Froschschenkelversuches: der Froschschenkel muß zwei verschiedenartige Metalle berühren. Herstellung eines „Voltaschen Elements"
1798	RITTER	Auffinden eines Zusammenhangs zwischen galvanischen und chemischen Vorgängen (Aufstellen einer Spannungsreihe der Metalle)
1800	VOLTA	Herstellung einer „Voltaschen Säule" (Hintereinanderschaltung mehrerer Voltascher Elemente ergab die erste brauchbare Batterie)
1805	GROTTHUS	Überlegungen über den Mechanismus von Elektrolytlösungen
1834	FARADAY	Faradaysche Gesetze
1853	HITTORF	Untersuchungen über Teilleitfähigkeiten der einzelnen Ionensorten und die elektrolytische Überführung
1887	ARRHENIUS	Elektrolytische Dissoziation erklärt die Ionenleitfähigkeit der Elektrolyte
1870	HELMHOLTZ	Theorie der galvanischen Ketten durch Betrachtung der Arbeit der gesamten galvanischen Zelle
1888	NERNST	Theorie der galvanischen Ketten durch Betrachtung der Einzelelektrodenpotentiale
1923	DEBYE, HÜCKEL, FALKENHAGEN	Berücksichtigung der interionischen Wechselwirkung im Elektrolyten
1930	ERDEY-GRUZ, VOLMER, FRUMKIN	Aufstellung erster Theorien zur Elektrochemischen Kinetik
ab 1945		Weitere Untersuchungen zur Elektrodenkinetik, Struktur der elektrochemischen Doppelschicht, Strom- und Potentialverteilung im Elektrolyten, Anwendungen

ordnung. Hiernach sind bei endlichen, von 0 K verschiedenen Temperaturen in einem Kristallgitter stets unbesetzte Gitterplätze (Leerstellen) und im Zwischengitter, d. h., zwischen den regulären Plätzen des Wirtsgitters, zusätzliche Teilchen (Zwischengitteratome oder Zwischengitterionen) sowie falsche, von der normalen Anordnung abweichende Besetzungen (Substitutionsteilchen) vorhanden.

Die Fehlordnung fester Kristallverbindungen hängt oft eng zusammen mit Abweichungen von der idealen Stöchiometrie. Trotz der Tatsache, daß mögliche Stöchiometrieänderungen sich meistens in engen Grenzen halten, kann man feste Kristallverbindungen vom thermodynamischen Standpunkt als Mischphasen – sog. geordnete Mischphasen – auffassen, bei denen sich die chemischen Potentiale bzw. Gleichgewichts-

Einleitung

Tabelle I.2. Geschichtliche Entwicklung der Elektrochemie fester Stoffe

1884/90	WARBURG, TEGETMEIER	Nachweis der Gültigkeit des Faradayschen
1904	HABER, TOLLOCZKO	Gesetzes für einige feste Leiter, zugleich Nachweis
1910	BRUNI, SCARPA	der Ionenleitfähigkeit
1914/20	TUBANDT	Systematische Untersuchung von festen Leitern
ab 1950	HEBB, WAGNER	
1920/23	TAMMANN, PILLING, BEDWORTH	Theorien zum Mechanismus der Metalloxidation
1933	C. WAGNER	
1926	FRENKEL	Theorie der Fehlordnung, thermodynamische
1935	SCHOTTKY, C. WAGNER	Behandlung der Fehlordnung
ab 1930	REINHOLD, TUBANDT, C. WAGNER	Untersuchungen mit galvanischen Ketten mit festen Elektrolyten
gegenwärtig		Thermodynamische und kinetische Untersuchungen an und in festen Stoffen und Untersuchungen mit galvanischen Ketten mit festen Elektrolyten sowie deren technische Anwendungen

partialdrücke der einzelnen Komponenten und damit wichtige Kristalleigenschaften wie z. B. die Teilleitfähigkeiten der Ionen und Elektronen in weiten Grenzen ändern können. Die thermodynamische Behandlung der Fehlordnung geht zurück auf FRENKEL (1926) [I.1] sowie SCHOTTKY und WAGNER (1935) [I.2]. Sie hat in ihren Grundzügen vieles gemeinsam mit der Theorie der elektrolytischen Dissoziation und kann dieser darum mit Recht gegenübergestellt werden.

Noch weiter geht die Analogie bei der Betrachtung galvanischer Ketten auf der einen Seite mit flüssigen und auf der anderen Seite mit festen Elektrolyten. Auch bei den Reaktionen in und an festen Stoffen sind schließlich viele gemeinsame Züge zur elektrochemischen Kinetik zu finden. Die experimentelle Meßtechnik in der Elektrochemie der festen Stoffe konnte vieles von den Untersuchungsmethoden der Elektrochemie der Flüssigkeiten übernehmen, wobei die Entwicklung heute noch in vollem Gange ist. Es erscheint darum gerechtfertigt, von einer Elektrochemie der festen Stoffe zu sprechen.

Durch die auftretende Elektronenleitung in festen Stoffen entstehen jedoch zusätzliche enge Beziehungen zur Halbleiterphysik bzw. -chemie. Die Methoden der Untersuchung des Verhaltens der Elektronen, besonders der Leitfähigkeit, sind weitgehend analog zu denen, wie sie bei Halbleitern vom Typ Silicium, Germanium oder Indiumantimonid üblich sind.

In den Tabellen I.1 und I.2 soll die geschichtliche Entwicklung der Elektrochemie der festen Stoffe derjenigen der Flüssigkeiten stichwortartig gegenübergestellt werden. Eine ausführlichere Darstellung findet sich für die Elektrochemie der flüssigen Elektrolyte bei KORTÜM [I.3] und für die Elektrochemie der festen Stoffe bis zum Jahre 1952 bei WAGNER [I.4]. Die neueren Entwicklungen finden sich u.a. bei KRÖGER [I.5], HAUFFE [I.6], RALEIGH [I.7], ALCOCK [I.8], RAPP [I.9] und STEELE [I.10]. Außerdem wird ihnen in der vorliegenden „Einführung in die Elektrochemie fester Stoffe" Aufmerksamkeit gewidmet.

Literatur

I.1   FRENKEL, J.: Z. Phys. **35**, 652 (1926).
I.2   SCHOTTKY, W.: Z. phys. Chem. **B 29**, 335 (1935).
      WAGNER, C., SCHOTTKY, W.: Z. phys. Chem. **B 11**, 163 (1930).
      WAGNER, C.: Z. phys. Chem. Bodenstein-Festband, 177 (1931).
      WAGNER, C.: Z. phys. Chem. **B 22**, 181 (1933).
I.3   KORTÜM, G.: Lehrbuch der Elektrochemie. Weinheim: Verlag Chemie 1952.
I.4   WAGNER, C.: J. Elektrochem. Soc. **99**, 346 C (1952).
I.5   KRÖGER, F.A.: The Chemistry of Imperfect Crystals. Amsterdam: North-Holland Publ. Comp. 1964.
      KRÖGER, F.A.: Physical Chemistry, Vol. X, Solid State (Hrsg. H. EYRING, D. HENDERSON, W. JOST). New York-London: Academic Press 1970.
I.6   HAUFFE, K.: Reaktionen in und an festen Stoffen. Berlin-Heidelberg-New York: Springer 1966.
I.7   RALEIGH, D.O.: "Electrode Processes in Solid Electrolyte Systems". Advan. in Electroanal. Chem., 1971.
I.8   ALCOCK, C.B. (Ed.): Electromotive Force Measurements in High-Temperature Systems. London: The Institution of Mining and Metallurgy 1968.
I.9   RAPP, R.A., SHORES, D.A.: Physicochemical Measurements in Metals Research (Hrsg. R.A. RAPP), S. 123. New York-London: J. Wiley 1970.
I.10 STEELE, B.C.H.: Heterogeneous Kinetics at Elevated Temperatures (Hrsg. G.R. BELTON, W.L. WORRELL), S. 135. New York-London: Plenum Press 1970.
      STEELE, B.C.H.: Solid State Chemistry, MTP Intern. Rev. Sci. Vol. 10 (Hrsg. R.J. ROBERTS), S. 117. London: Butterworth/Baltimore: Univ. Park Press 1972.

II Fehlordnung in festen Stoffen

Im Rahmen der Elektrochemie fester Stoffe werden vor allem kristalline Metall-Nichtmetallverbindungen betrachtet, die zu Halbleiterverbindungen führen. Hierzu gehören unter anderem die Ionenverbindungen wie AgCl oder NaCl, aber auch Verbindungen mit mehr kovalenten Anteilen wie viele Metallsulfide und Metalloxide. Die meisten der im folgenden durchgeführten Überlegungen sind daneben aber auch auf sonstige geordnete Kristallverbindungen anwendbar. In solchen, allgemein als „geordnete Mischphasen" bezeichneten Verbindungen, sind die Abweichungen von der regelmäßigen Kristallordnung in vielfacher Hinsicht, insbesondere für das Verständnis thermodynamischer und kinetischer Eigenschaften der Kristallverbindungen, bedeutsam. Darum beschäftigt sich dieses Kapitel mit den Unregelmäßigkeiten im Aufbau der Kristalle, d.h., mit den Gitterfehlern.

II.1 Allgemeines über Gitterfehler und deren Bedeutung

Kristalle zeichnen sich gegenüber den Gasen und Flüssigkeiten durch die sog. Fernordnung aus, d.h. durch die gleichmäßig periodische Anordnung von Teilchen über große Entfernungen. Den kleinsten, sich in den drei Raumkoordinaten unendlich oft wiederholenden Bereich nennt man Elementarzelle. Als idealer Kristall wird ein solcher definiert, in dem sich die Elementarzelle in den drei Raumkoordinaten unendlich oft wiederholt. *Gitterfehler* oder *Kristallfehler* sind alle Abweichungen von dieser sich unendlich oft wiederholenden Periodizität. Die vorhandene Ionenleitfähigkeit in festen Stoffen, insbesondere bei höheren Temperaturen, Vergleiche der röntgenographischen mit der pyknometrischen Dichte sowie viele Ergebnisse im Rahmen der Halbleiter- bzw. Festkörperphysik haben heute die Existenz von Gitterfehlern sichergestellt. Darum werden wir in diesem Abschnitt keine ausführliche Begründung für deren Vorhandensein geben, sondern sie lediglich beschreiben und ausführlich die thermodynamische Behandlung von Punktdefekten durchführen.

Die wichtigsten Gitterfehler sind:

Nulldimensionale- oder Punktfehler: Unregelmäßige Besetzung von Gitterpunkten, auf die in Abschnitt 2 dieses Kapitels ausführlich eingegangen wird; insbesondere gehören hierzu:

Leerstellen (fehlende Teilchen in einem Gitterbereich), Zwischengitterteilchen (ein Teilchen zuviel in einem Gitterbereich) oder Substitutionsteilchen (ein Gitterplatz ist durch ein falsches Teilchen besetzt).

Eindimensionale Fehler: Stufen- oder Schraubenversetzungen.

Zweidimensionale Fehler: Oberflächen- oder Korngrenzen.

Dreidimensionale Fehler: Zum Beispiel Hohlräume.

Zu den Gitterfehlern zählen u.a. auch noch Stapelfehler und auch Verzerrungen, d.h. Abweichungen vom normalen Gitterparameter.

Wegen der besonderen Bedeutung der Gitterfehler für viele wesentliche Eigenschaften der Kristalle liegt hierüber eine umfangreiche Literatur vor, z.B. [II.1.1]. So sind die Versetzungen wichtig für die mechanischen Eigenschaften der Kristalle, aber auch für die Kinetik des Kristallwachstums. Zur Bedeutung von Oberflächen sei nur auf die heterogene Kinetik, insbesondere auf die heterogene Katalyse hingewiesen.

Eigenschaften des thermodynamischen Gleichgewichts sind allein die nulldimensionalen Fehler oder Punktfehler, die uns im folgenden besonders interessieren werden. Hier müssen wir zu der Fehlordnung der Ionen oder Atome, die zu sog. materiellen Störstellen führt, noch die Fehlordnung der Elektronen hinzunehmen. Während die Fehlordnung der materiellen Teilchen bei Abweichungen von der geometrischen Ordnung im Kristall vorliegt, die durch zuviel (Zwischengitterteilchen) oder zuwenig (Leerstellen) oder falsche Teilchen (Substitutionsteilchen) in einem Gitter entstehen, hat die Fehlordnung der Elektronen ihre Ursache darin, daß Energieniveaus der Elektronen, die bei sehr tiefer Temperatur besetzt sind, bei höherer frei werden und dafür vorher freie Energieniveaus besetzt werden. Eine wichtige Rolle spielt der Übergang aus dem bei tiefer Temperatur voll besetzten Valenzband in das dort unbesetzte Leitungsband unter Bildung „quasifreier Elektronen" im Leitungsband und von „Defektelektronen" im Valenzband. Die besondere Hervorhebung der Energieniveaus für Elektronen soll nicht darüber hinwegtäuschen, daß auch die Schaffung von materiellen Störstellen mit Energieänderungen verbunden ist.

Die im nächsten Abschnitt näher besprochene nulldimensionale Fehlordnung der Ionen (bzw. Atome) und Elektronen ist in physikalischchemischer Hinsicht von besonderer Bedeutung für

a) das thermodynamische Verhalten von Kristallverbindungen — so hängt z.B. der Gleichgewichtspartialdruck oder das chemische Potential der Komponenten der Verbindung von den Konzentrationen der Störstellen ab —,

b) die Transportvorgänge in Kristallverbindungen, also die Diffusion und Leitfähigkeit der Ionen und Elektronen im Gitter.

Darüber hinaus hängen weitere wichtige Kristalleigenschaften wie optische und magnetische vom Vorhandensein der Gitterfehler ab. Die Konzentrationen der einzelnen Störstellen werden durch Fehlordnungsgleichgewichte festgelegt. Vor deren Behandlung muß aber noch die genaue formale Beschreibung von Störstellen besprochen werden.

II.2 Punktfehler oder Störstellen

Eine Kristallverbindung kann man sich unabhängig davon, ob im Kristall überwiegende hetero- oder homöopolare Bindung vorliegt, vom thermodynamischen Standpunkt aus aufgebaut denken aus neutralen Gittermolekülen und relativen Bauelementen (Störstellen). Die Ladung der Störstellen ist wiederum nur bezüglich des neutralen Gitters von Bedeutung. Darum werden wir von vornherein die Ladung aller Störstellen nur relativ zum neutralen ungestörten Gitter angeben, wobei wir die

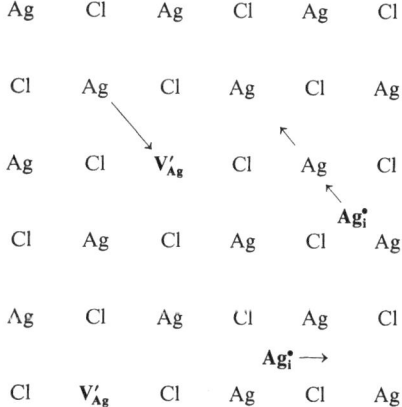

Abb. II.2.1. Ebener Schnitt durch einen AgCl-Kristall mit Gitterfehlern. V'_{Ag}: Silberionenleerstelle, gegenüber dem ungestörten Gitter negativ geladen. $Ag_i^{\bullet}$: Silberion auf Zwischengitterplatz. Die Pfeile deuten mögliche Platzwechselmechanismen an (s. auch Abschnitt VI.2).

positiven Überschußladungen durch einen Punkt, negative Überschußladungen durch einen Strich und neutrale Störstellen durch ein Kreuz, jeweils als obere Indizes, kennzeichnen. Bei neutralen Störstellen wird auch häufig auf das Symbol verzichtet. Das ist in Abb. II.2.1 durchgeführt, in der der zweidimensionale Schnitt eines Silberchloridkristalles AgCl schematisch dargestellt ist.

AgCl ist zwar im wesentlichen ein Ionenkristall, aber die regulären Gitterteilchen Ag^+ und Cl^- haben gegenüber dem neutralen ungestörten Gitter keine zusätzliche Ladung, sie sind also gegenüber dem ungestörten Gitter neutral. Die verschiedenen Gitterfehler wurden in Abb. II.2.1 durch stärkeren Druck veranschaulicht. Man erkennt auch, daß an einzelnen Gitterpunkten die Silberteilchen fehlen; es sind sog. Leerstellen vorhanden. Weiter sind an anderen Gitterstellen Silberionen zuviel vorhanden, die sich in vereinfachter Vorstellung im Zwischengitter aufhalten. Eine dritte Möglichkeit von Störstellen im Silberionenteilgitter läge vor, wenn Silberteilchen durch andere ersetzt wären.

Wir unterscheiden also grundsätzlich drei Arten von nulldimensionalen Gitterfehlern, solange es sich um einfache Störstellen handelt:

a) im Gitter fehlen einzelne Teilchen: Leerstellen,
b) im Gitter sind einzelne Teilchen zuviel: Zwischengitterteilchen,
c) einzelne Plätze sind durch falsche Teilchen besetzt: Substitutionsteilchen.

Bei Zwischengitterteilchen ist es möglich, daß diese Teilchen solche sind, die sowieso − normalerweise jedoch an anderen Gitterplätzen − im Kristall vorhanden sind, oder aber Fremdteilchen, die von außen in eine reine Kristallverbindung gebracht werden können. Substitutionsteilchen sind in Metall/Nichtmetallverbindungen im Gegensatz zu intermetallischen Verbindungen praktisch immer Fremdteilchen. Neben den einfachen Störstellen können auch noch zusammengesetzte Störstellen auftreten, die sich aus mehreren einfachen, die unmittelbar nebeneinander liegen, zusammensetzen.

Die Begriffe „Leerstellen" und „Zwischengitterteilchen" geben oft zu falschen Vorstellungen Anlaß. Der Ausdruck Leerstelle soll nicht besagen, daß nur ein Gitterplatz unbesetzt ist und alle anderen Gitterteilchen in der Umgebung der Leerstelle ihre ursprünglichen Lagen beibehalten, sondern es ist anzunehmen, daß bei einem fehlenden Teilchen im Gitter diejenigen der nächsten Umgebung von ihren normalen Plätzen verschoben sind, so daß in der Nachbarschaft einer Leerstelle eine gewisse Gitterverzerrung vorhanden ist, die teilweise die energetischen Effekte bedingt, die mit der Erzeugung einer Leerstelle verbunden sind. In hinreichender Entfernung − in der Größenordnung einiger Gitterabstände von der Leerstelle − bleibt das Gitter jedoch ungestört.

Aus diesem Grunde kann die schematische Darstellung in Abb. II.2.1 vorgenommen werden. Eine genauere Definition des Begriffs der Leerstelle würde lauten: Eine Leerstelle liegt vor, wenn in einem Volumenelement des Gitters gegenüber dem idealen Gitter ein Teilchen fehlt, unabhängig davon, ob an dieser Stelle bzw. in unmittelbarer Umgebung auch andere Teilchen ihre normale Schwerpunktlage ändern.

Im allgemeinen ist auch die Umgebung eines Zwischengitterteilchens stark verzerrt. Es ist sogar denkbar, daß ein vorher im Gitter vorhandenes reguläres Teilchen derart von seiner normalen Lage verschoben ist, daß nun zwei Teilchen, das sog. Zwischengitterteilchen und ein normales Teilchen, auf äquivalenten Plätzen in der Nähe einer regulären Punktlage sitzen. Darum gilt genauer, daß dann ein Zwischengitterteilchen vorliegt, wenn ein Teilchen im Gitter zuviel vorhanden ist, unabhängig davon, ob durch dieses Nachbarteilchen aus ihrer Ruhelage verschoben sind.

In Zukunft wollen wir der Einfachheit halber meistens annehmen, daß die Konzentration der Störstellen so gering ist, daß zwischen zwei Störstellen praktisch immer ein ungestörter Gitterbereich vorhanden ist.

Die Fehlordnung der Elektronen – das Vorhandensein von quasifreien Elektronen und Defektelektronen – wird in Kapitel IV diskutiert.

Zur formalen Beschreibung eines Kristalles mit den darin vorhandenen Störstellen sind zur Zeit im wesentlichen zwei voneinander verschiedene Methoden vorhanden:

a) Die Beschreibung mit Strukturelementen. Hierbei werden Störstellen relativ zum leeren Raum definiert, in dem die Gitter- bzw. Zwischengitterlagen durch gedachte Koordinaten festgelegt sind.

b) Die Beschreibung mit Bauelementen bzw. relativen Bauelementen. Dabei sind die Störstellen relativ zum idealen Kristall definiert.

Atome (oder Atomgruppen wie z.B. NO_3, SO_4) und Leerstellen, die an bestimmten Gitterplätzen (sowohl auf normalen Plätzen als auch im Zwischengitter) sitzen, werden Strukturelemente genannt. Sie sind damit, wie schon oben erwähnt, relativ zum leeren Raum (mit gedachten Gitterkoordinaten) definiert.

Nach der Schreibweise von KRÖGER und VINK [II.2.1] werden die Plätze, an denen die jeweiligen Teilchen sitzen, durch einen unteren Index und die Teilchen selbst durch ihr chemisches Symbol gekennzeichnet. Wenn kein Teilchen vorhanden ist, sondern eine Leerstelle (Vacancy), erhält diese als Symbol ein V. Als Strukturelemente haben Leerstellen keine materielle Bedeutung, insbesondere nicht die eines negativen Teilchens, wie bei einer Leerstelle als Bauelement, was weiter unten genauer diskutiert wird. In einem AB-Kristall werden die A-Plätze durch einen unteren Index A, die B-Plätze durch einen unteren Index B und die Zwischengitterteilchen (Interstitials) durch einen unteren Index i gekennzeichnet. In dem AgCl-Gitter der Abb. II.2.1 wird z.B. eine gegenüber dem ungestörten Gitter negativ geladene Silberionenleerstelle im AgCl-Gitter mit V'_{Ag} bezeichnet. Ein Zwischengittersilberion hat die Bezeichnung $Ag_i^{\bullet}$. Ein Silberteilchen auf einem Silberplatz wird mit Ag_{Ag} bezeichnet, was in Abb. II.2.1 der Übersichtlichkeit wegen nicht gemacht wurde. Hier sind die unteren Indizes der Teilchen auf regulären Gitterplätzen weggelassen. Die folgende Tabelle II.2.1 gibt noch einmal eine übersichtliche Zusammenstellung über die Bezeichnungsweise von Strukturelementen mit den Krögerschen Symbolen am Beispiel von A- und B-Teilchen sowie Fremdteilchen C und Leerstellen auf verschiedenen Plätzen in einem AB-Kristall, die gegenüber dem ungestörten Gitter nicht geladen sind.

Tabelle II.2.1. Bezeichnungsweise von neutralen Strukturelementen in einem AB-Gitter am Beispiel von A- und B-Teilchen sowie Fremdteilchen C und Leerstellen auf verschiedenen Plätzen mit den Krögerschen Symbolen

Plätze	Teilchen A	Teilchen B	Leerstelle V	Fremdteilchen C
A-Platz	A_A	B_A	V_A	C_A
B-Platz	A_B	B_B	V_B	C_B
Zwischengitterplatz (i-Platz)	A_i	B_i	V_i	C_i

Abb. II.2.2 zeigt schematisch ein AB-Gitter dargestellt mit Strukturelementen. Die Leerstellen im Zwischengitter sind nicht bezeichnet und die Fehlordnungszentren durch Fettdruck hervorgehoben.

Die Benutzung von Strukturelementen mit den Symbolen von KRÖGER und VINK hat den Vorteil großer Einprägsamkeit. Die Schreibweise hat sich mittlerweile auch in der angelsächsischen Literatur weitgehend durchgesetzt. Zu beachten ist jedoch die wichtige Einschränkung, daß die Mengen der einzelnen Strukturelemente in einer Kristallverbindung nicht unabhängig voneinander sind. Das kommt daher, daß die A-Plätze in einem AB-Gitter zu den B-Plätzen in einem ganz bestimmten Verhältnis, im einfachsten Fall im Verhältnis 1:1 stehen. So gibt es in einem AgCl-Gitter gleich viel Ag- wie Cl-Plätze. Dieses Verhältnis ist auch bei ausgedehnten Kristallen, wie sie in der Fehlordnungstheorie meist implizit vorausgesetzt werden, nicht durch die Oberfläche zu beeinflussen, da sie hier immer gegenüber dem Volumen zu vernachlässigen ist. Es ist

Punktfehler oder Störstellen 11

$$
\begin{array}{cccccc}
A_A & B_B & A_A & B_B & A_A & B_B \\
C_i^{\bullet} & & & & & \\
B_B & A_A & B_B & A_A & C_B^{\bullet\bullet} & A_A \\
A_A & B_B & V_A' & B_B & A_A & B_B \\
& & & & A_i^{\bullet} & \\
B_B & A_A & B_B & A_A & B_B & A_A \\
B_i' & & & & & \\
A_A & B_B & C_A & B_B & \mathbf{B_A''} & B_B \\
\mathbf{A_B^{\bullet\bullet}} & A_A & B_B & A_A & B_B & A_A
\end{array}
$$

Abb. II.2.2. Schnitt durch einen AB-Kristall, dargestellt durch Strukturelemente mit den Krögerschen Symbolen. Leerstellen im Zwischengitter sind nicht eingezeichnet. Die Fehlordnungszentren sind durch stärkeren Druck hervorgehoben.

darum auch gedanklich im allgemeinen unmöglich, die Konzentration einer Art von Strukturelementen in einem Kristall allein zu variieren, z.B. zu vergrößern. So muß man, um eine Leerstelle auf einem A-Platz zu schaffen, entweder ein A-Teilchen gleichzeitig entfernen oder ein B-Teilchen gleichzeitig an einem neuen B-Platz hinzufügen, damit sich das Verhältnis der A- zu den B-Plätzen nicht verändert. Beim Zufügen eines Zwischengitterteilchens vernichtet man eine Leerstelle im Zwischengitter. Wenn man also gedanklich einen Kristall vergrößern oder die Zahl seiner Störstellen verändern will, so muß man jeweils Kombinationen von Strukturelementen hinzufügen oder wegnehmen. Auch bei Störstellenreaktionen treten bei Benutzung von Strukturelementen im allgemeinen Kombinationen von Strukturelementen auf.

Es ist nicht möglich, die Änderung der Gibbs-Energie für die Zufügung eines Strukturelementes und damit das chemische Potential von Strukturelementen, das gleich der partiellen Ableitung der Gibbs-Energie nach der Anzahl des einen Strukturelementes bei konstantem Druck, konstanter Temperatur und konstanter Zahl der übrigen Strukturelemente ist, auszurechnen. KRÖGER und VINK [II.2.1] haben darum virtuelle oder Quasi-Potentiale eingeführt, derart daß die Summe von im allgemeinen zwei virtuellen Potentialen jeweils ein echtes chemisches Potential ergibt. Da aber die Aufteilung eines chemischen Potentials in zwei virtuelle nicht willkürfrei ist und auch zu falschen Vorstellungen Anlaß geben kann, bleibt die Einführung von virtuellen Potentialen unbefriedigend.

Die zweite Beschreibung von Kristallen mit ihrer Fehlordnung benutzt Bauelemente (s. SCHOTTKY [II.2.2]). Hierbei werden Störstellen relativ zum idealen Kristall definiert. Bauelemente können dem Kristall auch gedanklich unabhängig von anderen Bauelementen zugefügt oder entnommen werden. Sie entsprechen jeweils geeigneten Kombinationen von Strukturelementen. Es zeigt sich, daß man mit einer minimalen Anzahl von Bauelementen auskommt. SCHOTTKY benutzte Gittermoleküle, Zwischengitterteilchen, Leerstellen und Substitutionsteilchen als Bauelemente, deren Bezeichnungsweisen beispielhaft in Tabelle II.2.2 wiedergegeben sind. Die zugehörige äquivalente Kombination von Strukturelementen ist in der letzten Spalte den Bauelementen gegenübergestellt. Zu den Bauelementen gehört zunächst das Gittermolekül, das im einfachsten Fall mit den Teilchen in der ungestörten Elementarzelle identisch ist. Es kann auch einem Teil einer Elementarzelle entsprechen. Das Gittermolekül wird zweckmäßig wie auch ein Gasmolekül durch eine chemische Formel repräsentiert. Die dreidimensionale unendliche Aneinanderreihung der Gittermoleküle bildet den idealen Kristall ohne Störstellen. Der reale Kristall entsteht hieraus durch Einbringen von Störstellen oder relativen Bauelementen. Das Einfügen einer Leerstelle

Tabelle II.2.2. Bezeichnung des Gittermoleküls und typischer Störstellen als Bauelemente in einem AB-Gitter nach der alten und neuen Symbolik von SCHOTTKY sowie Gegenüberstellung der zugehörigen Strukturelemente nach KRÖGER und VINK

	Schottky, alt	Schottky, neu	Kröger/Vink
AB-Gittermolekül	AB	AB	AB
neutrales A-Teilchen auf Zwischengitterplatz	A○	A	$A_i - V_i$
neutrale A-Leerstelle	A□	$\vert A \vert$	$V_A - A_A$
neutrales B-Teilchen auf A-Platz	B●(A)	B$\vert A \vert$	$B_A - A_A$
neutrales C-Teilchen auf A-Platz	C●(A)	C$\vert A \vert$	$C_A - A_A$
quasifreies Elektron	⊖	e'	e'
Defektelektron	⊕	$\vert e \vert^{\cdot}$	h$^{\cdot}$

negative Ladung einer Störstelle (bezogen auf ungestörtes Gitter)	oberer Index '
positive Ladung einer Störstelle (bezogen auf ungestörtes Gitter)	oberer Index $^{\cdot}$
neutrale Störstelle bezogen auf ungestörtes Gitter (wird oft weggelassen)	oberer Index $^{\times}$

Bei Elektronen und Defektelektronen wird oft der Index zur Bezeichnung der entsprechenden Überschußladung weggelassen, also e und h anstelle von e' und h$^{\cdot}$ geschrieben.

Da die inhaltliche Bedeutung der Symbole für Elektronen und Defektelektronen in allen Systemen die gleiche ist, werden in diesem Buch nur die Symbole e und h verwendet.

Punktfehler oder Störstellen

in einen Kristall bedeutet gleichzeitig die Entfernung eines Teilchens. So hat bei den relativen Bauelementen die Leerstelle zugleich die Bedeutung eines negativen Teilchens, analog wie ein Defektelektron die Bedeutung eines negativen Elektrons hat.

Leider sind für die Bauelemente selbst wieder verschiedene Symbole in Gebrauch, und zwar die alte Schottkysche Schreibweise, benutzt in der älteren Literatur und in der ersten Auflage des Buches „Reaktionen in und an festen Stoffen" von HAUFFE [II.2.3] und daneben die neue Schottkysche Schreibweise [II.2.4], die z.B. in den weiteren Auflagen von HAUFFE [II.2.5] benutzt wird. In der neuen Schottkyschen Schreibweise [II.2.4] werden zusätzliche Bestandteile gegenüber dem ungestörten Gitter unabhängig davon, ob solche Teilchen bereits im Grundgitter vertreten sind oder nicht, einfach durch ihr chemisches Symbol gekennzeichnet; z.B. wird ein A-Teilchen auf einem Zwischengitterplatz einfach mit A bezeichnet. Fehlende Gitterbestandteile werden durch Einschließen in senkrechte Striche charakterisiert. Ein Substitutionsteilchen wird durch die Kombination beider Schreibweisen, also den für ein zusätzliches und ein fehlendes Teilchen gekennzeichnet. Danach erhält ein B-Teilchen auf einem A-Platz die Bezeichnung B|A|. In der alten Schottkyschen Schreibweise werden das Zwischengittersymbol ○, das Lücken- oder Leerstellensymbol □ sowie das Substitutionssymbol ● verwendet, indem z.B. ein A-Teilchen auf einem Zwischengitterplatz mit A○, eine Leerstelle mit A□ und ein X-Teilchen auf einem A-Platz mit X●(A) bezeichnet werden.

Zur Berechnung von Störstellenkonzentrationen und deren Abhängigkeiten voneinander sowie von äußeren Parametern werden wir im nächsten Abschnitt Fehlordnungsgleichgewichte und Fehlordnungsreaktionen (auch als Störstellenreaktionen bezeichnet) betrachten. Es zeigt sich, daß Störstellen in vieler Hinsicht als „chemische" Teilchen angesehen werden können, weshalb man mit Recht von einer Fehlordnungschemie ("Imperfection Chemistry") sprechen kann. Zur Formulierung von Störstellenreaktionen werden wir aus praktischen Gründen zunächst Strukturelemente mit den einprägsamen Symbolen von KRÖGER und VINK wählen. Die Strukturelemente werden dann jeweils so geordnet, bzw. durch Addition und Subtraktion gleicher Strukturelemente wird die Formel derart ergänzt, daß wir Kombinationen von ihnen zu Bauelementen zusammenfassen können, was wir in zwei ausführlich behandelten Beispielen (Frenkel- und Schottky-Gleichgewicht) durch Klammern andeuten. Damit wird eine einwandfreie thermodynamische Behandlung ermöglicht, indem wir für Bauelemente, d.h., für geeignete Kombinationen von Strukturelementen chemische Potentiale angeben können und damit auch Massenwirkungsgesetze. Diese werden sowohl im Bauelementsystem als auch im Strukturelementsystem dargestellt. Im weiteren Verlauf des Buches werden wir dann bei der Behandlung der Fehlordnungsgleichgewichte die Zwischenschritte weglassen oder nur noch Strukturelemente benutzen.

Da Störstellen quasifreie Elektronen bzw. Defektelektronen vom Gitter aufnehmen bzw. an dasselbe abgeben können, d.h., an der Fehlordnung im allgemeinen auch Elektronen beteiligt sind, muß noch der Ladungszustand der Störstellen charakterisiert werden. Hierüber besteht in der Literatur größere Einigkeit, indem, wie bereits erwähnt, die Ladung auf das ungestörte Gitter bezogen wird und eine positive Überschußladung durch einen Punkt und die negative durch einen Strich als obere Indizes gekennzeichnet werden. Ein quasifreies Elektron müßte man demnach mit e' und ein Defektelektron mit h˙ bezeichnen. Da bei quasifreien Elektronen und Defektelektronen der Ladungszustand gegenüber dem ungestörten Gitter sowieso eindeutig ist, läßt man hier die Kennzeichnung der Ladung oft weg, schreibt also e bzw. h.

Als Beispiel einer Fehlordnungsreaktion betrachten wir nun den Übergang eines Silberions von einem regulären Gitterplatz im Silberchloridgitter auf einen Zwischengitterplatz unter Zurücklassung einer Leerstelle:

$$Ag_{Ag} + V_i = V'_{Ag} + Ag_i^{\cdot}. \qquad (II.2.1)$$

Durch Umordnen von Gl. (II.2.1) und Zusammenfassen zu Bauelementen ergibt sich

$$0 = (V'_{Ag} - Ag_{Ag}) + (Ag_i^{\cdot} - V_i). \qquad (II.2.2)$$

Die Bauelement-Leerstelle wird — wie aus Tabelle II.2.2 hervorgeht — in der alten Schottkyschen Nomenklatur ausgedrückt durch

$$(V'_{Ag} - Ag_{Ag}) \equiv Ag\,\square'$$

und in der neuen Schottkyschen Schreibweise

$$(V'_{Ag} - Ag_{Ag}) \equiv |Ag|'.$$

Ein Zwischengitterteilchen als Bauelement wird ausgedrückt durch

$$(Ag_i^{\cdot} - V_i)_{\text{Kröger}} \equiv (Ag\,\circ^{\cdot})_{\text{Schottky, alt}}$$
$$\equiv (Ag^{\cdot})_{\text{Schottky, neu}}.$$

Dadurch können wir die in Strukturelementen geschriebene Gl. (II.2.1) in der alten Schottkyschen Nomenklatur darstellen durch

$$0 = Ag\,\square' + Ag\,\circ^{\cdot} \qquad (II.2.3)$$

und in der neuen Schottkyschen Schreibweise

$$0 = |Ag|' + Ag^{\cdot}. \qquad (II.2.4)$$

Wesentlich ist bei den Schottkyschen Symbolen für Bauelemente, daß eine Leerstelle, z.B. $|Ag|'$, die gleichzeitige Bedeutung eines negativen Teilchens hat, analog wie ein Defektelektron einem negativen Elektron entspricht. Bei Defektelektronen hat sich die Behandlung als „Bauelement" allgemein durchgesetzt, und es ist darum bedauerlich, daß bei der Beschreibung der Fehlordnung der Ionen und Atome ein analoger Weg nicht allgemein üblich ist. Diese Zweigleisigkeit, d.h., die verschiedene Behandlung der Ionen und Elektronen bei einigen Autoren, wird sicher dem Anfänger einige Schwierigkeiten bereiten, erscheint aber beim Stande der augenblicklichen Literatur nicht zu umgehen. Wir fassen noch einmal zusammen:

Kristalle lassen sich mit ihren Störstellen beschreiben:

a) durch Strukturelemente, z.B. A_A, V_A, A_i,

b) durch Bauelemente: Gittermolekül AB und relative Bauelemente (Störstellen), z.B. $|A|$ (A-Leerstelle) und A (A auf Zwischengitterplatz).

Den Bauelementen entsprechen jeweils Kombinationen von Strukturelementen. Nur Bauelemente und damit geeignete Kombinationen von Strukturelementen kann man einem Kristall gedanklich und praktisch unabhängig von anderen Bauelementen hinzufügen und ihnen damit chemische Potentiale zuordnen. Einer Leerstelle als Bauelement kommt zugleich die Bedeutung eines negativen Teilchens bei, wie ein Defektelektron die Bedeutung eines negativen Elektrons hat, während eine Leerstelle als Strukturelement (Vacancy) mit Symbol V_A oder V_B keine materielle Bedeutung hat. Da wir zur Berechnung von Fehlordnungsgleichgewichten bzw. zur Ableitung von Massenwirkungsgesetzen chemische Potentiale benutzen, werden wir geeignete Kombinationen von Strukturelementen jeweils zu Bauelementen zusammenfassen. Das wird im folgenden Abschnitt ausführlicher dargestellt.

Daß aber auch Strukturelemente eine große Bedeutung haben können, wird sich z.B. bei der kinetischen Herleitung von Fehlordnungsgleichgewichten zeigen.

II.3 Fehlordnungsgleichgewichte

Die Theorie der Fehlordnungsgleichgewichte in festen Kristallverbindungen (geordnete Mischphasen) geht zurück auf FRENKEL (1926) [II.3.1] sowie SCHOTTKY und WAGNER (1930) [II.3.2]. Fehlordnungsgleichgewichtsbetrachtungen machen Aussagen über Konzentrationen von Störstellen sowie von Elektronen und Defektelektronen. Sie verbinden deren Konzentrationen miteinander und mit äußeren Parametern, insbesondere mit den chemischen Potentialen bzw. Gleichgewichtspartialdrücken der den Kristall aufbauenden Komponenten. Diese Zusammenhänge erscheinen in Form von Massenwirkungsgesetzen. Wir hatten schon hervorgehoben, daß man feste Kristallverbindungen vom thermodynamischen Standpunkt als Mischphasen auffassen kann, bei denen sich die chemischen Potentiale bzw. Gleichgewichtspartialdrücke der Komponenten in weiten Grenzen ändern können. Mit diesen Änderungen gehen geringe Abweichungen von der idealen stöchiometrischen Zusammensetzung parallel, in den Konzentrationen der Störstellen jedoch oft große relative Änderungen und damit oft drastische Änderungen der Teilleitfähigkeiten und anderen Kristalleigenschaften. Die Anzahl der unabhängig variierbaren chemischen Potentiale wird durch die Gibbssche Phasenregel festgelegt. Danach hat z.B. eine binäre feste Verbindung bei Vorgabe von Temperatur und Druck noch eine Freiheit, d.h., eins der beiden chemischen Potentiale der beiden die Verbindung aufbauenden Atomsorten kann unabhängig variiert werden. Ist dieses festgelegt, sind auch alle Fehlordnungsgleichgewichte festgelegt. Fehlordnungsgleichgewichte sind ihrem Wesen nach eine spezielle Form chemischer Gleichgewichte. Es zeigt sich, daß Störstellen wie chemische Teilchen zu behandeln sind. Darum spricht man auch – wie schon erwähnt – von einer Fehlordnungs-Chemie (Imperfection chemistry). Die Ableitung von Fehlordnungsgleichgewichten wird wie die von chemischen Gleichgewichten erfolgen.

Es besteht eine weitgehende Analogie z.B. zu der Behandlung der elektrolytischen Dissoziation in der Elektrochemie der flüssigen Phasen. Die Einstellung eines Fehlordnungsgleichgewichtes in einem Kristall hat die gleichen Ursachen wie die jedes anderen thermodynamischen Gleichgewichtes. Die Gibbs-Energie G, die bei Vorgabe von Druck und Temperatur im Gleichgewicht ein Minimum einnimmt, enthält zwei Anteile, nämlich die Enthalpie H und den Entropieterm $T \cdot S$, wobei T die absolute Temperatur und S die Entropie bedeuten. Aufgrund des Enthalpieterms allein wäre ein Zustand von möglichst geringer potentieller Energie am stabilsten. Das trifft insbesondere für den absoluten Nullpunkt der Temperatur zu, wo das Glied $T \cdot S$ keine Rolle mehr spielt. Bei $T=0$ wäre also ein völlig geordneter Kristall am stabilsten, da die Erzeugung von Gitterfehlern, hier also Störstellen, immer mit Energiezufuhr verbunden ist. Bei höheren Temperaturen spielt das Glied $T \cdot S$, also der Entropieterm, eine gleich wichtige Rolle, indem das System, in unserem Fall der Kristall, zugleich einen Zustand möglichst großer Wahrscheinlichkeit, d.h. möglichst großer Unordnung, anstrebt.

Fehlordnungsgleichgewichte 17

Die Verhältnisse sollen nun ausführlicher quantitativ beschrieben werden. Die thermodynamische Gleichgewichtsbedingung für ein geschlossenes System (nicht zu verwechseln mit einem abgeschlossenen System, bei dem U = konst und V = konst), d.h., wenn kein Teilchenaustausch mit der Umgebung möglich ist, ist bei vorgegebenem Druck p und vorgegebener Temperatur T die, daß die Gibbs-Energie für eine Änderung im System, z.B. für eine chemische Reaktion, gleich Null ist:

$$(\Delta G)_{p,T} = 0 \quad \text{für geschlossenes System.} \quad \text{(II.3.1)}$$

Eine chemische Reaktion können wir allgemein formulieren, wenn wir die Reaktionspartner mit A_1, A_2 usw. und die stöchiometrischen Koeffizienten mit v_1, v_2 usw. bezeichnen, wobei die stöchiometrischen Koeffizienten der Endprodukte positiv und die der Ausgangsstoffe negativ genommen werden, durch

$$0 = v_1 A_1 + v_2 A_2 + \cdots \quad \text{(II.3.2)}$$

oder in abgekürzter Schreibweise

$$0 = \sum_i v_i A_i. \quad \text{(II.3.3)}$$

Damit auf eine solche chemische Reaktion die Gleichgewichtsbedingung (II.3.1) anwendbar ist, dürfen dem System bei der Reaktion weder Teilchen zugeführt noch entzogen werden, d.h., sowohl die Massenbilanz als auch die Ladungsbilanz in Gl. (II.3.2) bzw. (II.3.3) muß stimmen, was durch eine richtig geschriebene Reaktionsgleichung automatisch erfüllt wird. Es handelt sich also um einen Austauschprozeß von Teilchen innerhalb des Systems. Wir können natürlich außer dem betrachteten Kristall die umgebende Gasatmosphäre oder eine andere Phase mit zum System hinzunehmen. Das wird sogar notwendig, wenn wir nicht nur Austauschprozesse innerhalb des Kristalls, sog. innere Gleichgewichte, sondern auch Austauschprozesse zwischen Kristallverbindung und Umgebung, also Gleichgewichte mit Nachbarphasen betrachten.

Es interessieren im folgenden nicht irgendwelche chemischen Reaktionen, sondern Änderungen im Kristall bzw. des Kristalls mit der Umgebung, die als Fehlordnungsreaktionen geschrieben werden können, z.B. die bereits diskutierte Frenkel-Fehlordnungsreaktion, bei der ein Teilchen von einem normalen Gitterplatz unter Bildung einer Leerstelle entfernt und auf einen Zwischengitterplatz gebracht wird. Die Änderung ΔG der Gibbs-Energie für einen Formelumsatz kann man folgendermaßen ausdrücken:

$$\Delta G = v_1 \left(\frac{\partial G}{\partial n_1}\right)_{p,T,n_i \neq n_1} + v_2 \left(\frac{\partial G}{\partial n_2}\right)_{p,T,n_i \neq n_2} + \cdots. \quad \text{(II.3.4)}$$

Die partiellen molaren Gibbs-Energien $\partial G/\partial n_i$, also die partiellen Ableitungen von G nach den Molzahlen n_i der einzelnen Störstellen, sind die elektrochemischen Potentiale η_i dieser Störstellen, wenn wir diese als geladen annehmen. Sonst sind es die chemischen Potentiale μ_i. Damit schreibt sich die Gleichgewichtsbedingung (II.3.1) unter Verwendung von Gl. (II.3.4)

$$\Delta G = v_1\,\eta_1 + v_2\,\eta_2 + \cdots = 0 \qquad (II.3.5)$$

oder in abgekürzter Schreibweise:

$$\sum_i v_i\,\eta_i = 0. \qquad (II.3.6)$$

Gl. (II.3.6) ist die grundlegende Beziehung aller Fehlordnungsgleichgewichte. Sie besagt: Für eine richtig geschriebene Reaktionsgleichung (richtige Massen- und Ladungsbilanz), die in Form von Bauelementen geschrieben sein muß, verschwindet die Summe der mit den stöchiometrischen Koeffizienten multiplizierten elektrochemischen bzw. bei neutralen Störstellen chemischen Potentiale. Gl. (II.3.6) vereinfacht sich noch für bestimmte Fälle, bei denen auch bei geladenen Störstellen anstelle des elektrochemischen das chemische Potential geschrieben werden kann. Unter der Voraussetzung, daß das elektrochemische Potential η aufzuspalten ist in einen chemischen und einen elektrischen Term, können wir für η_i schreiben

$$\eta_i = \mu_i + z_i F \varphi, \qquad (II.3.7)$$

wobei z_i die Wertigkeit und μ_i das chemische Potential der einzelnen Störstellen (Bauelemente) sind, F ist die Faradaykonstante und φ das elektrische Potential. Bei Fehlordnungsgleichgewichten in Volumenelementen mit konstantem elektrischem Potential φ ist letzteres für alle Störstellen das gleiche. Dann heben sich die Terme $z_i F \varphi$, die in Gl. (II.3.6) abzuspalten sind, gegenseitig heraus, da ja in der Reaktionsgleichung die Ladungsbilanz stimmen muß. Die elektrischen Terme heben sich auch bei heterogenen Gleichgewichten oder Gleichgewichten zwischen räumlich voneinander getrennten Volumenelementen mit verschiedenem elektrischem Potential heraus, wenn an den Gleichgewichten nur Teilchen oder Kombinationen von Teilchen beteiligt sind, die insgesamt elektrisch neutral sind. In diesen Fällen ergibt sich als Gleichgewichtsbedingung

$$v_1\,\mu_1 + v_2\,\mu_2 + \cdots = 0 \qquad (II.3.8)$$

oder in abgekürzter Schreibweise

$$\sum_i v_i\,\mu_i = 0. \qquad (II.3.9)$$

Gl. (II.3.9) besagt: Die Bedingung für Fehlordnungsgleichgewichte auch geladener Störstellen in Volumenelementen oder für heterogene Gleichgewichte zwischen neutralen Teilchen oder neutralen Kombinationen von Teilchen ist die, daß die Summe der chemischen Potentiale der Reaktionsteilnehmer multipliziert mit den stöchiometrischen Koeffizienten gleich Null ist. Voraussetzung ist wieder eine richtig geschriebene Reaktionsgleichung, d.h., Ladungs- und Massenbilanz müssen stimmen, damit die Nebenbedingung von Gl. (II.3.1) erfüllt ist und außerdem muß die Reaktionsgleichung in Form von Bauelementen geschrieben bzw. zu einer Form von Bauelementen umgeordnet sein, damit die chemischen Potentiale eindeutig berechenbar sind. Unser Problem der Berechnung von Fehlordnungsgleichgewichten hat sich damit auf die Berechnung der chemischen Potentiale der Störstellen reduziert. Wenn wir die chemischen Potentiale der einzelnen Störstellen als Funktion ihrer Konzentrationen angeben können, können wir mit Hilfe von Gl. (II.3.8) oder (II.3.9) die zu den Störstellenreaktionen gehörenden Massenwirkungsgesetze angeben.

II.4 Die chemischen Potentiale der Störstellen

Unter Störstellen wollen wir in diesem Abschnitt ausschließlich Bauelemente eines Gitters verstehen. Da sich Strukturelemente jeweils zu Bauelementen zusammenfassen lassen, sind diese dadurch mitbehandelt. Es zeigt sich, wie insbesondere SCHOTTKY [II.4.1] diskutiert hat, daß man mit einer minimalen Anzahl von Bauelementen auskommt, aus denen man sich einen Kristall aufgebaut denken kann. Zunächst haben wir das Gittermolekül, das den kleinsten durch eine chemische Formel angebbaren Gitterbereich darstellt und das im einfachsten Fall mit der Elementarzelle identisch ist. Die Zahl der Gittermoleküle N_M ist darum gleich der Zahl der Elementarzellen oder gleich einem vielfachen derselben. Die weiteren Bauelemente, die relativen Bauelemente, sind die Störstellen i, d.h. Bauelement-Leerstelle, Zwischengitterteilchen und Substitutionsbauelement. Das reale Gitter läßt sich als eine Summe von Gittermolekülen und den im Gitter vorhandenen Störstellen darstellen.

Wir suchen nun einen Ausdruck für die Gibbs-Energie G eines realen Gitters, der die Zahlen der Gittermoleküle N_M und der verschiedenen Störstellen N_i enthält. Durch partielles Ableiten von G nach N_M bzw. N_i erhalten wir dann die zugehörigen chemischen bzw. elektrochemischen Potentiale. Wenn keine Störstellenwechselwirkung vorliegt, d.h., bei genügend kleinen Konzentrationen der Störstellen, ergibt sich die Gibbs-Energie G des realen Gitters aus den Beiträgen der Gittermoleküle und Störstellen. Den konzentrationsunabhängigen Beitrag eines Gittermoleküls bezeichnen wir mit $\tilde{g}_M$, den einer Störstelle mit $\tilde{g}_i$. Diese sind für die Gibbs-Energie des gesamten Gitters mit den Anzahlen N_M der Gittermoleküle bzw. N_i der jeweiligen Störstellen zu multiplizieren, da die durch ~ gekennzeichneten Größen jeweils auf 1 Teilchen bezogen werden.

Damit ergibt sich der gesamte konzentrationsunabhängige Beitrag zu $N_M \tilde{g}_M + \sum_i N_i \tilde{g}_i$. Er enthält die Enthalpieänderung des Kristalls bei Zufügen der entsprechenden Bauelemente und die Entropieänderung ohne den lagenstatistischen Beitrag. Die Entropieänderung bezieht sich auf die Änderung des Schwingungsspektrums des Kristalls bei Zufügen der Bauelemente. Als zweiter, von der Konzentration der Störstellen abhängiger Beitrag zur Gibbs-Energie des Gitters ergibt sich ein Anteil zum Entropieterm, der durch die Lagenstatistik der Störstellen mit Einfachbewertung der verschiedenen Lagenbilder (Vertauschung gleicher Teilchen führt nicht zu neuer Realisierungsmöglichkeit) entsteht. Dieser Beitrag ist entsprechend den Gleichungen der statistischen Thermodynamik gleich $-kT \ln W_i$, wobei W_i die Anzahl der räumlichen Realisierungsmöglichkeiten von N_i Störstellen der Sorte i im Gitter mit Einfachbewertung der verschiedenen Lagenbilder und k die Boltzmannsche Konstante ist. Damit können wir im Anschluß an SCHOTTKY und WAGNER [II.4.2] für die Gibbs-Energie G eines Gitters schreiben:

$$G = N_M \tilde{g}_M + \sum_i N_i \tilde{g}_i - \sum_i kT \ln W_i. \qquad (II.4.1)$$

Den Beitrag der quasifreien Elektronen und Defektelektronen haben wir zunächst außer acht gelassen, da wir deren chemische Potentiale in einem getrennten Kapitel gesondert berechnen. Nun wollen wir den lagenstatistischen Beitrag $\sum_i kT \ln W_i$ aus der Zahl N_M der Gittermoleküle und der Zahl N_i der Störstellen berechnen. Wir nehmen an, daß pro Gittermolekül *ein* Platz für eine i-Störstelle vorhanden sei. Eine Verallgemeinerung dieser Einschränkung ändert an der Durchrechnung und an den Endformeln im Prinzip nichts. Weiterhin sei die Zahl N_i der jeweils vorhandenen i-Störstellen klein gegenüber der Zahl der Gittermoleküle N_M, d.h., der Molenbruch $x_i = N_i/N_M$ sei klein gegen eins. Die Störstellen sollen sich statistisch auf die möglichen Plätze verteilen. Für die Vertauschungsmöglichkeit oder besser die Anzahl der verschiedenen Lagebilder W_i für die Anordnung von N_i-Störstellen auf N_M-Plätzen gilt

$$W_i = \frac{N_M(N_M-1)(N_M-2)\ldots(N_M-N_i+1)}{N_i!}, \qquad (II.4.2)$$

Die chemischen Potentiale der Störstellen

wofür wir auch mit guter Näherung schreiben können

$$W_i \approx \frac{N_M^{N_i}}{N_i!}, \tag{II.4.3}$$

da $N_i \ll N_M$.

Gl. (II.4.2) ergibt sich durch folgende Betrachtung: Das erste der i-Teilchen hat N_M mögliche Plätze zur Auswahl. Zu diesen N_M Möglichkeiten hat das zweite Teilchen jeweils (N_M-1) Möglichkeiten, das dritte Teilchen wieder jeweils zu allen vorherigen Möglichkeiten (N_M-2) usw. Die gesamten Anordnungsmöglichkeiten ergeben sich dadurch als Produkt der Zahlen N_M, (N_M-1), (N_M-2) usw. bis (N_M-N_i+1). Hierbei sind allerdings die Möglichkeiten, die durch die Vertauschung der i-Teilchen untereinander zustande kommen, mitberücksichtigt, was nicht sein darf. Deshalb muß noch durch die Anzahl der Vertauschungsmöglichkeiten der N_i Teilchen untereinander, also durch $N_i! = N_1 \cdot N_2 \ldots N_i$ dividiert werden. Mit der Näherung der Stirlingschen Formel

$$\ln N_i! \approx N_i (\ln N_i - 1) \tag{II.4.4}$$

ergibt sich dann für den lagenstatistischen Beitrag zur Gibbs-Energie

$$\sum_i -kT \ln W_i = \sum_i -kT \ln (N_M^{N_i}/N_i!)$$
$$\approx \sum_i -kT N_i [\ln (N_M/N_i) + 1] \tag{II.4.5}$$
$$= \sum_i +kT N_i (\ln x_i - 1).$$

Für die Gibbs-Energie des realen Gitters erhalten wir schließlich durch Einsetzen von Gl. (II.4.5) in Gl. (II.4.1)

$$G = N_M \tilde{g}_M + \sum_i N_i \tilde{g}_i + \sum_i kT N_i (\ln x_i - 1). \tag{II.4.6}$$

Gl. (II.4.6) gibt die Gibbs-Energie eines realen Gitters als Funktion der Anzahl der im Gitter enthaltenen Bauelemente, d.h., der Zahl der Gittermoleküle und der im Gitter vorhandenen Störstellen an. Durch partielles Differenzieren nach der Zahl der Gittermoleküle bzw. Störstellen ergeben sich hieraus nun die chemischen Potentiale der Gittermoleküle bzw. die elektrochemischen Potentiale der geladenen und die chemischen der ungeladenen Störstellen jeweils bezogen auf ein Teilchen. Elektrochemische- bzw. chemische Potentiale, die auf ein Teilchen bezogen sind, wollen wir durch Schlangenlinien kennzeichnen. Für das elektrochemische Potential der Störstellen i erhalten wir so

$$\tilde{\eta}_i = \left(\frac{\partial G}{\partial N_i}\right)_{N_M, N_{j \neq i}, p, T} \quad \text{(II.4.7)}$$
$$= \tilde{g}_i + kT \ln x_i.$$

Das chemische Potential der Gittermoleküle ergibt sich in entsprechender Weise zu

$$\tilde{\mu}_M = \left(\frac{\partial G}{\partial N_M}\right)_{N_i, p, T} \quad \text{(II.4.8)}$$
$$= \tilde{g}_M - kT \sum_i x_i.$$

Das chemische Potential $\tilde{\mu}_M$ der Gittermoleküle ist, da die Molenbrüche x_i klein gegen eins sind, in erster Näherung konstant, tatsächlich aber geringfügig, und zwar von der Summe der Konzentrationen aller Störstellen, abhängig (s. SCHOTTKY [II.4.3]). Hierauf ist z. B. die Dampfdruckerniedrigung und die Gefrierpunktserhöhung zurückzuführen.

Da das elektrochemische Potential $\tilde{\eta}$ zu schreiben ist als $\tilde{\eta}_i = \tilde{\mu}_i + z_i e \varphi$, ergibt sich für das chemische Potential $\tilde{\mu}_i$ der Störstellen aus Gl. (II.4.7)

$$\tilde{\mu}_i = \tilde{g}_i - z_i e \varphi + kT \ln x_i. \quad \text{(II.4.9)}$$

Das chemische Potential von Störstellen zeigt also eine gleiche Konzentrationsabhängigkeit wie das sonstiger gelöster Teilchen in Lösungsmitteln oder die von Ionen in Elektrolyten. Bei ungeladenen Teilchen ist z gleich Null und wir sehen auch hier formal, daß für ungeladene Teilchen das elektrochemische Pontential $\tilde{\eta}$ und das chemische Potential $\tilde{\mu}$ identisch werden.

Durch Einführen eines Standardzustandes, zu dem das chemische Potential μ^0 gehört, können wir für das chemische Potential μ_i der Störstellen i, wenn wir es auf ein Mol beziehen, schreiben

$$\mu_i = \mu_i^0 + RT \ln \frac{c_i}{c_i^0}. \quad \text{(II.4.10)}$$

Hierbei bedeuten c_i die Konzentration der i-Teilchen und c_i^0 deren Einheitskonzentration. Da μ_i auf ein Mol bezogen ist, erscheint in Gl. (II.4.10) die Gaskonstante R ($= k \cdot L$) anstelle der Boltzmannschen Konstanten k in Gl. (II.4.9). L ist die Loschmidtzahl.

Die Gln. (II.4.7) bis (II.4.10) sind voraussetzungsgemäß natürlich nur für kleine Konzentrationen der Störstellen gültig, d. h. für $x_i \ll 1$. Bei höheren

Konzentrationen müssen wir diese durch Aktivitäten ersetzen, um Störstellenwechselwirkungen zu berücksichtigen. Es gilt dann der allgemeinere Ausdruck

$$\mu_i = \mu_i^0 + RT \ln a_i. \qquad (II.4.11)$$

Die Aktivität a_i ist in üblicher Weise so definiert, daß die Aktivität gleich c_i/c_i^0 wird, wenn c_i gegen Null geht. Man sieht, daß die Aktivität von der Wahl der Einheitskonzentration c_i^0 abhängt und damit auch der Standardzustand bzw. das chemische Potential μ^0 im Standardzustand. Der Standardzustand ist immer definiert als ein solcher mit der Aktivität $a = 1$. Er ist im allgemeinen nicht identisch mit der Konzentration $c_i = c_i^0$. Das wäre nur dann der Fall, wenn Gl. (II.4.10) auch für große Konzentrationen, d.h. bis $c_i = c_i^0$ gültig wäre. Dann muß aber im allgemeinen in Gl. (II.4.10) c_i/c_i^0 durch die Aktivität a ersetzt werden. Eine wichtige Ursache dafür, daß die Aktivität a von der Größe c_i/c_i^0 abweicht, d.h. für das Vorliegen von nichtidealem Verhalten, sind die schwachen coulombschen Wechselwirkungen. Diese elektrostatischen Kräfte sorgen dafür, daß sich in der Umgebung z.B. einer negativen Störstelle immer mehr andere positive, also entgegengesetzt geladene aufhalten. Dieser Effekt ist schon aus der Theorie der flüssigen Elektrolyte her bekannt und wird quantitativ mit der Debye-Hückel-Theorie behandelt. Die bekannten Formeln sind voll übertragbar und finden sich z.B. bei KORTÜM [II.4.4] und KRÖGER [II.4.5]. Sie gelten allerdings nur für genügend kleine Konzentrationen von Störstellen, d.h. für kleine Abweichungen vom Grenzfall ideal verdünnter Lösungen. Bei höheren Defekt-Konzentrationen ist unter Umständen auch die Bildung von Assoziaten von Störstellen wie $V_{N_i}'' + h^{\cdot} = V_{N_i}'$ oder $V_{N_i}'' + 2h^{\cdot} = V_{N_i}$ in Rechnung zu stellen. Hierzu wird auf spezielle Literatur [II.4.6] verwiesen.

Nach der Berechnung der chemischen Potentiale der Störstellen und des Gittermoleküls als Funktion der Störstellenkonzentrationen können wir nun Fehlordnungsgleichgewichte und damit Massenwirkungsgesetze für Störstellen formulieren. Das wird in den folgenden Abschnitten getan.

II.5 Fehlordnungsgleichgewichte im Volumen

Fehlordnungsgleichgewichte im Volumen ergeben Beziehungen in der Form von Massenwirkungsgesetzen zwischen Konzentrationen von Störstellen im Volumen. Sie geben also Auskunft über die gegenseitige Abhängigkeit der einzelnen Störstellenkonzentrationen ähnlich wie

Ionengleichgewichte in flüssigen Elektrolyten oder Gasgleichgewichte in homogener Phase die gegenseitige Abhängigkeit der Konzentrationen der einzelnen Ionensorten oder Gasmoleküle beschreiben.

Wenn eine feste Verbindung sich in innerem Gleichgewicht befindet, was bei höheren Temperaturen allgemein der Fall ist, sind die im folgenden behandelten Fehlordnungsgleichgewichte in einer Kristallverbindung grundsätzlich alle nebeneinander eingestellt und beeinflussen sich gegenseitig. Oft sind jedoch wenige Störstellenarten überwiegend vorhanden, so daß zur Diskussion von Kristalleigenschaften, die mit der Fehlordnung zusammenhängen, im allgemeinen nur wenige Störstellenarten und deren Gleichgewichte in einer bestimmten Kristallverbindung wesentlich sind.

Das Gleichgewicht zwischen Leerstellen und Zwischengitterteilchen (Frenkel-Gleichgewicht). Wir betrachten den Übergang eines Teilchens A von einem Gitterplatz der A-Teilchen auf einen Zwischengitterplatz unter Bildung eines gegenüber dem ungestörten Gitter z.B. einfach positiv geladenen Zwischengitterteilchens $A_i^{\cdot}$ und Zurücklassung einer negativen Leerstelle V_A' auf einem A-Platz und Vernichtung einer Leerstelle V_i im Zwischengitter; d.h. wir untersuchen den Austausch von Teilchen zwischen normalen Gitterplätzen und Zwischengitterplätzen und fragen nach der zugehörigen Gleichgewichtsbedingung (vgl. Abb. II.2.3). Den betrachteten Austausch können wir in Form einer chemischen Reaktion, einer sog. Fehlordnungsreaktion schreiben:

$$A_A + V_i = A_i^{\cdot} + V_A'. \qquad \text{(II.5.1)}$$

Diese Reaktion haben wir zunächst in Form von Strukturelementen geschrieben. Die Gleichgewichtsbedingung einer chemischen Reaktion, d.h. des Austausches von Teilchen, ist immer die, daß die Summe der mit den stöchiometrischen Koeffizienten multiplizierten chemischen Potentiale gleich Null ist: $\sum_i v_i \mu_i = 0$. Damit chemische Potentiale eindeutig berechenbar sind (vgl. Abschnitt 4 dieses Kapitels), ordnen wir Gl. (II.5.1) um und fassen jeweils zwei Strukturelemente zu Bauelementen zusammen:

$$(A_i^{\cdot} - V_i) + (V_A' - A_A) = 0. \qquad \text{(II.5.2)}$$

Gl. (II.5.2) schreibt sich mit den alten Schottkyschen Symbolen

$$A \circ^{\cdot} + A \square' = 0 \qquad \text{(II.5.3)}$$

und in der neuen Schottkyschen Schreibweise

$$A^{\cdot} + |A|' = 0. \qquad \text{(II.5.4)}$$

Fehlordnungsgleichgewichte im Volumen

Wir sehen durch Vergleich von Gl. (II.5.2) und (II.5.3) bzw. (II.5.4), daß die Bauelementleerstelle im Schottkyschen Sinn zugleich die Bedeutung eines negativen Teilchens hat. Auf Gl. (II.5.2) bzw. (II.5.3) ist die allgemeine Gleichgewichtsbedingung für Teilchenaustausch bzw. eine chemische Reaktion nach Gl. (II.3.9),

$$\sum_i v_i \mu_i = 0, \qquad (II.5.5)$$

anzuwenden. Das ergibt mit den neuen Schottkyschen Symbolen

$$0 = \mu_{A^\cdot} + \mu_{|A|'} \qquad (II.5.6)$$

oder

$$\mu_{A^\cdot} = -\mu_{|A|'}. \qquad (II.5.7)$$

Das chemische Potential eines Bauelement-Zwischengitterteilchens ist also gleich dem negativen chemischen Potential einer Bauelement-Leerstelle. Mit den Ausdrücken $\mu_i = \mu_i^0 + RT \ln(c_i/c_i^0)$ folgt aus Gl. (II.5.6) bzw. (II.5.7), wenn wir die Konzentration c_i durch eckige Klammern [i] symbolisieren,

$$[A^\cdot] \cdot [|A|'] = [A^\cdot]^0 [|A|']^0 \exp -(\mu_{A^\cdot}^0 + \mu_{|A|'}^0)/RT, \qquad (II.5.8)$$

$$= [A^\cdot]^0 [|A|']^0 \exp -\Delta G^0/RT \qquad (II.5.9)$$

bzw.

$$[A^\cdot][|A|'] = \text{Konst}(p, T). \qquad (II.5.10)$$

Die Konzentrationen der Zwischengitterteilchen bzw. Leerstellen als Bauelemente sind identisch mit denjenigen als Strukturelemente. Darum können wir für Gl. (II.5.10) auch schreiben

$$[A_i^\cdot][V_A'] = \text{Konst}(p, T). \qquad (II.5.11)$$

Für alle Kristalle und insbesondere Kristallverbindungen existiert also im Gleichgewicht ein von Temperatur und Druck abhängiges konstantes Produkt aus den Konzentrationen von Zwischengitterteilchen und zugehörigen Leerstellen, das sog. Frenkel-Gleichgewicht. Wie wir gesehen haben, ist dieses eine thermodynamische Kristalleigenschaft. Die Gleichgewichtskonstante wird heute praktisch immer empirisch bestimmt. Dem Frenkel-Gleichgewicht in Kristallen entspricht im Wasser weitgehend das Gleichgewicht zwischen H^+- und OH^--Ionen, wobei wir die H^+-Ionen als zusätzliche, d.h. Zwischengitterteilchen, und die OH^--Ionen als Leerstellen ansehen können.

Bei höheren Konzentrationen müssen wir die Konzentrationen durch Aktivitäten ersetzen. Für die Aktivitäten gilt allgemein, d.h. auch bei großen Konzentrationen,

$$a_{A^\cdot} \cdot a_{|A|'} = \text{Konst}(p, T). \qquad (II.5.12)$$

In einer binären Kristallverbindung existiert ein solches Gleichgewicht für beide Atom- bzw. Ionensorten. Es gilt natürlich nicht nur im Falle der idealen Stöchiometrie, sondern auch bei im allgemeinen vorliegender Abweichung von derselben. Dann hängen die einzelnen Fehlordnungskonzentrationen eng mit der Abweichung von der idealen Stöchiometrie bzw. mit äußeren Parametern, insbesondere den chemischen Potentialen der Komponenten in der Umgebung zusammen, wie im nächsten Abschnitt gezeigt wird. Liegt der Sonderfall der idealen Stöchiometrie vor, nennt man die Fehlordnung Eigenfehlordnung (intrinsic disorder).

Grundsätzlich liegen mehrere Arten von Fehlordnungsgleichgewichten nebeneinander vor, z.B. neben den Frenkel-Gleichgewichten für die verschiedenen Ionensorten auch das sog. Schottky-Gleichgewicht, das wir weiter unten besprechen. Sind die Zwischengitterteilchen und Leerstellen der gleichen Teilchensorte die im wesentlichen vorhandenen Störstellen, d.h. liegen alle anderen Störstellen in viel geringerer Konzentration vor, so sind bei vernachlässigbarer Abweichung von der Stöchiometrie die Konzentrationen der Zwischengitterteilchen und Leerstellen einander gleich. Eine solche Fehlordnung bezeichnet man als „Frenkel-Fehlordnung". Sie wurde von FRENKEL [II.5.1] für AgCl zuerst diskutiert. Überhaupt sind die Silberhalogenide die klassischen Beispiele für diese Fehlordnung [II.5.2]. Eine wichtige experimentelle Methode zur Bestimmung der Fehlordnung und des Fehlordnungsgrades in solchen Verbindungen geht auf KOCH und WAGNER [II.5.3] zurück. Hierbei wird die Konzentration der Leerstellen bzw. Zwischengitterteilchen durch geeignete Dotierung, d.h. Zugabe von Verbindungen, die Anionen bzw. Kationen von anderer Wertigkeit haben, quantitativ geändert. Schon geringe Dotierungen bestimmen dann die Konzentrationen der Leerstellen bzw. Zwischengitterteilchen. Durch Messung der Leitfähigkeit, die hier der Ionenteilleitfähigkeit entspricht, als Funktion der Leerstellen- bzw. Zwischengitterteilchenkonzentration läßt sich die Beweglichkeit der Fehlordnungszentren bestimmen. Der Zusammenhang zwischen Konzentration, Beweglichkeit und Teilleitfähigkeit wird in Kapitel VI ausführlich diskutiert. Mit den Beweglichkeiten und den Ionenleitfähigkeiten bei praktisch idealer Stöchiometrie kann nun dort der Fehlordnungsgrad ermittelt werden. Bei AgCl kann man durch Zugabe von $CdCl_2$ die Kationen-Leerstellenkonzentrationen erhöhen, während eine Zugabe von Ag_2S die Zahl der Zwischengitterionen erhöht. In ähnlicher Weise kann man bei anderen Verbindungen vorgehen.

Das Gleichgewicht zwischen A-*Leerstellen und* B-*Leerstellen in einem binären* AB-*Kristall (Schottky-Gleichgewicht)*. Wir betrachten den Teil-

Fehlordnungsgleichgewichte im Volumen

chenaustausch zwischen A-Leerstellen, B-Leerstellen und dem Kristall. Anschaulich bedeutet das einen Übergang von A- und B-Teilchen an die Oberfläche unter Vergrößerung des Kristalls und Erzeugung von A- und B-Leerstellen oder umgekehrt. Die A-Leerstellen mögen z. B. einfach negativ und die B-Leerstellen einfach positiv geladen sein. Wenn wir die Teilchen an die Oberfläche bringen, werden dort zwei vorhandene Teilchen zu Volumenteilchen, d. h. der Austausch besteht effektiv in der Schaffung eines neuen Gittermoleküls und Erzeugung von zwei Leerstellen. Dafür können wir mit Strukturelementen schreiben

$$A_A + B_B = V_A' + V_B^{\cdot} + AB, \qquad (II.5.13)$$

wobei AB das Gittermolekül bedeuten soll. Durch Umordnen und Zusammenfassen zu Bauelementen ergibt sich aus Gl. (II.5.13)

$$0 = (V_A' - A_A) + (V_B^{\cdot} - B_B) + AB \qquad (II.5.14)$$

bzw. in der alten Schottkyschen Schreibweise

$$0 = A\square' + B\square^{\cdot} + AB \qquad (II.5.15)$$

und in der neuen Schottkyschen Schreibweise

$$0 = |A|' + |B|^{\cdot} + AB. \qquad (II.5.16)$$

Wir setzen zur Vereinfachung vorerst eine gleiche Anzahl von A- und B-Plätzen im Kristall voraus. Die Gleichgewichtsbedingung $\sum_i v_i \mu_i = 0$, auf Gl. (II.5.15) bzw. (II.5.16) angewendet, lautet unter Benutzung der neuen Schottkyschen Symbole

$$\mu_{|A|'} + \mu_{|B|^{\cdot}} = -\mu_{AB}, \qquad (II.5.17)$$

d. h. die Summe der chemischen Potentiale der A- und B-Leerstellen ist gleich dem negativen chemischen Potential des Gittermoleküls. Letzteres ist nach Gl. (II.4.8) in erster Näherung linear von der Summe der Konzentrationen aller Störstellen abhängig, bei kleiner Störstellenkonzentration daher praktisch konstant

$$\mu_{AB} \cong \mu_{AB}^0. \qquad (II.5.18)$$

Einsetzen von $\mu_i = \mu_i^0 + RT \ln(c_i/c_i^0)$ für die Bauelement-Leerstellen in Gl. (II.5.17) ergibt mit Gl. (II.5.18) nach Umordnen:

$$[|A|'] [|B|^{\cdot}] = [|A|']^0 [|B|^{\cdot}]^0 \exp -\frac{\mu_{AB}^0 + \mu_{|A|'}^0 + \mu_{|B|^{\cdot}}^0}{RT} \qquad (II.5.19)$$

bzw.

$$[|A|'] [|B|^{\cdot}] = \text{Konst}(p, T), \qquad (II.5.20a)$$

oder in der Schreibweise mit Krögerschen Strukturelementen

$$[V_A'][V_B^{\cdot}] = \text{Konst}(p, T). \tag{II.5.20b}$$

Gl. (II.5.19) bzw. (II.5.20) besagt: Das Produkt der Konzentrationen der A- und B-Leerstellen ist in einem A−B-Kristall bei vorgegebenem Druck und vorgegebener Temperatur eine Konstante, solange die Konzentrationen der Leerstellen klein sind. Bei höheren Konzentrationen treten an die Stelle der Konzentrationen in Gl. (II.5.19) bzw. (II.5.20) Aktivitäten

$$a_{|A|'} \cdot a_{|B|^{\cdot}} = \text{Konst}(p, T). \tag{II.5.21}$$

Bei einem Kristall, der bei idealer Stöchiometrie die Teilchen A und B im Verhältnis $k:l$ enthält und dessen Gittermolekül wir darum mit $A_k B_l$ bezeichnen, heißt die entsprechende Fehlordnungsgleichung, wenn wir zur Vereinfachung alle Leerstellen als neutral annehmen:

$$k A_A + l B_B = k V_A + l V_B + A_k B_l \tag{II.5.22}$$

bzw. nach Umordnen:

$$0 = k(V_A - A_A) + l(V_B - B_B) + A_k B_l \tag{II.5.23}$$

und unter Benutzung der neuen Schottkyschen Symbole:

$$0 = k |A| + l |B| + A_k B_l. \tag{II.5.24}$$

Das entsprechende Massenwirkungsgesetz, das sich analog ableiten läßt, lautet in der Schreibweise „Schottky neu"

$$[|A|]^k [|B|]^l = \text{konst} \tag{II.5.25a}$$

bzw. mit den Symbolen von KRÖGER

$$[V_A]^k [V_B]^l = \text{konst} \tag{II.5.25b}$$

oder im allgemeinen Fall auch höherer Konzentrationen

$$a_{|A|}^k \, a_{|B|}^l = \text{konst}. \tag{II.5.26}$$

Es sei noch hervorgehoben, daß an dem Schottky-Gleichgewicht im Gegensatz zum Frenkel-Gleichgewicht das Gittermolekül beteiligt ist. Da dessen Aktivität aber praktisch konstant ist, kann diese mit in die Massenwirkungskonstante gezogen werden. Sind bei vernachlässigbarer Abweichung von der idealen Stöchiometrie die A- und B-Leerstellen die im wesentlichen vorhandenen Störstellen, so spricht man von Schottky-Fehlordnung. Ein solcher Fall liegt bei den Alkalihalogeniden, wie NaCl und KCl vor [II.5.2].

Die Fehlordnung in Alkalihalogeniden ist ein besonders gutes Beispiel dafür, daß es in einfachen Fällen, insbesondere für reine Ionenkristalle, gelingt, Fehlordnungsenergien quantitativ abzuschätzen. Diese Untersuchungen gehen zurück auf JOST [II.5.4], SCHOTTKY [II.5.5], MOTT und LITTLETON [II.5.6] sowie RITTNER, HUTNER und DU PRÉ [II.5.7]. Zusammenfassungen finden sich auch bei BARR und LIDIARD [II.5.8] sowie SÜPTITZ und TELTOW [II.5.9]. Die Berechnungen gehen in wesentlichen Teilen auf das klassische Bornsche Modell zur Ermittlung der Solvatationsenergien von Ionen zurück, das von der Elektrochemie der Flüssigkeiten her bekannt ist.

Weitere Störstellengleichgewichte im Volumen. Die Frenkel-Gleichgewichte der einzelnen Atom- bzw. Ionensorten und das Schottky-Gleichgewicht zwischen Leerstellen der verschiedenen Atom- bzw. Ionensorten sind neben der Elektronenfehlordnung in Kristallen ohne Verunreinigungen bzw. ohne Dotierungen die praktisch wichtigsten Fehlordnungsgleichgewichte im Volumen. Prinzipiell sind noch weitere Fehlordnungsarten möglich, deren Massenwirkungsgesetze sich analog herleiten lassen. Hierbei werden wir Zwischenschritte überspringen.

a) Das Gleichgewicht zwischen verschiedenen, z.B. neutralen Zwischengitterteilchen, das Anti-Schottky-Gleichgewicht.

Wir betrachten die in Strukturelementen mit Krögerschen Symbolen geschriebene Fehlordnungsreaktion

$$A_i + B_i = AB + V_i + V_i, \quad (II.5.27)$$

die nach Umordnen und Zusammenfassen zu Bauelementen folgendermaßen lautet:

$$(A_i - V_i) + (B_i - V_i) = AB \quad (II.5.28\,a)$$

bzw. in der Schreibweise „Schottky neu"

$$A + B = AB. \quad (II.5.28\,b)$$

Hierfür ergibt sich das Massenwirkungsgesetz mit den Bauelementen „Schottky neu"

$$[A][B] = Konst, \quad (II.5.29\,a)$$

bzw. den Strukturelementen nach „Kröger"

$$[A_i][B_i] = Konst. \quad (II.5.29\,b)$$

Verbindungen, die überwiegend diese Fehlordnung haben, scheinen noch nicht bekannt zu sein.

b) Das Gleichgewicht zwischen A-Teilchen auf B-Plätzen und B-Teilchen auf A-Plätzen (Gleichgewicht der Antistruktur).

Wir betrachten die Fehlordnungsreaktion

$$A_A + B_B = B_A + A_B \tag{II.5.30}$$

bzw. nach Umordnen zu Bauelementen

$$0 = (B_A - A_A) + (A_B - B_B), \tag{II.5.31a}$$

oder in der Schreibweise „Schottky neu"

$$0 = B|A| + A|B|. \tag{II.5.31b}$$

Hierfür gilt das Massenwirkungsgesetz, solange ideales Verhalten vorliegt, mit den Symbolen „Schottky neu"

$$[B|A|][A|B|] = \text{Konst} \tag{II.5.32a}$$

bzw. „Kröger"

$$[B_A][A_B] = \text{Konst}. \tag{II.5.32b}$$

c) Das Gleichgewicht zwischen A-Leerstellen und A-Teilchen auf B-Plätzen [II.5.10].

Die hier vorliegende Fehlordnungsreaktion lautet in der Schreibweise nach „Kröger":

$$2A_A + B_B = A_B + AB + 2V_A \tag{II.5.33}$$

bzw. nach Umordnen

$$0 = (A_B - B_B) + 2(V_A - A_A) + AB \tag{II.5.34a}$$

oder mit den Symbolen „Schottky neu"

$$0 = A|B| + 2|A| + AB. \tag{II.5.34b}$$

Als Massenwirkungsgesetz gilt in der Form mit Bauelementen „Schottky neu"

$$[A|B|][|A|]^2 = \text{Konst} \tag{II.5.35a}$$

und mit Krögerschen Strukturelementen

$$[A_B][V_A]^2 = \text{Konst}. \tag{II.5.35b}$$

Entsprechend ergibt sich für das Gleichgewicht zwischen A-Teilchen auf B-Plätzen und B-Teilchen im Zwischengitter in der Schreibweise „Schottky neu"

$$[A|B|][B]^2 = \text{Konst}, \tag{II.5.36a}$$

bzw. „Kröger"

$$[A_B][B_i]^2 = \text{Konst}. \tag{II.5.36b}$$

Auch hier scheinen Verbindungen, die überwiegend diese Fehlordnungen haben, noch nicht bekannt zu sein.

Das Gleichgewicht zwischen Elektronen und Defektelektronen in einem Verbindungshalbleiter. In einem Halbleiter ist bei der Temperatur $T = 0$ K das Leitungsband der Elektronen leer und alle Valenzbänder sind voll mit Elektronen besetzt. Das werden wir in Kapitel IV noch ausführlich diskutieren. Bei höheren Temperaturen gehen Elektronen aus dem obersten Valenzband in das darüberliegende Leitungsband. Es stellt sich ein Gleichgewicht zwischen den Elektronen im Valenzband und Leitungsband ein. Wegen des freien Austausches der Elektronen zwischen Valenz- und Leitungsband haben die Elektronen in den verschiedenen Bändern gleiches elektrochemisches Potential (Fermipotential) und, da das elektrische Potential für alle Elektronen in den verschiedenen Bändern das gleiche ist (homogenes Gleichgewicht), auch gleiches chemisches Potential. In der thermodynamischen Behandlung ist es jedoch nicht üblich, weil es bei der quantitativen Behandlung unpraktisch wäre, von den Elektronen im Valenzband zu sprechen. Diese werden vielmehr durch die fehlenden Elektronen, die Defektelektronen, im Valenzband charakterisiert. Die Defektelektronen haben analog wie eine Bauelementleerstelle die Bedeutung eines negativen Teilchens, hier eines negativen Elektrons. Für den Übergang bzw. Austausch eines Elektrons vom Valenz- zum Leitungsband würde man in Strukturelementen schreiben, was allerdings nicht üblich ist:

Elektron (Valenzband) = Elektron (Leitungsband)

+ Leerstelle (Valenzband), (II.5.37)

wobei wir bereits die Leerstellen im Leitungsband nicht berücksichtigt haben. Durch Umordnen ergibt sich aus Gl. (II.5.37):

0 = Elektron (Leitungsband)

+ [Leerstelle (Valenzband) − Elektron (Valenzband)]. (II.5.38)

Ein Elektron im Leitungsband wollen wir entsprechend allgemeinem Brauch mit e und die eckige Klammer in Gl. (II.5.38), d.h. einen unbesetzten Term im Valenzband mit der gleichzeitigen Bedeutung eines negativen Elektrons mit h (hole) bezeichnen. Damit schreibt sich Gl. (II.5.38) bzw. (II.5.37)

$$e' + h^{\cdot} = 0, \quad (II.5.39)$$

wobei Strich und Punkt eine negative bzw. positive Ladung bedeuten. Da die Ladung eines Elektrons bzw. Defektelektrons immer die gleiche und eindeutig ist, werden wir in Zukunft bei e und h den Strich und Punkt weglassen. Die Formulierung in Gl. (II.5.39) ist die Darstellung einer Fehlordnungsreaktion in Form von Bauelementen. Sie hat sich bei der Behandlung der Elektronenfehlordnung im Gegensatz zu der bei der Ionenfehlordnung allgemein durchgesetzt. Für e (freie Elektronen oder Elektronen im Leitungsband) und h (Defektelektronen) haben chemische bzw. elektrochemische Potentiale einen eindeutigen Sinn.

Für das Gleichgewicht der Reaktion (II.5.39) können wir schreiben

$$\mu_e + \mu_h = 0 \qquad (II.5.40)$$

bzw.

$$\mu_e = -\mu_h, \qquad (II.5.41)$$

d. h. das chemische Potential der Elektronen ist entgegengesetzt gleich dem der Defektelektronen.

Bei kleinen Konzentrationen (Boltzmann-Näherung) gilt für das chemische Potential der Elektronen

$$\mu_e = \mu_e^0 + RT \ln([e]/[e]^0) \qquad (II.5.42)$$

und für das der Defektelektronen

$$\mu_h = \mu_h^0 + RT \ln([h]/[h]^0), \qquad (II.5.43)$$

wie in Kapitel IV hergeleitet wird. Damit ergibt sich aus Gl. (II.5.40) bzw. (II.5.41)

$$[e][h] = \text{Konst}, \qquad (II.5.44)$$

d. h. das Produkt aus der Konzentration der Elektronen und der der Defektelektronen ist bei vorgegebener Temperatur und vorgegebenem Druck für einen bestimmten Halbleiter eine Konstante.

Die Elektronen im Leitungsband können nicht nur aus dem Valenzband, sondern auch von sog. „Donatoren" stammen, d. h. von atomaren Störstellen im Kristall, die Elektronen abspalten können. Entsprechend können Defektelektronen durch „Akzeptoren", d. h. von atomaren Störstellen im Kristall, die Elektronen einfangen können, erzeugt werden. Wenn die freien Elektronen nur aus dem Valenzband stammen, wenn also die Konzentrationen der Elektronen gleich der der Defektelektronen ist, $[e] = [h]$, spricht man von „Eigenfehlordnung".

Die Gln. (II.5.42) bis (II.5.44) gelten für genügend kleine Konzentrationen, bei Raumtemperatur für solche kleiner als etwa 10^{18} Elektronen oder Defektelektronen pro cm^3, die noch von den sog. effektiven Massen abhängen. Bei größeren Konzentrationen müssen wir die Konzentrationen durch Aktivitäten ersetzen und erhalten anstelle von Gl. (II.5.44)

$$a_e \cdot a_h = \text{Konst}. \qquad (II.5.45)$$

Fehlordnungsgleichgewichte im Volumen

Ionisierungsgleichgewichte. Eine atomare Fehlstelle, z.B. ein Zwischengitterteilchen, kann gegenüber dem geordneten Gitter neutral, oder aber positiv oder negativ geladen sein. Beim Übergang von einem Ladungszustand in einen anderen können Elektronen mit dem Leitungs- oder Valenzband ausgetauscht werden. Ein Beispiel für den ersten Fall lautet in der Krögerschen Schreibweise mit Strukturelementen

$$A_i = A_i^{\cdot} + e, \tag{II.5.46a}$$

und mit Bauelementen „Schottky neu"

$$A = A^{\cdot} + e \tag{II.5.46b}$$

mit der Gleichgewichtsbeziehung in der Schreibweise „Schottky neu":

$$\frac{[A]}{[A^{\cdot}][e]} = \text{Konst}, \tag{II.5.47a}$$

und mit den Symbolen von „Kröger":

$$\frac{[A_i]}{[A_i^{\cdot}][e]} = \text{Konst}. \tag{II.5.47b}$$

Ein Beispiel für den Austausch mit dem Valenzband ist in der Schreibweise „Kröger"

$$B_i = B_i' + h, \tag{II.5.48a}$$

und mit den Symbolen „Schottky neu"

$$B = B' + h. \tag{II.5.48b}$$

Als Gleichgewichtsbedingung gilt mit Bauelementen „Schottky neu"

$$\frac{[B]}{[B'][h]} = \text{Konst}, \tag{II.5.49a}$$

und Krögerschen Strukturelementen

$$\frac{[B_i]}{[B_i'][h]} = \text{Konst}. \tag{II.5.49b}$$

Die Reaktion nach Gl. (II.5.46) ist ein Beispiel für eine Donatorreaktion, da ein Elektron von dem Donator an das Leitungsband abgegeben wird, diejenige nach Gl. (II.5.48) ein Beispiel für eine Akzeptorreaktion.

Gleichgewichte zwischen einfachen und zusammengesetzten Leerstellen. Wenn Störstellen unmittelbar benachbart sind, ist es wegen der hierbei auftretenden starken energetischen Effekte sinnvoll, von neuen Störstellen, die sich aus einfachen zusammensetzen, zu sprechen. Zum Beispiel können sich A- und B-Leerstellen zusammenlagern, wobei wir annehmen wollen, daß die A-Leerstellen einfach negativ und die B-Leerstellen einfach positiv geladen sind. Dann gilt in der Schreibweise von KRÖGER

$$V'_A + V^{\bullet}_B = V_A V_B \qquad (II.5.50a)$$

und in der neuen Schottkyschen Schreibweise

$$|A|' + |B|^{\bullet} = |A| |B|. \qquad (II.5.50b)$$

Hierfür folgt die Massenwirkungsgleichung mit Bauelementen „Schottky neu"

$$\frac{[|A|'] [|B|^{\bullet}]}{[|A| |B|]} = \text{Konst} \qquad (II.5.51a)$$

bzw. mit Krögerschen Strukturelementen

$$\frac{[V'_A] [V^{\bullet}_B]}{[V_A V_B]} = \text{Konst.} \qquad (II.5.51b)$$

Die zusammengesetzte Störstelle haben wir hierbei als neutral bezeichnet, da die Ladungen der Einzelstörstellen sich ja gegenseitig aufheben. Alle denkbaren zusammengesetzten Störstellen lassen sich entsprechend behandeln.

II.6 Kinetische Herleitung von Fehlordnungsgleichgewichten

In Abschnitt II.3 hatten wir Fehlordnungsgleichgewichte auf thermodynamischer Grundlage hergeleitet. Hierbei zeigte sich die große Bedeutung der elektrochemischen und chemischen Potentiale der Störstellen bzw. des Gittermoleküls. Um chemische Potentiale eindeutig definieren und berechnen zu können, haben wir die Störstellen im Sinne von SCHOTTKY als *Bauelemente* behandelt. Massenwirkungsgesetze lassen sich jedoch auch auf kinetischer Grundlage herleiten, indem man ein kinetisches Gleichgewicht betrachtet, das dadurch gekennzeichnet ist, daß die Geschwindigkeit der Hinreaktion gerade gleich der der Rückreaktion ist. Bei dieser Behandlung erhalten die *Strukturelemente* ihre besondere Bedeutung. Um dies zu verdeutlichen, wollen wir das Frenkel-Gleichgewicht behandeln, z.B. das Gleichgewicht zwischen Silberionenleerstellen und Silberionen auf Zwischengitterplätzen in einem AgCl-Kristall. Für diese Fehlordnungsreaktion können wir mit Strukturelementen schreiben

$$Ag_{Ag} + V_i \underset{k_2}{\overset{k_1}{\rightleftarrows}} V'_{Ag} + Ag_i^{\cdot}. \tag{II.6.1}$$

k_1 ist die Geschwindigkeitskonstante für den Übergang von Silberionen von regulären Plätzen auf Zwischengitterplätze. Für die Geschwindigkeit $v(\text{hin})$ der Hinreaktion können wir schreiben

$$v(\text{hin}) = k_1 [Ag_{Ag}] [V_i], \tag{II.6.2}$$

da diese Geschwindigkeit proportional der Zahl der Silberionen auf Silberplätzen und proportional der Zahl der im Zwischengitter vorhandenen Leerstellen ist. Für die Geschwindigkeit der Rückreaktion $v(\text{rück})$ können wir mit der Geschwindigkeitskonstanten k_2 schreiben

$$v(\text{rück}) = k_2 [V'_{Ag}] \cdot [Ag_i^{\cdot}]. \tag{II.6.3}$$

Die Geschwindigkeit der Rückreaktion ist analog proportional der Zahl der vorhandenen Silberionenleerstellen und proportional der Zahl der im Zwischengitter vorhandenen Silberionen. Da wir immer annehmen, daß die Zahl der Störstellen klein ist gegenüber der Zahl der Gittermoleküle, können wir die Zahl der Silberionen auf Silberplätzen praktisch als konstant ansehen,

$$[Ag_{Ag}] \cong \text{Konst}_1, \tag{II.6.4}$$

und ebenso die Zahl der Leerstellen im Zwischengitter,

$$[V_i] \cong \text{Konst}_2. \tag{II.6.5}$$

Im Gleichgewicht ist die Geschwindigkeit der Hinreaktion gleich der der Rückreaktion

$$v(\text{hin}) = v(\text{rück}). \tag{II.6.6}$$

Wenn wir Gl. (II.6.4) und (II.6.5) in Gl. (II.6.2) für die Hinreaktion einsetzen, ergibt sich für die Geschwindigkeit der Hinreaktion eine Konstante und wegen Gl. (II.6.6) auch für die Rückreaktion, d.h., die Geschwindigkeit sowohl der Hin- als auch der Rückreaktion ist unabhängig von den Konzentrationen der vorhandenen Silberionenleerstellen und Silberionen auf Zwischengitterplätzen. Hiermit folgt aus Gl. (II.6.3)

$$[Ag_i^{\cdot}] [V'_{Ag}] = \text{Konst}, \tag{II.6.7}$$

d.h., das Produkt von Silberionen auf Zwischengitterplätzen und Silberionenleerstellen ist bei vorgegebener Temperatur und vorgegebenem Druck konstant. Wir erhalten also mittels der kinetischen Herleitung das gleiche Ergebnis, das wir in Abschnitt II.5 auf thermodynamische Weise erhielten. Allerdings ist die kinetische Herleitung von Fehlordnungsgleichgewichten nicht immer so einfach und übersichtlich wie in dem vorgeführten Beispiel. Darum ist im allgemeinen die thermodynamische Behandlung von Gleichgewichten, insbesondere die von Fehlordnungsgleichgewichten vorzuziehen. Das gilt vor allem für heterogene Gleichgewichte, z.B. Gleichgewichte zwischen dem Inneren eines Kristalls und der umgebenden Gasphase. Hier werden sich kinetische Gleichgewichte nicht einfach formulieren lassen. Es ist anzunehmen, daß sich auf der einen Seite zwischen der Gasphase und der Oberfläche ein kinetisches Gleichgewicht einstellt und auf der anderen Seite zwischen der Oberfläche und dem Kristallinneren. Zur Ableitung dieses Gleichgewichts müßte man also eine Reihe von hintereinander geschalteten Einzelgleichgewichten diskutieren. Bei der thermodynamischen Behandlung fällt diese Komplikation weg, und wir erhalten sofort ein übersichtliches Ergebnis Darin liegt zugleich die Stärke und Schwäche der thermodynamischen Behandlung, die zwar sofort pauschale Ergebnisse liefert, aber keine detaillierte Information über kinetische Einzelschritte enthält. Als bemerkenswertes Ergebnis der kinetischen Herleitung von Fehlordnungsgleichgewichten wollen wir festhalten, daß hier Strukturelemente für die quantitative Behandlung notwendig waren, und so haben beide in der Literatur vorhandenen Behandlungsweisen von Störstellen,

a) die Behandlung als Bauelemente und
b) die Behandlung als Strukturelemente,

ihre Berechtigung erfahren. Es erscheint also so, daß nicht die eine oder die andere Art der Behandlung die allein sinnvolle ist, sondern je nach Fall die eine oder andere Behandlung vorzuziehen ist.

II.7 Fehlordnungsgleichgewichte mit Nachbarphasen

Wir untersuchen in diesem Abschnitt die Abhängigkeiten der Konzentrationen der einzelnen Fehlordnungszentren von der Zusammensetzung der Umgebung, im allgemeinen von der Zusammensetzung der umgebenden Gasphase, in der ein oder mehrere Partialdrücke der Komponenten, die in der Verbindung enthalten sind, vorgegeben bzw. variiert werden. Wir fragen z.B. nach den Konzentrationen der Zwischengitterionen, Leerstellen, quasifreien Elektronen oder Defektelektronen in einem Oxid oder Sulfid in Abhängigkeit vom Sauerstoff- oder Schwefelpartialdruck der umgebenden Atmosphäre für den Fall, daß sich Gleichgewicht zwischen Atmosphäre und fester Verbindung einstellt, was im allgemeinen bei höheren Temperaturen in hinreichend kurzer Zeit der Fall ist. Die chemische Formel der Metall/Nichtmetallverbindung sei $MeX_{1+\delta}$, wobei Me das Metall, X das Nichtmetall, z. B. Sauerstoff oder Schwefel, und δ die Abweichung von der idealen Stöchiometrie bedeuten. Von der Komponente X sei in der umgebenden Gasphase ein bestimmter Partialdruck und damit auch ein bestimmtes chemisches Potential vorgegeben. Gleichgewicht für den Austausch der Komponente X zwischen der Gasphase und der festen Verbindung liegt dann vor, wenn für den Übergang von Molekülen X aus der Gasphase in die feste Verbindung bei vorgegebenem Druck und vorgegebener Temperatur die Änderung der Gibbs-Energie ΔG gleich Null ist. Den Übergang der Moleküle aus dem Gasraum in die feste Verbindung können wir als chemische Reaktion formulieren:

$$X(g) = X(s), \qquad (II.7.1)$$

wobei g den Gasraum und s den Festkörper symbolisieren. Aus der Gleichgewichtsbedingung $\Delta G = \sum_i \mu_i \nu_i = 0$ folgt für die chemischen Potentiale

$$\mu_X(g) = \mu_X(s). \qquad (II.7.2)$$

Diese Aussage ist die gleiche, wie sie für alle heterogenen Gleichgewichte gilt. Unser Problem ist nach Gl. (II.7.2) also darauf reduziert worden, die Konzentrationen der einzelnen Fehlordnungszentren als Funktion des chemischen Potentials der Komponente X im Festkörper anzugeben.

Durch Vorgabe eines chemischen Potentials, z. B. der Komponente X, ist die binäre feste Verbindung $MeX_{1+\delta}$ bei gegebenem Gesamtdruck p und gegebener Temperatur T thermodynamisch vollständig festgelegt, da nach der Gibbsschen Phasenregel nun keine weitere Freiheit mehr vorhanden ist. Wir hätten zur Fixierung der Verbindung auch das chemische Potential des Metalls μ_{Me}, das mit μ_X durch die Gibbs-Duhem-Gleichung verknüpft ist, wählen können. Bei ternären Verbindungen, z. B. Spinellen wie $NiCr_2O_4$, ist eine weitere thermodynamische Freiheit vorhanden. Hier ist neben der Angabe von Druck und Temperatur die Angabe von zwei chemischen Potentialen notwendig, um die Verbindung eindeutig zu definieren.

Während die chemischen Potentiale in der Verbindung bzw. die Gleichgewichtspartialdrücke der Komponenten im allgemeinen in weiten Grenzen variieren können, ändert sich die stöchiometrische Zusammensetzung einer Kristallverbindung dabei meistens nur sehr wenig. Trotzdem ist es sinnvoll und der Sache entsprechend, eine feste Kristallverbindung vom thermodynamischen Standpunkt als Mischphase aufzufassen. Die großen Änderungen der Gleichgewichtspartialdrücke der

Komponenten schlagen sich in relativ großen Änderungen der Störstellenkonzentrationen nieder, wobei sehr kleine Abweichungen von der idealen stöchiometrischen Zusammensetzung eine große Rolle spielen. Darum kann eine feste Verbindung auch durch Angabe der exakten stöchiometrischen Zusammensetzung oder durch Angabe der Abweichung von der idealen stöchiometrischen Zusammensetzung eindeutig gekennzeichnet werden. Ob man die Angabe von chemischen Potentialen bzw. Gleichgewichtspartialdrücken einer oder mehrerer Komponenten oder die Angabe der Abweichung von der idealen Zusammensetzung bevorzugt, hängt von den Umständen ab.

Für den Übergang von Molekülen bzw. Atomen aus der Gasphase in die feste Verbindung ergeben sich nun verschiedene Möglichkeiten, je nachdem, ob die Teilchen X im Zwischengitter oder unter Vernichtung einer Leerstelle im X-Teilgitter auf einem X-Platz oder unter Vernichtung einer Leerstelle im Metallteilgitter auf einen regulären Metallplatz, also unter Bildung einer Antistruktur, eingebaut werden. Zur Vereinfachung der prinzipiellen Überlegungen wollen wir zunächst von einer Fehlordnung der Elektronen absehen und nur neutrale Störstellen betrachten. Entsprechend der drei genannten Einbaumöglichkeiten können wir also folgende drei Umsetzungs- oder sog. Einbaugleichungen formulieren:

a) Für den Übergang der X-Atome auf Zwischengitterplätze in der Verbindung MeX ergibt sich die Reaktions- bzw. Einbaugleichung in der Formulierung mit Krögerschen Strukturelementen

$$X(g) = (X_i - V_i). \tag{II.7.3}$$

b) Für den Übergang der X-Atome auf normale X-Plätze unter Vernichtung von hier vorhandenen Leerstellen ergibt sich die Einbaugleichung mit Krögerschen Symbolen

$$X(g) + V_X = X_X \tag{II.7.4}$$

bzw. nach Umordnen und Zusammenfassen zu Bauelementen

$$X(g) + (V_X - X_X) = 0. \tag{II.7.5}$$

c) Für den Einbau auf einen Metallionenplatz unter Vernichtung einer dort vorher vorhandenen Metall-Leerstelle ergibt sich

$$X(g) + V_{Me} = X_{Me} \tag{II.7.6}$$

bzw. nach Erweiterung der Gleichung, um Bauelemente zu erhalten,

$$X(g) + (V_{Me} - Me_{Me}) = (X_{Me} - Me_{Me}). \tag{II.7.7}$$

Aus den Gln. (II.7.3), (II.7.5) und (II.7.7) ergeben sich als Gleichgewichtsbedingungen für die zugehörigen chemischen Potentiale folgende

Gleichungen

$$\mu_X(g) = \mu_{(X_i - V_i)}, \quad (II.7.8)$$

$$\mu_X(g) = -\mu_{(V_X - X_X)}, \quad (II.7.9)$$

$$\mu_X(g) = -\mu_{(V_{Me} - Me_{Me})} + \mu_{(X_{Me} - Me_{Me})}. \quad (II.7.10)$$

Alle drei Gleichungen gelten simultan. Das chemische Potential der Komponente X in der Gasphase, das nach Gl. (II.7.2) gleich dem chemischen Potential der Komponente X in der Verbindung ist, ist also gleich dem chemischen Potential des neutralen Zwischengitterteilchens X, weiter gleich dem negativen chemischen Potential der neutralen Leerstellen $(V_X - X_X)$ und gleich der Summe aus dem negativen chemischen Potential der Metall-Leerstellen und dem der Substitutionsteilchen $(X_X - Me_{Me})$. Zusammengefaßt gilt

$$\mu_X(g) = \mu_X(s) = \mu_{(X_i - V_i)}$$
$$= -\mu_{(V_X - X_X)} \quad (II.7.11)$$
$$= -\mu_{(V_{Me} - Me_{Me})} + \mu_{(X_{Me} - Me_{Me})}.$$

Diese Beziehungen gelten der Herleitung gemäß nur für neutrale Störstellen. Sind die Störstellen geladen und Elektronen bzw. Defektelektronen an der Fehlordnungsreaktion beteiligt, so ändern sich die Gleichgewichtsbedingungen entsprechend. Die Gleichheit des chemischen Potentials von Zwischengitterteilchen und dem negativen der Leerstellen sowie einer entsprechenden Kombination von Substitutionsteilchen und Leerstellen haben wir bereits bei den inneren Gleichgewichten kennengelernt. Da alle diese Störstellen miteinander im Gleichgewicht sind, ist es für die Berechnung der chemischen Potentiale gleichgültig, welchen Übergang der Teilchen aus der Gasphase in den festen Stoff wir betrachten. Aus den Gln. (II.7.8) bis (II.7.10) erhalten wir die entsprechenden Massenwirkungsgleichungen, die angeben, wie die Konzentrationen dieser Fehlordnungszentren — allerdings nur der neutralen — von der Aktivität a_X der Komponenten X in der Gasphase abhängen:

$$[X_i] = K_1 a_X, \quad (II.7.12)$$

$$[V_X] = K_2/a_X, \quad (II.7.13)$$

$$[X_{Me}] = K_3 a_X [V_{Me}], \quad (II.7.14)$$

bzw. im letzten Fall

$$[X_{Me}] = K_3' a_X^2, \quad (II.7.15)$$

Gl. (II.7.15) ergibt sich aus Gl. (II.7.14) unter der Berücksichtigung, daß $[V_{Me}] \sim 1/[V_X] \sim a_X$ ist. Auch die Beziehungen (II.7.12) bis (II.7.15) gelten nur für neutrale Störstellen. Beispiele für die Beteiligung geladener Störstellen sowie von Elektronen und Defektelektronen werden wir im folgenden kennenlernen. Dabei werden wir auch die mit der Änderung der Störstellenkonzentrationen verbundene Änderung der Stöchiometrie diskutieren. Es wird sich dabei zeigen, daß in praktischen Fällen im allgemeinen eine oder zwei Konzentrationen von Fehlordnungszentren überwiegen. Die überwiegend vorhandenen Störstellen sind für die Diskussion der mit der Fehlordnung zusammenhängenden Kristalleigenschaften allein wesentlich.

Das sei am Beispiel einer MeX-Verbindung demonstriert, bei der die wesentlichen Fehlordnungszentren einfach positiv geladene Zwischengittermetallteilchen $Me_i^{\bullet}$, einfach negativ geladene Metallionenleerstellen V'_{Me}, sowie freie Elektronen e und Defektelektronen h sein sollen. Am stöchiometrischen Punkt liegt also für das Ionengitter Frenkelfehlordnung neben dem Vorhandensein von freien Elektronen und Defektelektronen vor, wobei wir annehmen wollen, daß hier die Konzentrationen der Zwischengitterteilchen und Leerstellen wesentlich größer als die der Elektronen und Defektelektronen sind.

Wir fragen nun nach den Änderungen der Konzentrationen der einzelnen Fehlordnungszentren, wenn der Partialdruck der Komponente X, die in Form von X_2-Molekülen in der Gasphase vorliegen soll, sich ändert. Für den Übergang der Komponente X aus der Gasphase in die feste Verbindung können wir die Einbaugleichung

$$\tfrac{1}{2} X_2(g) + Me_{Me} = MeX + V'_{Me} + h, \qquad (II.7.16)$$

formulieren, d.h., ein X-Atom kann in die Verbindung eingebaut werden unter Schaffung eines neuen Gittermoleküls MeX, einer Metallionenleerstelle und eines Defektelektrons. Eine andere Möglichkeit einer Einbaugleichung wäre die Vernichtung von Metallionen auf Zwischengitterplätzen und von freien Elektronen unter Erzeugung neuer Gittermoleküle MeX:

$$\tfrac{1}{2} X_2(g) + Me_i^{\bullet} + e = MeX + V_i, \qquad (II.7.17)$$

Die Konzentrationen der Störstellen müssen die Elektroneutralitätsbedingung erfüllen:

$$[e] + [V'_{Me}] = [h] + [Me_i^{\bullet}]. \qquad (II.7.18)$$

Da in der Nähe des stöchiometrischen Punktes die Konzentrationen der Metallionen auf Zwischengitterplätzen sowie der Metallionenleerstellen wesentlich größer sein sollen als die Konzentrationen der Elektronen und Defektelektronen, sind in diesem Gebiet, das in Abb. II.7.1 mit Bereich II bezeichnet ist, die relativen Änderungen der Defektelektronen- und Elektronenkonzentrationen sehr viel größer als die der Zwischengitterionen und Leerstellen. Die Konzentrationen der Metallionenleerstellen sowie die der Zwischengittermetallionen können wir darum praktisch hier als konstant ansehen. Es gilt

$$[V'_{Me}] \cong \text{Konst},$$
$$[Me_i^\cdot] \cong \text{Konst}. \qquad (II.7.19)$$

Wenn wir nun unter Berücksichtigung von Gl. (II.7.19) das Massenwirkungsgesetz auf Gl. (II.7.16) anwenden, folgt

$$[h] \sim p_{X_2}^{\frac{1}{4}}, \qquad (II.7.20)$$

d.h., die Konzentration der Defektelektronen ist der Wurzel aus dem Partialdruck der X_2-Moleküle proportional. Durch eine analoge Überlegung, bei der die Einbaugleichung zweckmäßigerweise wie in Gl. (II.7.17) mit Elektronen formuliert wird, folgt für die Konzentration der Elektronen in diesem Bereich

$$[e] \sim p_{X_2}^{-\frac{1}{4}}. \qquad (II.7.21)$$

Bei großen Abweichungen von der Stöchiometrie ergibt sich ein andersartiges Verhalten. Auf der Seite sehr großer X_2-Parialdrücke sind schließlich die Konzentrationen der Elektronen und Metallionen auf Zwischengitterplätzen vernachlässigbar klein, und es folgt aus der Elektroneutralitätsgleichung (II.7.18)

$$[V'_{Me}] \cong [h]. \qquad (II.7.22)$$

Wenn wir nun unter Berücksichtigung dieser Beziehung das Massenwirkungsgesetz auf Gl. (II.7.16) anwenden, ergibt sich

$$[h] \sim p_{X_2}^{\frac{1}{4}}, \qquad (II.7.23)$$

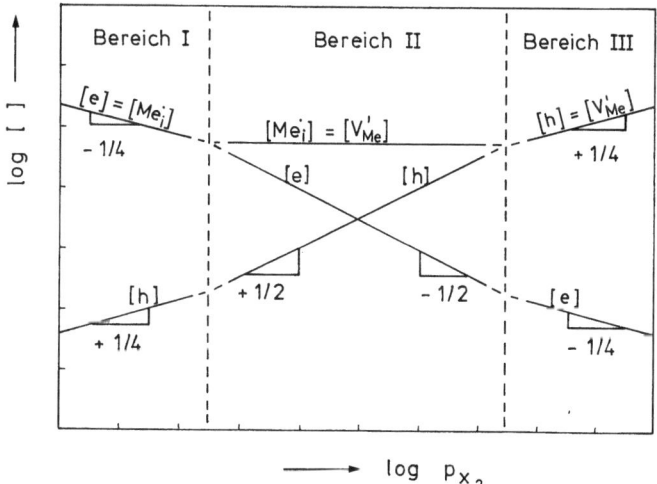

Abb. II.7.1. Schematische Darstellung der Gleichgewichtskonzentrationen von Störstellen in einer MeX-Verbindung mit überwiegender Frenkelfehlordnung als Funktion des X_2-Partialdrucks über der Verbindung.

d.h. die Konzentration der Defektelektronen, identisch nun mit der Konzentration der Metallionenleerstellen, ist proportional der vierten Wurzel aus dem Partialdruck der X_2-Moleküle. Durch eine analoge Überlegung folgt auf der anderen Seite sehr kleiner X_2-Partialdrücke für die Konzentration der freien Elektronen, dort identisch mit der Konzentration der Metallionen auf Zwischengitterplätzen,

$$[e] \sim p_{X_2}^{-\frac{1}{4}}. \tag{II.7.24}$$

Diese Ergebnisse sind schematisch in Abb. II.7.1 dargestellt. Darstellungen dieser Art haben sich als sehr nützlich erwiesen und sind in großer Zahl bei KRÖGER [II.7.1] wiedergegeben.

II.8 Fehlordnungsgleichgewichte mit Oberflächen

Bei vielen physikalisch-chemischen Fragestellungen spielen die Konzentrationen von adsorbierten Atomen, Molekülen oder Ionen an Oberflächen fester Stoffe eine wichtige Rolle. Es sei nur an die Kinetik der Verdampfung und Kondensation sowie an die heterogene Katalyse erinnert. Bei Vorliegen des vollständigen thermodynamischen Gleichgewichts stehen die Konzentrationen adsorbierter Teilchen sowohl mit der umgebenden Gasphase, als auch mit dem Inneren des festen Stoffes und damit mit den Konzentrationen der einzelnen Fehlordnungszentren im Gleichgewicht. Als instruktives Beispiel soll im folgenden ein Ionosorptionsgleichgewicht, und zwar die Adsorption von O^--Ionen an einer Metalloxidoberfläche, behandelt werden. Als Metalloxid kann man sich z.B. ZnO vorstellen. Wir fragen nach der Abhängigkeit der Konzentration der adsorbierten O^--Ionen von dem Sauerstoffpartialdruck und der Konzentration der Elektronen im Halbleiterinneren. Hierzu betrachten wir die Reaktion

$$\tfrac{1}{2} O_2(g) + e(H) = O^-(\sigma). \tag{II.8.1}$$

Teilchen in der Gasphase haben wir durch (g), Teilchen im Halbleiterinneren durch (H) und solche an der Oberfläche durch (σ) gekennzeichnet. Die Gleichgewichtsbedingung für diese Reaktion ist

$$\tfrac{1}{2} \mu_{O_2}(g) + \eta_e(H) = \eta_{O^-}(\sigma). \tag{II.8.2}$$

In Gl. (II.8.2) mußten wir für die Elektronen im Halbleiterinnern und die O^--Ionen an der Oberfläche elektrochemische Potentiale benutzen, da diese Teilchen geladen sind und sie sich räumlich an verschiedenen

Stellen und damit möglicherweise auf verschiedenen elektrostatischen Potentialen befinden. Für das chemische Potential adsorbierter Teilchen kann man nach ähnlichen Überlegungen, wie wir sie für die Störstellen im Volumen durchgeführt haben, schreiben:

$$\mu_{O^-}(\sigma) = \mu^0_{O^-}(\sigma) + RT \ln \Gamma. \qquad (II.8.3)$$

Hierbei bedeutet Γ das Verhältnis der Zahl der adsorbierten Ionen pro Flächeneinheit zu der Zahl der dort vorhandenen Elementarzellen. Damit Gl. (II.8.3) gilt, muß Γ klein gegen eins sein, andernfalls müßte Γ wieder durch die Aktivität der Teilchen an der Oberfläche ersetzt werden. Aus Gl. (II.8.2) ergibt sich durch Einsetzen der Ausdrücke für die chemischen bzw. elektrochemischen Potentiale

$$\frac{1}{2} \mu^0_{O_2}(g) + \frac{1}{2} RT \ln \frac{p_{O_2}}{p^0_{O_2}} + \mu^0_e(H) + RT \ln \frac{[e(H)]}{[e(H)]^0} - F \varphi(H)$$
$$= \mu^0_{O^-}(\sigma) + RT \ln \Gamma - F \varphi(\sigma) \qquad (II.8.4)$$

bzw. nach Umordnen

$$\Gamma = K p^{\frac{1}{2}}_{O_2} [e(H)] \exp \{F [\varphi(\sigma) - \varphi(H)]/RT\}. \qquad (II.8.5)$$

Konstante Größen wurden in einem Vorfaktor K zusammengezogen. Gl. (II.8.5) besagt, daß die Konzentration adsorbierter O^--Ionen an einer Metalloxidfläche proportional der Wurzel aus dem Sauerstoffpartialdruck in der umgebenden Gasatmosphäre, der Konzentration der Elektronen im Halbleiterinneren sowie proportional einem Exponentialausdruck, in dem die Differenz der elektrischen Potentiale zwischen Halbleiterinnerem und Oberfläche auftritt, ist. Die Konzentration der Elektronen im Halbleiterinneren hängt natürlich wiederum vom Sauerstoffpartialdruck der umgebenden Gasatmosphäre nach Maßgabe des geltenden Fehlordnungsmodells ab. Der Exponentialterm ist mit Hilfe der Poisson-Gleichung sowie des Ansatzes für das elektrochemische Potential der Elektronen und entsprechenden Randbedingungen berechenbar, wie in einschlägigen Darstellungen über Randschichttheorien ausführlicher dargestellt ist. Gl. (II.8.5) können wir auch erhalten, wenn wir zunächst nur das Gleichgewicht der Elektronen zwischen Halbleiterinnerem und Oberfläche behandelt hätten und dann ein Gleichgewicht zwischen Elektronen an der Oberfläche, den O^--Ionen in der Adsorptionsschicht sowie dem Sauerstoff der Gasphase betrachtet hätten. Dann hätte sich gezeigt, daß der Exponentialausdruck bereits bei der Konzentration der Elektronen an der Oberfläche aufgetreten wäre.

Da bei der heterogenen Katalyse oft angenommen wird, daß geladene Teilchen als Zwischenprodukte eine Rolle spielen, oder auch daß die Aufnahme von Elektronen (Akzeptorreaktionen) oder deren Abgabe (Donatorreaktionen) von adsorbierten Teilchen für die Reaktionsgeschwindigkeit wichtig sind, wird die Bedeutung von Adsorptionsgleichgewichten, insbesondere für die heterogene Katalyse, unmittelbar einleuchtend. Wegen einer ausführlichen Darstellung von Chemisorption, Randschichteffekten und heterogenen Katalyse wird auf spezielle Literatur verwiesen [II.8.1].

Literatur

II.1.1 BUEREN, H. G. VAN: Imperfections in Crystals. Amsterdam: North-Holland Publ. Comp. 1961.
DEKKER, A. J.: Solid State Physics. London: McMillan 1952.
EYRING, H., HENDERSON, D., JOST, W. (Hrsg.): An Advanced Treatise ... Bd. X. New York u.a.: Academic Press 1970.
GOOL, W. VAN: Principles of Defect Chemistry of Crystalline Solids. New York, London: Academic Press 1966.
GRAY, T. J.: The Defect Solid State. New York: Interscience Publ. Inc. 1957.
HAUFFE, K.: Reaktionen in und an festen Stoffen. Berlin-Heidelberg-New York: Springer 1966.
HEDVALL, J. A.: Einführung in die Festkörperchemie. Braunschweig: Vieweg-Verlag 1952.
JOFFÉ, A. F.: Physik der Halbleiter. Berlin: Akademie Verlag 1960.
KITTEL, C.: Einführung in die Festkörperphysik. München: Oldenburg 1969.
KRÖGER, F. A.: Chemistry of Imperfect Crystals. Amsterdam: North-Holland Publ. Comp. 1964.
MOTT, N. F., GURNEY, R. W.: Electronic Processes in Ionic Crystals. Dover: Publ. Inc. New York 1964.
REISS, H. (Ed.): Progress in Solid State Chemistry. Oxford, London u.a.: Pergamon Press 1964 ff.
SPENKE, E.: Elektronische Halbleiter. Berlin-Heidelberg-New York: Springer 1965.
STASIW, O.: Elektronen- und Ionenprozesse in Ionenkristallen. Berlin-Göttingen-Heidelberg: Springer 1959.

II.2.1 KRÖGER, F. A.: The Chemistry of Imperfect Crystals. Kap. 7, 8, S. 207 ff. Amsterdam: North-Holland Publ. Comp. 1964.
KRÖGER, F. A., STIELTJES, F. H., VINK, H. J.: Philips Res. Repts. **14**, 557 (1959).
KRÖGER, F. A., VINK, H. J.: Solid State Physics, Vol. 3 (Hrsg. F. Seitz, D. Turnbull), S. 307–435. Academic Press 1956.

II.2.2 SCHOTTKY, W.: Halbleiterprobleme, Bd. 4 (Hrsg. W. SCHOTTKY), S. 235. Braunschweig: Vieweg 1958.

II.2.3 HAUFFE, K.: Reaktionen in und an festen Stoffen. Berlin-Göttingen-Heidelberg: Springer 1955.

II.2.4 SCHOTTKY, W.: Halbleiterprobleme, Bd. 4 (Hrsg. W. SCHOTTKY), S. 235. Braunschweig: Vieweg 1958.

Literatur 45

II.2.5 HAUFFE, K.: Reaktionen in und an festen Stoffen, 2. erweiterte Auflage. Berlin-Heidelberg-New York: Springer 1966.
II.3.1 FRENKEL, J.: Z. Phys. **35**, 652 (1926).
II.3.2 WAGNER, C., SCHOTTKY, W.: Z. phys. Chem. **B11**, 163 (1930), hierzu siehe auch folgende zusammenfassenden Arbeiten bzw. Bücher:
GOOL, W. VAN: Principles of Defect Chemistry of Crystalline Solids. New York-London: Academic Press 1966.
HAUFFE, K.: Reaktionen in und an festen Stoffen, 2. erweiterte Auflage. Berlin-Heidelberg-New York: Springer 1966.
KRÖGER, F. A.: The Chemistry of Imperfect Crystals. Amsterdam: North-Holland Publ. Comp. 1964.
KRÖGER, F. A., in: Physical Chemistry, Vol. X (Hrsg. H. EYRING, D. HENDERSON, W. JOST), S. 229. New York-London: Academic Press 1970.
SCHOTTKY, W.: Halbleiterprobleme, Bd. 1 (Hrsg. W. SCHOTTKY), S. 139. Braunschweig: Vieweg 1954.
SCHOTTKY, W.: Halbleiterprobleme, Bd. 4 (Hrsg. W. SCHOTTKY), S. 235. Braunschweig: Vieweg 1958.
II.4.1 SCHOTTKY, W.: Halbleiterprobleme, Bd. 1 (Hrsg. W. SCHOTTKY) S. 139. Braunschweig: Vieweg 1954.
hierzu siehe auch:
SCHOTTKY, W.: Halbleiterprobleme, Bd. 4, S. 235. Braunschweig: Vieweg 1958.
II.4.2 SCHOTTKY, W.: Z. phys. Chem. **B 29**, 335 (1935).
WAGNER, C.: Z. phys. Chem. Bodenstein-Festband 177 (1931).
WAGNER, C.: Z. phys. Chem. **B 22**, 181 (1933).
WAGNER, C., SCHOTTKY, W.: Z. phys. Chem. **B 11**, 163 (1930).
II.4.3 SCHOTTKY, W.: Halbleiterprobleme Bd. 4. S. 235, insbesondere S. 285. Braunschweig: Vieweg 1958.
II.4.4 KORTÜM, G.: Lehrbuch der Elektrochemie. Weinheim: Verlag Chemie 1966.
II.4.5 KRÖGER, F. A.: Physical Chemistry, Vol. X, Solid State (Hrsg. H. EYRING, D. HENDERSON, W. JOST), S. 229. New York, London: Academic Press 1970.
II.4.6 LIDIARD, A. B.: Rep. Conf. on Defects in Crystalline Solids. S. 283. London: The Physical Society 1955.
LIDIARD, A. B.: Handbuch der Physik **20**, 246 (1957), insbesondere S. 298 ff.
PICK, H.: Springer Tracts in Modern Physics **38**, 1 (1965).
TELTOW, J.: Ann. d. Physik (6) **5**, 63, 71 (1949).
TELTOW, J.: Halbleiterprobleme, Bd. III (Hrsg. W. SCHOTTKY). S. 26. Braunschweig: Vieweg 1956.
WAGNER, C., HAMMEN, H.: Z. physik. Chem. **B 40**, 137 (1938).
II.5.1 FRENKEL, J.: Z. Physik **35**, 652 (1926).
II.5.2 BARR, L. W., LIDIARD, A. B., in: Physical Chemistry, Vol. X, Solid State. (Hrsg. H. EYRING, D. HENDERSON, W. JOST). New York, London: Academic Press 1970.
SÜPTITZ, P., TELTOW, J.: Phys. Stat. Sol. **23**, 9 (1967).
II.5.3 KOCH, E., WAGNER, C.: Z. phys. Chem. **B 38**, 295 (1937).
II.5.4 JOST, W.: J. phys. Chem. **1**, 466 (1933).
II.5.5 SCHOTTKY, W.: Z. phys. Chem. **B 29**, 335 (1935).
II.5.6 MOTT, N. F., LITTLETON, H. J.: Trans. Faraday Soc. **34**, 485 (1938).
II.5.7 RITTNER, E. S., HUTNER, K. A., DU PRÉ, K. F.: J. Chem. Phys. **17**, 198, 204 (1949), **18**, 379 (1950).
II.5.8 BARR, L. W., LIDIARD, A. B.: Physical Chemistry, Vol. 10, S. 152. New York: Academic Press 1970.
II.5.9 SÜPLITZ, P., TELTOW, J.: Phys. Stat. Solids **23**, 9 (1967).
II.5.10 KRÖGER, F. A.: Physical Chemistry, Vol. X, Solid State. (Hrsg. H. EYRING, D. HENDERSON, W. JOST). S. 229. New York, London: Academic Press 1970.

II.7.1 KRÖGER, F.A.: The Chemistry of Imperfect Crystals. Amsterdam: North-Holland Publ. Comp 1964.
KRÖGER, F.A.: Physical Chemistry, Vol. X, Solid State (Hrsg. H. EYRING, D. HENSON, W. JOST) S. 229. New York, London: Academic Press 1970.

II.8.1 DOEHLEMANN, E.: Z. Elektrochem. **44**, 180 (1938).
ENGELL, H.J.: Halbleiterprobleme, Bd. I. (Hrsg. W. SCHOTTKY) S. 249. Braunschweig: Vieweg 1954.
HAUFFE, K.: Reaktionen in und an festen Stoffen, insbesondere Kapitel 4. Berlin-Heidelberg-New York: Springer 1966.
HAUFFE, K., SCHOTTKY, W.: Halbleiterprobleme, Bd. V. (Hrsg. W. SCHOTTKY) S. 203. Braunschweig: Vieweg 1960. (siehe insbesondere Abschnitt III,1. Dort finden sich auch noch weitere Literaturzitate).
SCHWAB, G.M. (Hrsg.): Handbuch der Katalyse, Bd. 1 (1941), Bd. 2 (1940), Bd. 3 (1941), Bd. 4 (1943), Bd. 5 (1957), Bd. 6 u. 7 (1943). Berlin-Göttingen-Heidelberg: Springer.
WAGNER, C.: J. Chem. Phys. **18**, 69 (1950).
WAGNER, C., HAUFFE, K.: Z. Elektrochem. **44**, 172 (1938), **45**, 409 (1939).
WOLKENSTEIN, T.: Elektronentheorie der Katalyse an Halbleitern. Berlin: VEB Deutscher Verlag der Wissenschaften 1964.

III Beispiele für die Fehlordnung in festen Stoffen

In diesem Kapitel sollen an wenigen aber typischen Beispielen Fehlordnungen in festen Stoffen aufgezeigt werden. Es wird keine ausführliche Übersicht angestrebt, da hierzu inzwischen eine Reihe guter anderer Arbeiten vorliegt [III.0.1]. In diesen Arbeiten findet man z.B. − was wir schon im vorangegangenen Kapitel erwähnt haben −, daß die klassischen Beispiele für Verbindungen mit Schottky-Fehlordnung die Alkalihalogenide sind, während die Frenkel-Fehlordnung der Metallionen bei den Silberhalogeniden, wie Silberchlorid und Silberbromid, gefunden wird. Ein wichtiges Beispiel für eine Frenkelfehlordnung der Anionen, d.h. nahezu gleiche Konzentrationen der Anionen auf Zwischengitterplätzen und Anionenleerstellen, ist CaF_2, das auch zugleich ein wichtiger Festelektrolyt ist, der in galvanischen Ketten benutzt wird. Wichtige Beispiele für das Auftreten von Störstellenassoziaten, insbesondere für die Anlagerung von Anionen- und Kationenleerstellen, sind die bei nicht zu hoher Temperatur in den Alkalihalogeniden auftretenden sog. F'-Zentren [III.0.2] und die von SIMKOVICH [III.0.3] untersuchte Fehlordnung in festem Bleichlorid.

In einigen Verbindungen findet man bei höheren Temperaturen wesentlich mehr Plätze, die von Ionen besetzt werden können, als Ionen vorhanden sind. Hier können sich die Ionen mehr oder weniger statistisch auf die vorhandenen Plätze verteilen. In diesem Fall spricht man von struktureller Fehlordnung, die z.B. in α-AgJ, das oberhalb 149 °C existiert, als auch in Ag_4RbJ_5 und Verbindungen ähnlichen Typs sowie in β-Al_2O_3 gefunden wird. Diese Verbindungen stellen alle wichtige Festelektrolyte dar, deren Leitfähigkeiten in Abb. VI.3.1 dargestellt sind.

An Beispielen wollen wir ausführlicher zeigen, wie unter Gleichgewichtsbedingungen die Konzentrationen von Fehlordnungszentren in festen Stoffen vom Partialdruck einer Komponente in der Gasphase abhängen. Dabei diskutieren wir dotiertes Zirkondioxid und dotiertes Thoriumdioxid, die als Festelektrolyte mit überwiegender Sauerstoffionenleitung in letzter Zeit eine besondere Bedeutung erlangt haben.

Als Beispiele für Stoffe mit überwiegender Elektronenleitung werden ZnO, Cu_2O und CuO diskutiert. In all diesen Stoffen können in erster

Näherung die Aktivitäten der Störstellen durch Konzentrationen ersetzt werden, d. h. vom thermodynamischen Standpunkt verhalten sich die Fehlordnungszentren ideal. Abweichungen vom idealen Verhalten bei Elektronen werden wir in den Kapiteln IV und V behandeln.

Nun noch eine allgemeine Vorbemerkung:
Als qualitative Regel gilt, daß ein Überschuß an Defektelektronen und damit Defektelektronenleitung vor allem bei solchen Oxiden, Sulfiden und Halogeniden gefunden wird, in denen die Kationen die Tendenz haben, eine höhere Wertigkeitsstufe anzunehmen. Beispiele sind FeO, CuO, NiO, ZrO_2, Cu_2S, Cu_2O, CuJ. Im anderen Fall wird die elektronische Leitung überwiegend durch freie Elektronen verursacht; z.B. bei ZnO, CdO, Ag_2S, Ag_2Se. Zitate der Originalarbeiten, in denen diese Stoffe untersucht sind, finden sich in dem Buch von HAUFFE [III.0.4].

III.1 Die Fehlordnung von dotiertem Zirkondioxid und Thoriumdioxid

Wir fragen in diesem Abschnitt nach den Abhängigkeiten der Konzentrationen der wichtigsten Fehlordnungszentren in dotiertem Zirkondioxid und dotiertem Thoriumdioxid vom Sauerstoffpartialdruck der umgebenden Gasphase.

Zirkondioxid und Thoriumdioxid, die mit einigen Prozenten der Oxide CaO, MgO oder Y_2O_3 dotiert sind, besitzen ein geordnetes Kationengitter, dagegen liegen im Anionengitter Sauerstoffionenleerstellen vor, die auf das ungestörte Gitter bezogen zweifach positiv angenommen werden.

Durch die Dotierung mit CaO, MgO oder Y_2O_3 wird das Verhältnis von Kationen zu Anionen zur Seite der Metallionen verschoben. Grundsätzlich können zusätzliche Kationen im Zwischengitter eingebaut werden oder aber es entstehen Sauerstoffionenleerstellen. Durch Vergleich des röntgenographisch bestimmten Wertes der Gitterkonstanten und der experimentell gemessenen pyknometrischen Dichte konnte das Fehlordnungsmodell im vorliegenden Fall zugunsten vorhandener Sauerstoffionenleerstellen entschieden werden [III.1.1].

Die Konzentrationsänderung der Sauerstoffionenleerstellen, die durch Variation des äußeren Sauerstoffpartialdruckes zustande kommt, ist vernachlässigbar gegenüber der durch die Dotierung erzeugten Leerstellenkonzentration. Daher kann in diesem Fall die Konzentration

$[V_O^{\cdot\cdot}]$ der Sauerstoffionenleerstellen über weite Bereiche des Sauerstoffpartialdruckes praktisch als konstant angesehen werden:

$$[V_O^{\cdot\cdot}] \cong \text{Konst.} \tag{III.1.1}$$

Neben den Sauerstoffionenleerstellen sind quasifreie Elektronen und Defektelektronen die nächst wichtigsten Fehlordnungszentren. Am Äquivalenzpunkt sind die Konzentrationen der quasifreien Elektronen und Defektelektronen einander gleich. Dieser Punkt liegt nur bei einem bestimmten Sauerstoffpartialdruck vor, der noch von der Temperatur abhängig ist. Bei kleineren Sauerstoffpartialdrücken überwiegen die quasifreien Elektronen, bei größeren Sauerstoffpartialdrücken die Defektelektronen. Die Abhängigkeit der Konzentration der Elektronen vom Sauerstoffpartialdruck ist über folgende Fehlordnungs- bzw. Einbaugleichung von Sauerstoff in das Gitter zu erhalten:

$$\tfrac{1}{2} O_2(g) + V_O^{\cdot\cdot} + 2e = O_O. \tag{III.1.2}$$

Hieraus ergibt sich das Massenwirkungsgesetz

$$p_{O_2}^{\frac{1}{2}} [V_O^{\cdot\cdot}] [e]^2 = K_1. \tag{III.1.3}$$

p_{O_2} bedeutet den Sauerstoffpartialdruck, der sich jeweils im Gleichgewicht mit dem Zirkondioxid befindet. Unter Berücksichtigung der konstanten Konzentration der Sauerstoffionenleerstellen folgt aus Gl. (III.1.3)

$$[e] \sim p_{O_2}^{-\frac{1}{4}}, \tag{III.1.4}$$

d.h., die Konzentration der quasifreien Elektronen ist proportional zur reziproken vierten Wurzel des Sauerstoffpartialdruckes, mit dem das Zirkondioxid im Gleichgewicht steht.

Die Konzentration der Defektelektronen ergibt sich über die folgende Einbaugleichung

$$\tfrac{1}{2} O_2(g) + V_O^{\cdot\cdot} = O_O + 2h. \tag{III.1.5}$$

Mit dem Massenwirkungsgesetz

$$p_{O_2}^{\frac{1}{2}} [V_O^{\cdot\cdot}] [h]^{-2} = K_2 \tag{III.1.6}$$

resultiert wegen der Konstanz der Sauerstoffionenleerstellen entsprechend Gl. (III.1.1)

$$[h] \sim p_{O_2}^{\frac{1}{4}}, \tag{III.1.7}$$

d.h., die Konzentration der Defektelektronen ist proportional zur vierten Wurzel des Sauerstoffpartialdruckes.

Unter der Annahme konstanter Beweglichkeiten für die Leerstellen, die Elektronen und Defektelektronen, ergeben sich für die Teilleitfähigkeiten in Zirkondioxid folgende Abhängigkeiten vom Sauerstoffpartialdruck, wenn berücksichtigt wird, daß die Teilleitfähigkeit σ_i einer Teilchensorte i proportional der Konzentration [i] ist:

$$\sigma_{O^{--}} \cong \text{konst}, \qquad (\text{III}.1.8)$$

d.h., die Teilleitfähigkeit der Sauerstoffionen, die durch die Teilleitfähigkeit der Sauerstoffionenleerstellen zustande kommt, ist konstant,

$$\sigma_e \sim p_{O_2}^{-\frac{1}{4}}, \qquad (\text{III}.1.9)$$

die Teilleitfähigkeit der Elektronen ist proportional zur reziproken vierten Wurzel aus dem Sauerstoffpartialdruck, und

$$\sigma_h \sim p_{O_2}^{\frac{1}{4}}, \qquad (\text{III}.1.10)$$

die Teilleitfähigkeit der Defektelektronen ist proportional zur vierten Wurzel aus dem Sauerstoffpartialdruck. Die Ergebnisse der vorstehenden Überlegungen sind schematisch in Abb. III.1.1 wiedergegeben. Entsprechend der Tatsache, daß in einem großen Sauerstoffpartialdruckbereich die Sauerstoffionen die überwiegend vorhandenen Fehlordnungszentren sind, zeigen dotiertes Zirkondioxid und Thoriumdioxid in einem großen p_{O_2}-Bereich überwiegende Ionenleitung für Sauerstoffionen. Dadurch haben diese Stoffe in den letzten Jahren eine hervorragende Bedeutung als Festelektrolyte in galvanischen Ketten erlangt. Hierzu wird auf die Kapitel VII und IX verwiesen. Die in Abb. III.1.1 dargestellten Abhängigkeiten konnten experimentell, soweit sie den Messungen zugänglich waren, bestätigt werden [III.1.2].

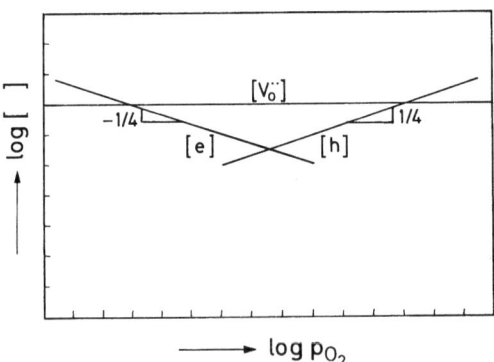

Abb. III.1.1. Schematische Darstellung der Abhängigkeiten der Konzentrationen der Sauerstoffionenleerstellen, Elektronen und Defektelektronen in dotiertem Zirkondioxid und Thoriumdioxid vom Sauerstoffpartialdruck in doppeltlogarithmischer Darstellung.

III.2 Die Fehlordnung in ZnO, Cu₂O und CuO

Die Oxide ZnO, Cu$_2$O und CuO sind auch bei höheren Temperaturen überwiegende Leiter für Elektronen bzw. Defektelektronen.

Eine wichtige Methode zur Feststellung der vorliegenden Fehlordnung in einer bestimmten Verbindung ist die Messung der Teilleitfähigkeiten der Elektronen und der Ionen als Funktion des Partialdruckes einer Komponente der Verbindung, z.B. als Funktion des Sauerstoffpartialdruckes bei Oxiden. Wenn man annimmt, daß die Beweglichkeit der Elektronen bzw. Defektelektronen unabhängig von deren Konzentration ist, so ist, wie in Abschnitt VI ausführlich gezeigt wird, die Teilleitfähigkeit der einzelnen Ladungsträger proportional deren Konzentration, womit also die Leitfähigkeit von Fehlordnungszentren ein Maß für deren Konzentration ist. Insbesondere kann man aus Änderungen der Leitfähigkeit auf Änderungen der Konzentrationen schließen. Solche Leitfähigkeitsmessungen wurden an ZnO, Cu$_2$O und CuO durchgeführt und sind in Abb. III.2.1 schematisch dargestellt.

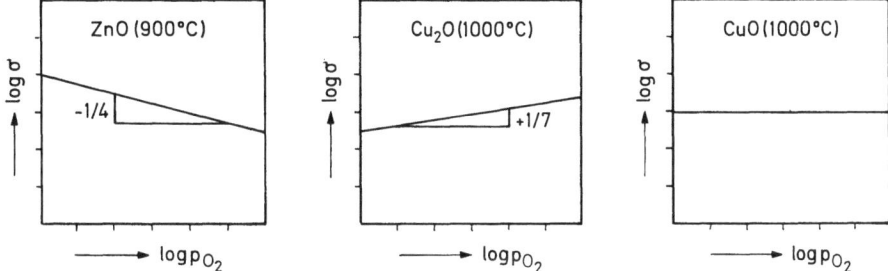

Abb. III.2.1. Schematische Darstellung der Abhängigkeit der Leitfähigkeit vom Sauerstoffpartialdruck bei ZnO, Cu$_2$O und CuO in doppeltlogarithmischer Darstellung.

Die Ergebnisse der Leitfähigkeitsmessung an ZnO, Cu$_2$O und CuO in Abb. III.2.1 lassen sich mit folgenden Fehlordnungsmodellen deuten:

III.2.1 ZnO. In Zinkoxid kann man annehmen, daß bei 600 °C einfach positiv geladene Zinkionen auf Zwischengitterplätzen und freie Elektronen die überwiegenden Fehlordnungszentren sind. Unter Benutzung dieser Fehlordnungszentren läßt sich für den Einbau von Sauerstoff in ZnO folgende Gleichung formulieren:

$$\tfrac{1}{2}O_2 + Zn_i^{\cdot} + e = V_i + ZnO. \tag{III.2.1}$$

Aus Gründen der Elektroneutralität in ZnO gilt bei der angenommenen Fehlordnung

$$[Zn_i^\cdot] \cong [e], \qquad (III.2.2)$$

d.h., die Konzentration der Zinkionen auf Zwischengitterplätzen ist praktisch gleich der der freien Elektronen. Aus Gl. (III.2.1) folgt die Massenwirkungsgleichung

$$p_{O_2}^{\frac{1}{2}}[e][Zn_i^\cdot] = \text{konst} \qquad (III.2.3)$$

bzw. unter Benutzung von Gl. (III.2.2)

$$p_{O_2}^{\frac{1}{2}}[e]^2 = \text{konst}, \qquad (III.2.4)$$

d.h.

$$[e] \sim p_{O_2}^{-\frac{1}{4}}. \qquad (III.2.5)$$

Nach Gl. (III.2.5) ist die Konzentration der freien Elektronen der reziproken vierten Wurzel aus dem Sauerstoffpartialdruck proportional, was auch experimentell bestätigt werden konnte [III.2.1]. Die Leitfähigkeit von ZnO, die im wesentlichen auf die Teilleitfähigkeit der freien Elektronen zurückzuführen ist, nimmt entsprechend Gl. (III.2.5) mit steigendem Sauerstoffpartialdruck ab.

III.2.2 Cu$_2$O bei 1000 °C. Die Leitfähigkeit von Cu$_2$O nimmt bei 1000 °C mit steigendem Sauerstoffpartialdruck zu. Die quantitative Abhängigkeit ist deutbar, wenn man annimmt, daß in Cu$_2$O überwiegend Defektelektronen und Kupferionenleerstellen mit der Überschußladung -1 vorhanden sind. Damit können wir für die Einbaugleichung von Sauerstoff in Cu$_2$O schreiben:

$$\tfrac{1}{2} O_2(g) + 2 Cu_{Cu} = Cu_2O + 2 V'_{Cu} + 2h. \qquad (III.2.6)$$

Aus Elektroneutralitätsgründen muß die Konzentration der Kupferionenleerstellen praktisch gleich der Konzentration der Defektelektronen sein,

$$[V'_{Cu}] \cong [h]. \qquad (III.2.7)$$

Daraus folgt mit Gl. (III.2.6) die Massenwirkungsbeziehung

$$p_{O_2}^{\frac{1}{2}} = \text{konst} \cdot [h]^4 \qquad (III.2.8)$$

bzw.

$$[h] \sim p_{O_2}^{\frac{1}{8}}, \qquad (III.2.9)$$

d.h., die Konzentration der Defektelektronen ist der achten Wurzel aus dem Sauerstoffpartialdruck proportional. Wenn man annimmt, daß die Beweglichkeit der Defektelektronen unabhängig von deren Konzentration ist, so muß auch die Elektronenleitfähigkeit, die hier gleich der Teilleitfähigkeit der Defektelektronen ist, proportional $p_{O_2}^{\frac{1}{8}}$ gehen, was annähernd vom Experiment bestätigt werden konnte [III.2.2].

III.2.3 Die Fehlordnung in CuO bei 1000 °C. Bei CuO beobachtet man eine Leitfähigkeit, die unabhängig von der Größe des Sauerstoffpartialdruckes ist (s. Abb. III.2.1 [III.2.3]).

Ein solches Verhalten ist dann anzunehmen, wenn die Konzentrationen der Elektronen und Defektelektronen viel größer sind als die Konzentrationen der ionischen Fehlordnungszentren. Dann wird die vorliegende Eigenfehlordnung der Elektronen nicht durch kleine Abweichungen von der Stöchiometrie beeinflußt.

Literatur

III.0.1 Physical Chemistry, Vol. 10 (Hrsg. W. JOST). New York, London: Academic Press 1970.
HAUFFE, K.: Reaktionen in und an festen Stoffen. Berlin-Heidelberg-New York: Springer 1966.
KRÖGER, F. A.: Chemistry of Imperfect Crystals. Amsterdam: North-Holland Publ. Comp. 1964.
PICK, H.: Ann. d. Physik (5) **31**, 365 (1938).
STEELE, B. C. H.: MTP International Review of Science, Solid State Chemistry, Inorganic Chemistry, Vol. 10 (Hrsg. L. E. ROBERTS), S. 117. London: Butterworth/Baltimore: University Park Press 1972.

III.0.2 GLASER, G.: Göttinger Nachr. **3**, 31 (1937).
HILSCH, R., POHL, R. W.: Trans. Faraday Soc. **34**, 883 (1938).
MOTT, N. F., GURNEY, R. W.: Electronic Processes in Ionic Crystals. Oxford 1940.

III.0.3 SIMKOVICH, G.: J. phys. Chem. Solids **24**, 213 (1963).

III.0.4 HAUFFE, K.: Reaktionen in und an festen Stoffen. Berlin-Heidelberg-New York: Springer 1966.

III.1.1 HUND, F.: Z. Elektrochem. **55**, 363 (1951).
WAGNER, C.: Naturwissensch. **31**, 265 (1943).

III.1.2 BURKE, L. D., RICKERT, H., STEINER, R.: Z. phys. Chem. N. F. **74**, 146 (1971).
PATTERSON, J. W., BOGREN, E. C., RAPP, R. A.: J. Electrochem. Soc. **114**, 752 (1967).

III.2.1 BAUMBACH, H. H. v., WAGNER, C.: Z. phys. Chem. **B 22**, 199 (1933).

III.2.2 DÜNWALD, H., WAGNER, C.: Z. phys. Chem. **B 22**, 212 (1933).
GUNDERMANN, J., WAGNER, C.: Z. phys. Chem. **B 37**, 155 (1937).

III.3.3 BAUMBACH, H. H. v., DÜNWALD, H., WAGNER, C.: Z. phys. Chem. **B 22**, 226 (1933).

IV Thermodynamische Größen der quasifreien Elektronen und Defektelektronen in Halbleitern

IV.1 Allgemeine Überlegungen

An den Fehlordnungsgleichgewichten, die in den vorangegangenen Kapiteln diskutiert wurden, waren oft quasifreie Elektronen und Defektelektronen beteiligt. Darum müssen wir uns mit den thermodynamischen Größen dieser Teilchen auseinandersetzen, insbesondere mit dem auf ein Teilchen bezogenen elektrochemischen Potential $\tilde{\eta}$ und dem chemischen Potential $\tilde{\mu}$. Das elektrochemische Potential $\tilde{\eta}_e$ der Elektronen wird in der Sprache der Halbleiterphysik Fermi-Potential, Fermi-Niveau, Fermi-Energie oder Fermi-Kante genannt und meist durch E_F gekennzeichnet. Uns interessiert hier besonders der Zusammenhang dieser Größen mit den Konzentrationen der quasifreien Elektronen und Defektelektronen und die Beziehungen der in der physikalischen Chemie, insbesondere chemischen Thermodynamik gebräuchlichen Begriffe mit denen der Halbleiterphysik, wie Valenzbandoberkante, Leitungsbandunterkante usw. Weiter werden wir bei der Behandlung von Phasengrenzen bzw. Oberflächen die Begriffe Austrittsarbeit, Voltapotential und Galvani- bzw. Makropotential diskutieren. Für eine den Rahmen dieser Darstellung sprengenden ausführlichen Begründung des Bändermodells des festen kristallinen Körpers wird auf die umfangreiche Spezialliteratur [IV.1.1] verwiesen. Wir stellen nur fest, daß sich in kristallinen festen Stoffen die Elektronen in gewissen Energiebereichen, in sog. Energiebändern, aufhalten können. Energiewerte, die zwischen den Bändern liegen, können von Elektronen nicht besetzt werden. Bei Halbleitern enthält am absoluten Nullpunkt der Temperatur das sog. Leitungsband keine Elektronen, während es bei Metallen zum Teil besetzt ist. Bei Halbleitern können bei endlichen Temperaturen durch thermische Anregung einige Elektronen das oberste bei der Temperatur $T=0$ voll besetzte Band, das sog. Valenzband, verlassen und in das darüberliegende Leitungsband übergehen. Die dadurch ermöglichte Stromleitung wird Eigenleitung genannt. Elektronen im Leitungsband werden quasifreie oder einfach freie Elektronen genannt; die unbesetzten Energieterme im Valenzband heißen Defektelektronen. Quasifreie

Elektronen können auch aus sog. Donatortermen, die zwischen Valenz- und Leitungsband liegen, stammen. Der hierauf beruhende Leitungsmechanismus heißt Störstellenleitung.

Bei der Diskussion von Gleichgewichten in den Abschnitten II.3 und II.5 haben wir festgestellt, daß für das Gleichgewicht geladener Teilchen $\sum_i v_i \tilde{\eta}_i = 0$ gilt, wobei v_i die stöchiometrischen Koeffizienten und $\tilde{\eta}_i$ die auf ein Teilchen bezogenen elektrochemischen Potentiale bedeuten. Bei Betrachtung von Gleichgewichten im Volumen mit konstantem mittlerem elektrischem Potential φ (Galvanipotential) ist diese Bedingung identisch mit $\sum_i v_i \tilde{\mu}_i = 0$, wobei $\tilde{\mu}_i$ die chemischen Potentiale (bezogen auf 1 Teilchen) bedeuten, da sich die elektrischen Terme hier herausheben. Gleichgewichte sind also unmittelbar angebbar, wenn die elektrochemischen bzw. chemischen Potentiale der Reaktionspartner bekannt sind. Wir beschäftigen uns zunächst mit dem elektrochemischen Potential der Elektronen.

IV.2 Das elektrochemische Potential $\tilde{\eta}_e$ der Elektronen

Das elektrochemische Potential $\tilde{\eta}_e$ der Elektronen bezogen auf ein Elektron, das mit dem Fermi-Potential E_F identisch ist, ist definiert durch die Beziehung

$$\tilde{\eta}_e = E_F = \left(\frac{\partial G}{\partial N_e}\right)_{p, T, N_{j \neq e}} = \left(\frac{\partial A}{\partial N_e}\right)_{V, T, N_{j \neq e}}. \quad \text{(IV.2.1)}$$

N_e ist die Anzahl der Elektronen, $N_{j \neq e}$ die der anderen Teilchensorten eines bestimmten Kristallvolumens, G ist die Gibbs-Energie und A die Helmholtzsche freie Energie des Kristalls. Wir suchen den Zusammenhang zwischen dem elektrochemischen Potential der Elektronen und ihrer Konzentration, wobei wir solche Halbleiter betrachten, auf die das Bändermodell mit praktisch freien Elektronen im Leitungsband anzuwenden ist.

Wie bereits erwähnt, befinden sich die freien Elektronen im Leitungsband und auf verschiedenen Energieniveaus, die jedoch sehr dicht beieinander liegen. Um die gesamte Anzahl N_e der Elektronen zwischen zwei Energien ε_1 und ε_2 zu erhalten, können wir von folgendem Ansatz ausgehen:

$$N_e = \int_{\varepsilon_1}^{\varepsilon_2} N_e(\varepsilon)\, d\varepsilon, \quad \text{(IV.2.2)}$$

56 Thermodynamische Größen der quasifreien Elektronen und Defektelektronen

wobei $N_e(\varepsilon)\,d\varepsilon$ die Anzahl der Elektronen in dem Energieintervall $d\varepsilon$ bei der Energie ε ist. Diese Größe setzt sich multiplikativ aus der Anzahl der hier für Elektronen verfügbaren Energieniveaus $D(\varepsilon)\,d\varepsilon$, wobei $D(\varepsilon)$ die Zustandsdichte genannt wird, und der Wahrscheinlichkeit $f(\varepsilon)$, mit der ein Energieterm bei der Energie ε von einem Elektron mit vorgegebenem Spin besetzt ist, zusammen. Die Wahrscheinlichkeit $f(\varepsilon)$ nennt man Fermi-Verteilungsfunktion. Unter Berücksichtigung der Tatsache, daß jeder Energiewert mit zwei Elektronen wegen der zwei Spineinstellungen besetzt werden kann, erhalten wir damit aus Gl. (IV.2.2) für N_e den Ausdruck

$$N_e = 2\int_{\varepsilon_1}^{\varepsilon_2} f(\varepsilon)\,D(\varepsilon)\,d\varepsilon. \qquad\text{(IV.2.3)}$$

Unsere Aufgabe besteht nun darin, Ausdrücke für die Fermi-Verteilungsfunktion $f(\varepsilon)$ und für die Zustandsdichte $D(\varepsilon)$ anzugeben.

IV.3 Die Fermi-Verteilungsfunktion $f(\varepsilon)$

Die Fermi-Verteilungsfunktion $f(\varepsilon)$ gibt die Wahrscheinlichkeit an, mit der ein für Elektronen verfügbarer Energieterm von einem Elektron mit vorgegebenem Spin besetzt wird. Diese Wahrscheinlichkeit hängt von der Differenz zwischen dem elektrochemischen Potential $\tilde{\eta}_e$ der Elektronen und der Größe des betrachteten Energieterms ab. Zur Berechnung von $f(\varepsilon)$ gehen wir im Anschluß an SCHOTTKY [IV.3.1] wie folgt vor: Das elektrochemische Potential $\tilde{\eta}_e$ der Elektronen bzw. das Fermi-Potential E_F, die durch Gl. (IV.2.1) definiert sind, teilen wir in zwei Anteile auf entsprechend der Aufteilung der Helmholtzschen freien Energie $A = U - TS$ in die innere Energie U und den Entropieterm $-TS$.

$$\tilde{\eta}_e = E_F = \left(\frac{\partial A}{\partial N_e}\right)_{V,T,N_j\neq e} = \left(\frac{\partial U}{\partial N_e}\right)_{V,T,N_j\neq e} - T\left(\frac{\partial S}{\partial N_e}\right)_{V,T,N_j\neq e} \qquad\text{(IV.3.1)}$$

Hierbei bedeutet $\partial U/\partial N_e$ die partielle auf ein Teilchen bezogene innere Energie der Elektronen und $\partial S/\partial N_e$ ihre entsprechende partielle Entropie. Alle Elektronen haben nun unabhängig von ihrer Energie ε ein gleiches elektrochemisches Potential $\tilde{\eta}_e = E_F$. Wir betrachten eine Menge von Elektronen „i", die praktisch alle die gleiche Energie ε_i innerhalb der Unschärfe $d\varepsilon$ haben. Die Anzahl dieser Elektronen sei N_i. Das Energieintervall $d\varepsilon$ sei sehr klein gegen kT. Würden wir nur einen exakten Energieterm betrachten, so könnten nach dem Pauli-Prinzip höchstens zwei Elektronen mit entgegengesetztem Spin dort Platz finden. Bei einem

Die Fermi-Verteilungsfunktion $f(\varepsilon)$

endlichen Energieintervall ist die Anzahl der Energieterme für Elektronen dagegen sehr groß. Für die Ableitung der inneren Energie der Elektronen des Kristalls nach der Anzahl N_i gilt

$$\left(\frac{\partial U}{\partial N_i}\right)_{V,\,T,\,N_{j\neq i}} = \varepsilon_i, \qquad \text{(IV.3.2)}$$

wobei ε_i die partielle innere Energie dieser Elektronen ist, die oft einfach auch nur als deren Energie bezeichnet wird.

Für die Ableitung der partiellen Entropie, d.h., der Entropieänderung der Elektronen mit der Änderung der Zahl N_i der Elektronen mit der Energie ε_i gilt, da sich bei der Änderung der Konzentration der Elektronen N_i nur die Entropie der i-Elektronen ändern kann,

$$\left(\frac{\partial S}{\partial N_i}\right)_{V,\,T,\,N_{j\neq i}} = \left(\frac{\partial S_i}{\partial N_i}\right)_{V,\,T,\,N_{j\neq i}} \qquad \text{(IV.3.3)}$$

bzw. wegen $S_i = k \ln W_i$

$$\left(\frac{\partial S}{\partial N_i}\right)_{V,\,T,\,N_{j\neq i}} = k \left(\frac{\partial \ln W_i}{\partial N_i}\right)_{V,\,T,\,N_{j\neq i}} \qquad \text{(IV.3.4)}$$

W_i ist die thermodynamische Wahrscheinlichkeit der Elektronen bei der Energie ε_i. Sie ist gleich der Anzahl der Möglichkeiten, die N_i Teilchen auf die bei ε_i im Intervall $d\varepsilon$ vorhandenen Z_i Energieterme zu verteilen, wobei die Teilchen nicht voneinander zu unterscheiden sind. Aus den Gln. (IV.3.1), (IV.3.2) und (IV.3.3) ergibt sich

$$\tilde{\eta}_e = E_F = \varepsilon_i - kT \left(\frac{\partial \ln W_i}{\partial N_i}\right)_{V,\,T,\,N_{j\neq i}}. \qquad \text{(IV.3.5)}$$

Damit haben wir das elektrochemische Potential bzw. das Fermi-Potential E_F der Elektronen ausgedrückt durch die Energie ε_i der Elektronen „i" und deren thermodynamische Wahrscheinlichkeit. Durch Umformen erhalten wir aus Gl. (IV.3.5)

$$\left(\frac{\partial \ln W_i}{\partial N_i}\right)_{V,\,T,\,N_{j\neq i}} = \frac{\varepsilon_i - E_F}{kT}. \qquad \text{(IV.3.6)}$$

Dieser Zusammenhang wird uns im folgenden zur Fermi-Verteilungsfunktion führen.

Unter der Berücksichtigung des Pauli-Prinzips, d.h. der Aussage, daß die einzelnen Energiezellen nur einfach mit Elektronen von vorgegebener Spinorientierung besetzt werden dürfen – eine Bedingung, die zur

Fermi-Statistik führt — gilt, wie anschließend gezeigt wird,

$$W_i(N_i) = \frac{Z_i(Z_i-1)(Z_i-2)\ldots[Z_i-(N_i-1)]}{N_i!}. \tag{IV.3.7}$$

Z_i ist die Zahl der bei der Energie ε_i in einem bestimmten Energieintervall von Elektronen besetzbaren Niveaus. Gl. (IV.3.7) ergibt sich durch folgende Überlegung: Für das erste Elektron stehen Z_i Zellen im Konfigurationsraum zur Verfügung, für das zweite Elektron jeweils (Z_i-1) Zellen, und zwar jedesmal, nachdem das erste Elektron eine andere der Z_i Zellen eingenommen hat. Damit multiplizieren sich diese beiden Möglichkeiten zu $Z_i \cdot (Z_i-1)$. Dieses Produkt erweitert sich nun analog für N_i Elektronen bis $Z_i-(N_i-1)$. Da die Elektronen ununterscheidbar sind, muß noch durch die Zahl $N_i!$ der möglichen Vertauschungen dividiert werden.

Aus Gl. (IV.3.7) ergibt sich durch Erweiterung mit $(Z_i-N_i)!$

$$W_i(N_i) = \frac{Z_i!}{(Z_i-N_i)!\,N_i!}. \tag{IV.3.8}$$

Für die thermodynamische Wahrscheinlichkeit für (N_i+1) Teilchen in den Z_i Zellen gilt entsprechend

$$W_i(N_i+1) = \frac{Z_i!}{[Z_i-(N_i+1)]!\,(N_i+1)!}. \tag{IV.3.9}$$

Aus Gl. (IV.3.8) und (IV.3.9) ergibt sich das Verhältnis der thermodynamischen Wahrscheinlichkeiten für (N_i+1) und N_i Elektronen auf den Z_i Plätzen

$$\frac{W_i(N_i+1)}{W_i(N_i)} = \frac{Z_i-N_i}{N_i+1}. \tag{IV.3.10}$$

Damit errechnet sich die Ableitung $\dfrac{\partial \ln W_i}{\partial N_i}$ wenn die real kleinstmögliche Änderung der Teilchenzahl um 1 betrachtet wird, die ja immer noch klein ist gegenüber der Gesamtzahl der Elektronen „i", zu

$$\frac{\partial \ln W_i}{\partial N_i} = \ln W_i(N_i+1) - \ln W_i(N_i) = \ln \frac{W_i(N_i+1)}{W_i(N_i)} \tag{IV.3.11}$$

bzw. nach Gl. (IV.3.10)

$$\frac{\partial \ln W_i}{\partial N_i} = \ln \frac{Z_i-N_i}{N_i+1}. \tag{IV.3.12}$$

Die Fermi-Verteilungsfunktion $f(\varepsilon)$

Da die Anzahl der Elektronen N_i als sehr viel größer als 1 vorausgesetzt war, können wir für Gl. (IV.3.12) schreiben:

$$\frac{\partial \ln W_i}{\partial N_i} = \ln \frac{Z_i - N_i}{N_i} \qquad \text{(IV.3.13)}$$

bzw. unter Berücksichtigung von Gl. (IV.3.6)

$$\frac{Z_i}{N_i} - 1 = \exp \frac{\varepsilon_i - E_F}{kT}. \qquad \text{(IV.3.14)}$$

Gl. (IV.3.14) gibt das Verhältnis der Zahl der Elektronen N_i zu der Anzahl Z_i der vorhandenen Energiezellen ohne Berücksichtigung der verschiedenen Spineinstellungen an. Dieses Verhältnis ist gleich der Wahrscheinlichkeit der Besetzung einer Zelle, also der Fermi-Verteilungsfunktion $f(\varepsilon_i)$

$$\frac{N_i}{Z_i} = f(\varepsilon_i) = \frac{1}{\exp[(\varepsilon_i - E_F)/kT] + 1}. \qquad \text{(IV.3.15)}$$

Da diese Überlegungen für alle Energien ε_i gelten, haben wir den ersten Teil unseres Problems gelöst. Aus Gl. (IV.3.14) sehen wir, daß das Fermi-Potential E_F (identisch mit dem elektrochemischen Potential $\tilde{\eta}_e$ der Elektronen) die Bedeutung eines für den Kristall konstanten Niveaus hat. Darum wird es oft auch Fermi-Niveau genannt. Für Energien ε_i, die kleiner sind als E_F ergibt sich eine große Wahrscheinlichkeit, daß die Energieterme mit Elektronen besetzt sind und für Energien, die größer sind als E_F, wird die Besetzungswahrscheinlichkeit, insbesondere bei niedrigen Temperaturen plötzlich sehr klein.

Die Wahrscheinlichkeit, daß eine Energiezelle nicht besetzt ist, ist identisch mit der Wahrscheinlichkeit für das Vorhandensein eines Defektelektrons. Darum können wir für die Fermi-Verteilungsfunktion f_h der Defektelektronen schreiben

$$f_h = 1 - f_e, \qquad \text{(IV.3.16)}$$

wobei $f_e \equiv f(\varepsilon_i)$ die Fermi-Verteilungsfunktion der freien Elektronen bedeutet. Aus den Gln. (IV.3.15) und (IV.3.16) ergibt sich

$$f_h = \frac{1}{\exp[-(\varepsilon_i - E_F)/kT] + 1} \qquad \text{(IV.3.17)}$$

In der Exponentialfunktion tritt lediglich ein Minuszeichen auf, sonst ist der Ausdruck mit dem für die Elektronen identisch.

IV.4 Die Zustandsdichte $D(\varepsilon)$

Die Zustandsdichte $D(\varepsilon)$ gibt die Dichte der von Elektronen besetzbaren Energieterme bei der Energie ε an. Das Produkt $D(\varepsilon)d\varepsilon$ mit $d\varepsilon$ als Energieintervall gibt die Anzahl der für Elektronen verfügbaren Energieterme in diesem Intervall an. Zur Berechnung von $D(\varepsilon)$ gehen wir von der Zustandsdichte im Impulsraum aus. Für ein Volumen V eines Kristalls ergibt sich nach der Quantenmechanik die Anzahl Zellen in einem Element dp^3 des Impulsraumes dadurch, daß man dieses Element durch h^3/V teilt, wobei h die Plancksche Wirkungskonstante bedeutet:

$$V \frac{dp^3}{h^3} = V \frac{dp_x\, dp_y\, dp_z}{h^3} = \text{Anzahl der Zellen im Impulsintervall } dp^3. \tag{IV.4.1}$$

Wenn wir nur absolute Werte des Impulses betrachten, d.h. Impulse gleicher Beträge aber verschiedener Richtungen zusammenfassen und die Anzahl der besetzbaren Zellen zwischen den Werten des Impulses $|\mathbf{p}|$ und $|\mathbf{p}|+|\mathbf{dp}|$ ausrechnen, ergibt sich

$$D(p)\, dp^3 = \frac{V}{h^3} 4\pi p^2\, dp. \tag{IV.4.2}$$

Hierbei ist $D(p)$ die Zustandsdichte im Impulsraum, die nur noch vom Absolutwert des Impulses abhängt. Zwischen Impuls und Energie gilt folgender Zusammenhang

$$E_\text{kin} = \frac{p^2}{2m_e^*} = \frac{\hbar^2 k^2}{2m_e^*} = \varepsilon - E_\text{L}. \tag{IV.4.3}$$

E_L ist der Energiewert der Unterkante des Leitungsbandes, E_kin die kinetische Energie der quasifreien Elektronen, $\mathbf{k} = \frac{1}{\hbar} \mathbf{p}$ der Wellenvektor, m_e^* die effektive Masse der Elektronen und $\hbar = h/2\pi$. Die Abweichung der effektiven Elektronenmasse von der wirklichen Masse der Elektronen enthält die Wechselwirkung mit dem Gitter.

Im folgenden wollen wir mit einer von der Richtung im Kristall unabhängigen effektiven Masse rechnen. Das entspricht der vereinfachenden Annahme eines kugelsymmetrischen Bändermodells. Weiter wollen wir annehmen, daß m_e^* unabhängig vom Wellenvektor k ist, womit wir uns auf nicht zu hohe Energien bzw. k-Werte beschränken.

Dadurch ist unsere Rechnung nicht mehr ganz allgemeingültig, sie gilt jedoch noch für viele Halbleiter, insbesondere wenn sich nur relativ wenig Elektronen im Leitungsband befinden. Durch Differentiation und

Konzentration und elektrochemisches Potential der Elektronen 61

Einsetzen von Gl. (IV.4.3) in Gl. (IV.4.2) ergibt sich

$$D(\varepsilon)\,d\varepsilon = 4\pi\,2^{\frac{1}{2}}\,\frac{V}{h^3}\,(m_e^*)^{\frac{3}{2}}(\varepsilon-E_L)^{\frac{1}{2}}\,d\varepsilon, \tag{IV.4.4}$$

also der gesuchte Ausdruck für die im Energieintervall $d\varepsilon$ von Elektronen besetzbaren Plätze.

IV.5 Beziehung zwischen der Konzentration der Elektronen bzw. Defektelektronen und ihrem elektrochemischen Potential

Nachdem wir nun die Ausdrücke für $f(\varepsilon)$ und $D(\varepsilon)$ in Gl. (IV.3.15) und (IV.4.4) gefunden haben, können wir die Zahl der quasifreien Elektronen N_e in einem Energieintervall nach Gl. (IV.2.3) berechnen. Wir fragen zunächst nach der Zahl der quasifreien Elektronen im Leitungsband. Dazu müssen wir die Integration in Gl. (IV.2.3) zwischen den Grenzen der Unterkante (E_L) des Leitungsbandes und der Oberkante (E') desselben ausführen, wobei wir die Voraussetzung beibehalten, daß wir mit konstanter effektiver Masse $m^*(\varepsilon)$ rechnen können, d.h., ε hängt parabolisch von p ab (s. Gl. (IV.4.3)),

$$\begin{aligned}N_e &= 2\int_{E_L}^{E'} f_e(\varepsilon)\,D_e(\varepsilon)\,d\varepsilon \\ &= 2\int_{E_L}^{E'} \frac{1}{\exp\dfrac{-E_F}{kT}+1}\,4\pi\,2^{\frac{1}{2}}\,\frac{V}{h^3}\,m^{*\frac{3}{2}}(\varepsilon-E_L)^{\frac{1}{2}}\,d\varepsilon.\end{aligned} \tag{IV.5.1}$$

Da wir voraussetzen wollen, daß sich nur in der Nähe der Unterkante des Leitungsbandes E_L Elektronen befinden, können wir statt bis zur Oberkante des Leitungsbandes bis $\varepsilon = \infty$ integrieren, ohne das Ergebnis zu ändern. Wir benutzen noch die Variablen-Substitutionen

$$\frac{\varepsilon-E_L}{kT}=\xi,\quad d\varepsilon = kT\,d\xi \tag{IV.5.2}$$

und erhalten aus Gl. (IV.5.1)

$$N_e = \left(\frac{2\pi m_e^* kT}{h^2}\right)^{\frac{3}{2}} 4V\pi^{-\frac{1}{2}}\int_0^{\infty}\frac{\xi^{\frac{1}{2}}}{\exp\left(\xi+\dfrac{E_L-E_F}{kT}\right)+1}\,d\xi \tag{IV.5.3}$$

bzw. mit den Abkürzungen $N_L = 2 \left(\dfrac{2\pi m_e^* kT}{h^2} \right)^{\frac{3}{2}}$ und

$$F_{\frac{1}{2}}\left(\frac{E_F - E_L}{kT} \right) = \int_0^\infty \frac{\xi^{\frac{1}{2}}}{\exp\left(\xi + \dfrac{E_L - E_F}{kT} \right) + 1} d\xi:$$

$$N_e = V N_L 2\pi^{-\frac{1}{2}} F_{\frac{1}{2}}\left(\frac{E_F - E_L}{kT} \right). \tag{IV.5.4}$$

Die Größe N_L wird effektive Zustandsdichte, manchmal auch Entartungskonzentration der Elektronen genannt. Ihre anschauliche Bedeutung wird weiter unten klar. Der Klammerausdruck $(2\pi m_e^* kT/h^2)$ ist identisch mit der De Broglie-Wellenlänge λ. $F_{\frac{1}{2}}$ ist das Fermi-Dirac-Integral „einhalb", weil im Zähler des Integranden die Integrationsvariable mit dem Exponenten $\frac{1}{2}$ auftritt. Das Fermi-Dirac-Integral $F_{\frac{1}{2}}$ ist nicht geschlossen zu lösen. Tabellen für numerische Werte von $F_{\frac{1}{2}}$ und auch der Ableitungen von $F_{\frac{1}{2}}$ finden sich bei McDougall und Stoner [IV.5.1]. Der Zahlenwert N_L ergibt sich zu

$$N_L = 2 \left(\frac{2\pi m_e^* kT}{h^2} \right)^{\frac{3}{2}} = 2{,}5 \cdot 10^{19} \left(\frac{m_e^*}{m_e} \right)^{\frac{3}{2}} \left(\frac{T}{300\,\text{K}} \right)^{\frac{3}{2}} \text{cm}^{-3}, \tag{IV.5.5}$$

d. h. bei Raumtemperatur und einer effektiven Elektronenmasse, die gleich der wirklichen Elektronenmasse ist, ist N_L gleich $2{,}5 \cdot 10^{19}$.

Eine analoge Rechnung zu oben liefert für die Zahl N_h der Defektelektronen im Valenzband

$$N_h = V N_V 2\pi^{-\frac{1}{2}} F_{\frac{1}{2}}\left(\frac{E_V - E_F}{kT} \right). \tag{IV.5.6}$$

wobei E_V die Oberkante des Valenzbandes bedeutet und N_V die effektive Zustandsdichte der Defektelektronen im Valenzband ist:

$$N_V = 2 \left(\frac{2\pi m_h^* kT}{h^2} \right)^{\frac{3}{2}}. \tag{IV.5.7}$$

m_h^* bedeutet die effektive Masse der Defektelektronen. Gl. (IV.5.6) für die Zahl der Defektelektronen unterscheidet sich von Gl. (IV.5.4) für die Elektronen dadurch, daß anstelle von E_L nun E_V im Argument des Fermi-Dirac-Integrals auftritt, und nun E_F und E_V ein anderes Vorzeichen haben.

Näherungsausdrücke für die Zahlen N_e der quasifreien Elektronen und N_h der Defektelektronen. Ist der Wert $(E_L - E_F)/kT$ genügend groß, d.h. liegt E_F genügend weit unterhalb des Wertes von E_L, dann kann man die

Zahl 1 im Nenner unter dem Integral gegenüber der e-Funktion vernachlässigen und das Integral läßt sich geschlossen lösen. Man erhält dann aus Gl. (IV.5.4)

$$N_e/V = n = N_L \exp\left(-\frac{E_L - E_F}{kT}\right), \tag{IV.5.8}$$

wobei n die Konzentration der quasifreien Elektronen ist. In diesem Fall spricht man von der sog. „Boltzmann-Näherung". Für die Konzentration p der Defektelektronen ergibt sich im Fall der Boltzmann-Näherung aus Gl. (IV.5.6)

$$\frac{N_h}{V} = p = N_V \exp\frac{E_F - E_V}{kT}. \tag{IV.5.9}$$

Für das Produkt der Konzentrationen der Elektronen und Defektelektronen, das die Bedeutung einer Massenwirkungskonstante hat (s. Abschnitt II.5), erhält man im Falle der Boltzmann-Näherung aus Gl. (IV.5.8) und (IV.5.9)

$$p\,n = N_L N_V \exp\left(-\frac{E_L - E_V}{kT}\right) = n_i^2. \tag{IV.5.10}$$

n_i nennt man die Intrinsic-Dichte. Wenn die Anzahl der Elektronen gleich der der Defektelektronen ist, spricht man von Eigenfehlordnung. Für diesen Fall der Eigenfehlordnung (oder Intrinsic-Fall), also für $n = p = n_i$, folgt für das Fermi-Potential E_F bei der Boltzmann-Näherung durch Gleichsetzen von Gl. (IV.5.8) und (IV.5.9)

$$E_F = \tilde{\eta} = \frac{E_L + E_V}{2} - \frac{1}{2} kT \ln\frac{N_L}{N_V}. \tag{IV.5.11}$$

Aus Gl. (IV.5.11) ersieht man, daß bei gleichen effektiven Zustandsdichten N_L der Elektronen und N_V der Defektelektronen, gleichbedeutend mit gleichen effektiven Massen, das Fermi-Potential bzw. das elektrochemische Potential der Elektronen der Größe nach genau in der Mitte zwischen der Valenzbandoberkante und Leitungsbandunterkante liegt.

IV.6 Chemisches Potential der Elektronen und Standardzustände

Wir wollen nun die Beziehung zu den in der chemischen Thermodynamik gebräuchlichen Ausdrücken „chemisches Potential $\tilde{\mu}$ der Elektronen" und „chemisches Potential $\tilde{\mu}^0$ im Standardzustand" herstellen. Dazu gehen wir von dem Ausdruck (IV.5.8) für die Boltzmann-Näherung der quasifreien Elektronen aus. Gl. (IV.5.8) können wir umschreiben und erhalten

$$E_F - E_L = kT \ln \frac{n}{N_L} \tag{IV.6.1}$$

bzw. nach Einführung einer Standardkonzentration n^0

$$E_F - E_L = kT \ln \frac{n^0}{N_L} + kT \ln \frac{n}{n^0}. \tag{IV.6.2}$$

Für das chemische Potential $\tilde{\mu}$ gilt allgemein (s. Abschnitt II.4) die Beziehung

$$\tilde{\mu} = \tilde{\mu}^0 + kT \ln a, \tag{IV.6.3}$$

wobei a die Aktivität bedeutet. Im Falle idealen Verhaltens, gleichbedeutend hier mit dem Vorliegen der Boltzmann-Näherung, ist die Aktivität a_e der Elektronen gleich dem Quotienten aus ihrer Konzentration und der gewählten Standardkonzentration:

$$\tilde{\mu}_e = \tilde{\mu}_e^0 + kT \ln \frac{n}{n^0}. \tag{IV.6.4}$$

Durch die gewählte Standardkonzentration wird der Standardzustand und damit auch das chemische Potential $\tilde{\mu}_e^0$ im Standardzustand festgelegt. Die Gln. (IV.6.2) und (IV.6.4) ergeben

$$E_F - E_L = \tilde{\mu}_e - \tilde{\mu}_e^0 + kT \ln \frac{n^0}{N_L}, \tag{IV.6.5}$$

d.h. wir erhalten einen Zusammenhang zwischen dem mit kT multiplizierten Argument $(E_F - E_L)$ in der Fermi-Dirac-Funktion, dem chemischen Potential der Elektronen $\tilde{\mu}_e$, demjenigen im Standardzustand $\tilde{\mu}_e^0$, der effektiven Zustandsdichte N_L und der Bezugskonzentration für den Standardzustand n^0. Wenn wir als Bezugskonzentration n^0 die effektive Zustandsdichte N_L wählen, verschwindet der Ausdruck $kT \ln(n^0/N_L)$ und wir erhalten

$$E_F - E_L = \tilde{\mu}_e - \tilde{\mu}_e^0 (n^0 = N_L), \tag{IV.6.6}$$

d.h. $(E_F - E_L)$ wird gleich $\tilde{\mu}_e - \tilde{\mu}_e^0$. Wenn wir bedenken, daß E_F gleich dem elektrochemischen Potential $\tilde{\eta}_e = \tilde{\mu}_e - e \varphi$ ist, folgt aus Gl. (IV.6.6) für $n^0 = N_L$:

$$E_L = \tilde{\mu}_e^0 (n^0 = N_L) - e \varphi, \tag{IV.6.7}$$

Chemisches Potential der Elektronen und Standardzustände

d. h. ein Ausdruck für die Leitungsbandunterkante E_L. Diese ist gleich dem chemischen Potential der Elektronen im Standardzustand minus e φ, wenn man als Bezugskonzentration $n^0 = N_L$ wählt. E_L enthält also das negative mit e multiplizierte elektrische Potential und verläuft entgegengesetzt zum elektrischen Potential φ. Wenn wir eine andere Bezugskonzentration n^0 wählen, folgt ein allgemeinerer Ausdruck für die Leitungsbandunterkante E_L aus Gl.(IV.6.6), wenn wir wieder $E_F = \tilde{\mu}_e - e\,\varphi$ berücksichtigen,

$$E_L = -e\,\varphi + \tilde{\mu}_e^0 - kT \ln \frac{n^0}{N_L}. \quad (IV.6.8)$$

Die für den Fall der Boltzmann-Näherung hergeleiteten Beziehungen (IV.6.5), (IV.6.6), (IV.6.7) und (IV.6.8) gelten noch allgemeiner, und zwar so lange wie die Größen E_L und N_L sich nicht mit der Konzentration der Elektronen ändern, d.h. auch noch bei Entartung, wenn nur die effektive Masse der Elektronen konstant ist und wir mit Gl.(IV.5.4) zu rechnen haben. Diese Beziehungen gelten allerdings dann nicht mehr, wenn noch weitere Näherungen, z.B. Coulomb-Wechselwirkungen berücksichtigt werden müssen, wodurch Leitungsbandkanten und effektive Zustandsdichten verändert werden.

Die Wahl der Bezugskonzentration $n^0 = N_L$ bedeutet nicht, daß der Bezugszustand der Konzentration n^0 bzw. N_L entspricht. Dies würde nur dann der Fall sein, wenn die Boltzmann-Näherung noch bis zu der Konzentration $n = N_L$ gelten würde. Das ist jedoch nicht anzunehmen, da hier bereits mit dem Fermi-Dirac-Integral, d.h. mit Entartung der Elektronen zu rechnen ist. Bezugszustand bedeutet immer der Zustand mit der Aktivität $a = 1$. Hierbei gilt für die Aktivität wie in der Elektrochemie $a = n/n^0$ für $n \to 0$. Als Bezugskonzentration bieten sich neben N_L noch die sich auszeichnenden Konzentrationen $1/cm^3$ und die Intrinsic-Konzentration $n_i = (n\,p)^{\frac{1}{2}}$ an. Die zugehörigen Standardzustände und chemischen Potentiale im Standardzustand seien im folgenden diskutiert (hierzu s. auch [IV.6.1]):

a) $n^0 = N_L$; d.h. die Bezugskonzentration wird gleich der Entartungskonzentration gewählt. Dann wird nach Gl.(IV.6.8) $E_L = \tilde{\mu}_e^0 - e\,\varphi$. Das chemische Potential im Standardzustand $\tilde{\mu}_e^0$ liegt um e φ über der Unterkante des Leitungsbandes E_L. Wenn man willkürlich $\varphi = 0$ wählen würde, wird $\tilde{\mu}_e^0 = E_L$. Das geht jedoch nur, wenn man eine Phase allein betrachtet oder bei Betrachtung mehrerer Phasen nur in einer dieser Phasen.

b) $n^0 = 1/cm^3$; dann wird nach Gl.(IV.6.8)

$$E_L = \tilde{\mu}_e^0 - e\,\varphi - kT \ln(1/N_L\,[cm^{-3}]),$$

66   Thermodynamische Größen der quasifreien Elektronen und Defektelektronen

d.h., $\tilde{\mu}_e^0$ liegt um $e\varphi + kT \ln(1/N_L [\text{cm}^{-3}])$ über der Leitungsbandunterkante. Da aber $kT \ln(1/N_L [\text{cm}^{-3}])$ negativ ist und etwa $-1,5$ eV beträgt, liegt $\tilde{\mu}_e^0$ bei Wahl von $\varphi = 0$ etwa 1,5 eV unter E_L.

c) $n^0 = n_i = (N_L N_V)^{\frac{1}{2}} \exp - \dfrac{E_G}{2kT}$, wobei $E_G = E_L - E_V$ ist. Dann ergibt sich aus Gl. (IV.6.8), daß für den Fall $N_L = N_V$ und $\varphi = 0$ der Wert $\tilde{\mu}_e^0$ genau zwischen E_V und E_L, d.h. in der Mitte der verbotenen Zone liegt. Wenn φ nicht gleich Null gewählt wird, liegt $\tilde{\mu}_e^0 - e\varphi$ für $N_L = N_V$ genau in der Mitte der verbotenen Zone.

IV.7 Der Aktivitätskoeffizient der Elektronen und Defektelektronen bei Entartung

Wenn die Boltzmann-Näherung nicht mehr gilt, sondern das Fermi-Dirac-Integral zu benutzen ist, spricht man von Entartung der Elektronen, die dann kein ideales Verhalten mehr zeigen. Zur Berücksichtigung der Abweichungen vom idealen Verhalten führt man in der chemischen Thermodynamik den Aktivitätskoeffizienten ein, den wir hier für die Elektronen mit γ_e bezeichnen wollen

$$\tilde{\mu}_e = \tilde{\mu}_e^0 + kT \ln \gamma_e \frac{n}{n^0} \qquad (IV.7.1)$$

bzw.

$$a = \gamma_e \frac{n}{n^0}. \qquad (IV.7.2)$$

Mit dem Aktivitätskoeffizienten ergibt sich als Ausdruck für das Fermi-Potential bzw. das elektrochemische Potential

$$E_F \equiv \tilde{\eta}_e = \tilde{\mu}_e - e\varphi = \tilde{\mu}_e^0 - e\varphi + kT \ln \gamma_e \frac{n}{n^0}. \qquad (IV.7.3)$$

In Gl. (IV.7.3) können wir den Ausdruck für die Konzentration n der Elektronen bei Berücksichtigung der Fermi-Dirac-Statistik nach Gl. (IV.5.4) einfügen und erhalten unter Beachtung von Gl. (IV.6.8) für den Zusammenhang zwischen E_L, $\tilde{\mu}^0$ und $e\varphi$:

$$E_F - E_L = kT \ln \gamma_e + kT \ln \left[2\pi^{-\frac{1}{2}} F_{\frac{1}{2}} \left(\frac{E_F - E_L}{kT} \right) \right]. \qquad (IV.7.4)$$

Mit der Abkürzung

$$\frac{E_F - E_L}{kT} = \frac{\tilde{\mu} - \tilde{\mu}^0 + kT \ln \frac{n^0}{N_L}}{kT} = \xi \qquad \text{(IV.7.5)}$$

erhalten wir aus Gl. (IV.7.4) für den Aktivitätskoeffizienten der Elektronen

$$\gamma_e = \frac{\pi^{\frac{1}{2}} \exp \xi}{2 F_{\frac{1}{2}}(\xi)}. \qquad \text{(IV.7.6)}$$

Analoge Überlegungen für die Defektelektronen führen zu folgendem Ausdruck

$$\gamma_h = \frac{\pi^{\frac{1}{2}} \exp \zeta}{2 F_{\frac{1}{2}}(\zeta)} \qquad \text{(IV.7.7)}$$

mit

$$\zeta = \frac{E_V - E_F}{kT}. \qquad \text{(IV.7.8)}$$

IV.8 Die Phasengrenze Festkörper/Vakuum; die Austrittsarbeit E_A

φ^I bzw. φ^V seien die elektrischen Potentiale im festen Stoff (I) bzw. unmittelbar vor der Oberfläche im Vakuum, jedoch außerhalb der atomaren Wirkungssphäre. $\tilde{\mu}_e^I$ und $\tilde{\mu}_e^V$ seien die dort vorhandenen chemischen Potentiale der Elektronen. Bei eingestelltem Gleichgewicht an der Phasengrenze Festkörper/Vakuum sind die elektrochemischen Potentiale $\tilde{\eta}_e$ der Elektronen auf beiden Seiten der Phasengrenze gleich:

$$\tilde{\eta}_e^I = \tilde{\eta}_e^V \qquad \text{(IV.8.1)}$$

und wegen $\tilde{\eta} = \tilde{\mu} + z \, e \, \varphi$ gilt

$$\tilde{\mu}_e^I - e \, \varphi^I = \tilde{\mu}_e^V - e \, \varphi^V. \qquad \text{(IV.8.2)}$$

Für das chemische Potential der Elektronen vor der Oberfläche des festen Stoffes folgt aus Gl. (IV.8.2)

$$\tilde{\mu}_e^V = \tilde{\mu}_e^I - e(\varphi^I - \varphi^V) \qquad \text{(IV.8.3)}$$

bzw. unter Verwendung des elektrochemischen Potentials $\tilde{\eta}_e^I$ der Elektronen im festen Stoff

$$\tilde{\mu}_e^V = \tilde{\eta}_e^I + e\,\varphi^V. \tag{IV.8.4}$$

Das chemische Potential $\tilde{\mu}_e^V$ der Elektronen vor der Oberfläche wird als negative Austrittsarbeit bezeichnet:

$$\tilde{\mu}_e^V = -E_A. \tag{IV.8.5}$$

Hierbei wählt man den Energienullpunkt so, daß einem ruhenden Elektron im Vakuum die innere Energie $-e\,\varphi$ zukommt. Unter dieser Bedingung wird bei Wahl der Bezugskonstanten $n^0 = N_L$ in Gl. (IV.6.4) der Standardwert $\tilde{\mu}_e^0$ des chemischen Potentials der Elektronen zahlenmäßig gleich „Null" und $\tilde{\mu}_e^V$ bzw. $-E_A$ werden ein unmittelbares Maß für die Konzentration der Elektronen vor der Oberfläche. Bei Vorliegen eines verdünnten Elektronengases [IV.8.1] gilt für die Konzentration der Elektronen im Vakuum unmittelbar vor der Oberfläche

$$n_e^V = N_L \exp\left(-\frac{E_A}{kT}\right). \tag{IV.8.6}$$

Hierbei ist N_L die effektive Zustandsdichte der Elektronen im Vakuum

$$N_L = 2\left(\frac{2\pi m_e kT}{h^2}\right)^{\frac{3}{2}}. \tag{IV.8.7}$$

Nach Gl. (IV.8.6) ist die Austrittsarbeit bei Boltzmann-Näherung über eine Messung der Konzentration der Elektronen vor der Oberfläche im thermodynamischen Gleichgewicht zu bestimmen oder über eine Messung, die diesen Ausdruck enthält, z. B. über den Sättigungsstrom der Elektronenemission (s. SCHOTTKY [IV.8.1]). Wir fassen zusammen: Die Austrittsarbeit E_A, identisch mit dem negativen chemischen Potential der Elektronen vor einer festen Oberfläche im thermodynamischen Gleichgewicht (Gl. (IV.8.5)), ist ein Maß für die Gleichgewichtskonzentration der Elektronen vor einer Oberfläche (Gl. (IV.8.6)). Sie läßt sich darstellen als Differenz aus dem chemischen Potential der Elektronen im festen Stoff und der mit der Elementarladung e multiplizierten elektrischen Potentialdifferenz $(\varphi^I - \varphi^V)$ zwischen dem Festkörperinneren und dem Vakuum unmittelbar vor der Oberfläche (s. Gl. (IV.8.3)) oder als Summe aus dem elektrochemischen Potential der Elektronen im festen Stoff und dem mit e multiplizierten elektrischen Potential φ^V im Vakuum vor der Oberfläche (Gl. (IV.8.4)).

IV.9 Das Voltapotential oder Kontaktpotential

Das Voltapotential $V_{I,II}$ ist folgendermaßen definiert:

$$\varphi^{V,II} - \varphi^{V,I} = V_{I,II}. \tag{IV.9.1}$$

Es ist die Differenz der elektrischen Potentiale im Vakuum zwischen einem Punkt vor der Oberfläche II und einem zweiten Punkt vor der Oberfläche I. Im thermodynamischen Gleichgewicht ist das elektrochemische Potential $\tilde{\eta}_e$ der Elektronen im Vakuum konstant, d.h., für $\tilde{\eta}_e$ vor den beiden Oberflächen gilt

$$\tilde{\mu}^{V,I} - e\,\varphi^{V,I} = \tilde{\mu}^{V,II} - e\,\varphi^{V,II}. \tag{IV.9.2}$$

Daraus folgt für das Voltapotential mit Gl. (IV.8.5)

$$e(\varphi^{V,II} - \varphi^{V,I}) = e\,V_{I,II} = \tilde{\mu}^{V,II} - \tilde{\mu}^{V,I} = E_A^I - E_A^{II}, \tag{IV.9.3}$$

d.h., das Voltapotential multipliziert mit der Elementarladung e ist gleich der Differenz der chemischen Potentiale der Elektronen vor den Halbleiteroberflächen bei eingestelltem thermodynamischen Gleichgewicht und damit gleich der Differenz der Austrittsarbeiten. Wenn man

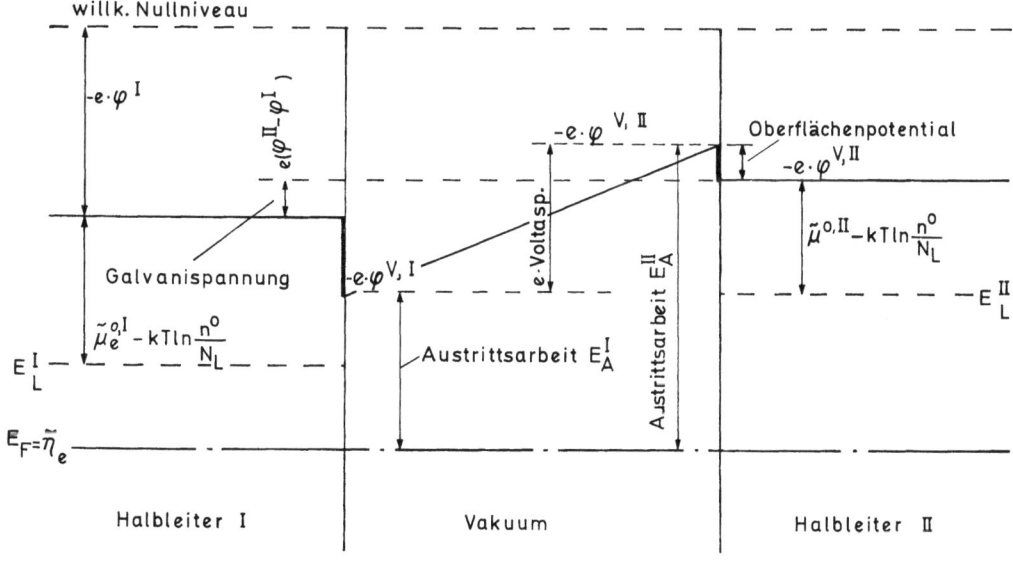

Abb. IV.9.1. Die Phasengrenzen Festkörper/Vakuum zweier fester Stoffe, die sich miteinander im elektronischen Gleichgewicht befinden.

den Ausdruck für das chemische Potential $\tilde{\mu}^V$ nach Gl. (IV.8.3) in Gl. (IV.9.3) einsetzt, ergibt sich

$$e(\varphi^{V,II} - \varphi^{V,I}) = e\, V_{I,II} = \tilde{\mu}^{Hi,II} - e(\varphi^{Hi,II} - \varphi^{V,II}) \\ - \tilde{\mu}^{Hi,I} + e(\varphi^{Hi,I} - \varphi^{V,I}), \quad (IV.9.4)$$

wobei Hi das Halbleiterinnere bedeutet. Damit läßt sich das Voltapotential darstellen durch Differenzen der elektrischen Potentiale zwischen den Punkten vor den Oberflächen und dem Innern der jeweiligen Phasen und der Differenz der chemischen Potentiale der Elektronen in den Phasen, die ein direktes Maß für das Galvanipotential ist, wie im folgenden gezeigt wird. Das Volta- oder Kontaktpotential ist im allgemeinen kein Maß dafür, ob bei Kontakt zweier Stoffe Ladungen von dem Stoff I in Stoff II übertreten oder umgekehrt. Die Verhältnisse, die sich ergeben, wenn sich im Vakuum zwei Halbleiter gegenübertreten, aber durch einen elektronischen äußeren Kontakt miteinander verbunden sind, d.h., zwischen ihnen Elektronengleichgewicht besteht, sind schematisch in Abb. IV.9.1 dargestellt.

IV.10 Die Phasengrenze Festkörper I/Festkörper II; die Galvanispannung

Für eingestelltes Gleichgewicht der Elektronen gilt

$$\eta_e^I = \eta_e^{II} \quad (IV.10.1)$$

und unter Verwendung der Beziehung $\tilde{\eta} = \tilde{\mu} + z\, e\, \varphi$

$$\tilde{\mu}_e^I - e\, \varphi^I = \tilde{\mu}_e^{II} - e\, \varphi^{II} \quad (IV.10.2)$$

bzw.

$$e(\varphi^{II} - \varphi^I) = \tilde{\mu}_e^{II} - \tilde{\mu}_e^I. \quad (IV.10.3)$$

Die Differenz der inneren elektrischen Potentiale $\varphi^{II} - \varphi^I$ wird als Galvanispannung bezeichnet. Meßmethoden hierfür scheinen noch nicht bekannt zu sein.

Potentialdifferenzen an Phasengrenzen setzen sich zusammen aus starren Doppelschichten, die wiederum aus strukturell vorhandenen Dipolen oder auch durch Ladungsübertritt zustande kommen können, ebenso aus diffusen Doppelschichten, die auch als Raumladungsrandschichten bezeichnet werden. Bei Oberflächenpotentialen hängen beide Größen insbesondere von der Art chemisorbierter Bestandteile ab.

Literatur

IV.1.1 DEKKER, A.J.: Solid State Physics. Englewood Cliffs: Prentice-Hall Inc. N.J.
KITTEL, O.: Einführung in die Festkörperphysik. München, Wien: R. Oldenburg Verlag 1969.
MADELUNG, O.: Grundlagen der Halbleiterphysik. Berlin-Heidelberg-New York: Springer 1970.
SPENKE, E.: Elektronische Halbleiter. Berlin-Heidelberg-New York: Springer 1965.

IV.3.1 SCHOTTKY, W.: Halbleiterprobleme I (Hrsg. W. SCHOTTKY). S. 139. Braunschweig: Vieweg 1954.

IV.5.1 MCDOUGALL, STONER, E.C.: Phil. Trans. **A237**, 67 (1929).

IV.6.1 HARVEY, W.W.: J. Phys. Chem. Solids **23**, 1545 (1962).
HARVEY, W.W.: Phys. Rev. **123**, 1666 (1961).
PEARSON, G.L., BARDAN, J.: Phys. Rev. **75**, 865 (1949).
ROSENBERG, A.J.: J. Chem. Phys. **33**, 665 (1960).

IV.8.1 SCHOTTKY, W., ROTHE, H.: Handbuch der Experimentalphysik, Bd. 13, Tl. 2 (Hrsg. WIEN-HARMS). Leipzig 1928.

V Ein Beispiel für die Fehlordnung der Elektronen; Elektronen und Defektelektronen in α-Ag$_2$S

Ein instruktives Beispiel für die Diskussion der Fehlordnung der Elektronen in festen Stoffen ist α-Ag$_2$S, die oberhalb 179 °C stabile kubische Hochtemperaturmodifikation des Silbersulfids, die vor allem von WAGNER [V.1], MIJATANI [V.2] sowie dem Verfasser und SATTLER [V.3] untersucht wurde. Bereits TUBANDT und REINHOLD [V.4] haben gefunden, daß die Leitfähigkeit von α-Silbersulfid um etwa den Faktor 20 zunimmt, wenn Silbersulfid statt mit Schwefel mit metallischem Silber ins Gleichgewicht gebracht wird. Das steht auch in Übereinstimmung mit neueren Ergebnissen, wonach die Konzentration der freien Elektronen sich ebenfalls um etwa den Faktor 20 ändern kann. Bei einer präzisen Betrachtung muß jedoch beachtet werden, daß sich – wie weiter unten diskutiert wird – parallel zur Änderung der Konzentration die thermodynamische Aktivität der Elektronen um etwa einen Faktor 100 ändert, d. h., das thermodynamische Verhalten der Elektronen in α-Silbersulfid ist nicht mit Hilfe der Boltzmann-Näherung verständlich. Das Verhalten wird dann quantitativ deutbar, wenn man für die Elektronen Entartung annimmt und die Fermi-Dirac-Statistik anwendet. Damit kann man Theorie und Experiment quantitativ in Übereinstimmung bringen.

Die stöchiometrische Existenzbreite des α-Ag$_2$S erstreckt sich bei 300 °C von Ag$_{2,000}$S für Gleichgewicht mit Schwefel bis Ag$_{2,0025}$S für Gleichgewicht mit Silber. In Abb. V.1 ist die stöchiometrische Existenzbreite von Ag$_{2+\delta}$S schematisch dargestellt. δ bedeutet die Abweichung von der idealen Stöchiometrie. Wie C. WAGNER [V.1] gezeigt hat, ist bei $\delta = 0$ Silbersulfid ungefähr im Gleichgewicht mit Schwefel und damit das chemische Potential μ_S des Schwefels gleich dem des flüssigen Schwefels μ_S^0. Die thermodynamische Aktivität des Schwefels a_S ist 1, die des Silbers a_{Ag} ungefähr 0,01. Der Partialdruck der S$_2$-Moleküle beträgt bei 300 °C etwa $2,5 \cdot 10^{-4}$ atm.

Im Gleichgewicht mit Silber hat die Abweichung δ von der ganzzahligen Stöchiometrie die Größe 0,0025. Nun ist das chemische Potential μ_{Ag} des Silbers gleich demjenigen des metallischen Silbers μ_{Ag}^0, die Aktivität a_{Ag} des Silbers ist gleich eins, die Aktivität des Schwefels a_S ist 0,0001. Der Gleichgewichtspartialdruck der S$_2$-Moleküle bei 300 °C über

Elektronenfehlordnung: Elektronen und Defektelektronen in α-Ag$_2$S

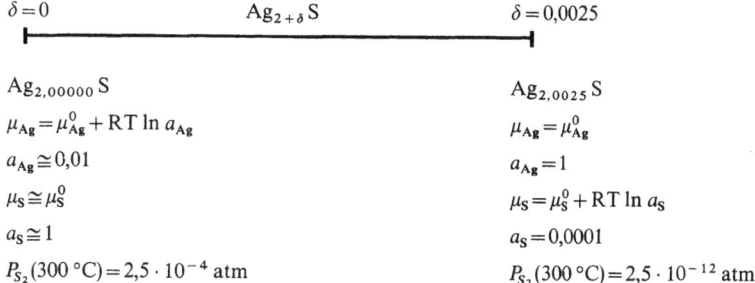

Abb. V.1. Stöchiometrische Existenzgrenzen von Ag$_{2+\delta}$S und die wichtigsten zugehörigen thermodynamischen Daten.

Ag$_2$S im Gleichgewicht mit Silber beträgt $2,5 \cdot 10^{-12}$ atm, ist also 8 Größenordnungen kleiner als über Ag$_2$S im Gleichgewicht mit Schwefel.

Nach Röntgenuntersuchungen von RAHLFS [V.5] bilden die Schwefelionen ein kubisch raumzentriertes Gitter mit zwei S^{--}-Ionen in der Elementarzelle, während die zugehörigen vier Ag$^+$-Ionen mehr oder weniger statistisch auf 42 Punktlagen verteilt sind. Wegen dieser großen Anzahl möglicher Punktlagen für die Silberionen in Ag$_2$S, kann man in Einklang mit WAGNER [V.1] schließen, daß das chemische Potential der Silberionen durch die geringen Abweichungen von der Stöchiometrie praktisch nicht verändert wird. Es gilt also

$$\mu_{Ag^+} \cong \text{konst.} \qquad (V.1)$$

Dieses Ergebnis ist in Übereinstimmung mit der Tatsache, daß die Teilleitfähigkeit der Silberionen praktisch unabhängig von Änderungen der Stöchiometrie ist [V.6]. Das chemische Potential des Silbers läßt sich aufteilen in das der Silberionen und das der Elektronen,

$$\mu_{Ag} = \mu_{Ag^+} + \mu_e. \qquad (V.2)$$

Da μ_{Ag^+} praktisch konstant ist, ist die Änderung des chemischen Potentials des Silbers auf eine Änderung des chemischen Potentials der Elektronen zurückzuführen; es gilt also

$$d\mu_e = d\mu_{Ag}. \qquad (V.3)$$

d.h., allein die Konzentrationsänderung der freien Elektronen bestimmt das thermodynamische Verhalten von Ag$_2$S.

Die Änderung des chemischen Potentials des Silbers bei Änderung der Stöchiometrie läßt sich, wie in Kapitel VII noch ausführlicher dargestellt wird, mit Hilfe einer elektrochemischen Methode, der sog. elektrochemischen oder coulometrischen Titration, sehr genau untersuchen. WAGNER [V.1] hat hierzu die galvanische Festkörperkette

$$\text{Pt} \mid \text{Ag} \mid \text{AgJ} \mid \text{Ag}_2\text{S} \mid \text{Pt} \qquad (\text{V.I})$$

benutzt, in der Silberjodid als praktisch reiner Ionenleiter für Silberionen dient. Wie in Abschnitt VII noch dargestellt wird, ist die EMK E der Kette mit der Differenz der chemischen Potentiale von Silber in $\text{Ag}_2\text{S}\,(\mu_{\text{Ag}})$ und dem im Standardzustand (μ^0_{Ag}) durch

$$\mu_{\text{Ag}} - \mu^0_{\text{Ag}} = -EF \qquad (\text{V.4})$$

verknüpft. F bedeutet die Faradaykonstante. Aus den Gln. (V.3) und (V.4) folgt

$$d\mu_e = d\mu_{\text{Ag}} = -F\,dE, \qquad (\text{V.5})$$

d.h., die Änderung der gemessenen EMK der galvanischen Kette V.I ist ein Maß für die Änderung des chemischen Potentials der Elektronen im Silbersulfid.

In der galvanischen Festkörperkette V.I läßt sich die Stöchiometrie von Ag_2S in exakter Weise dadurch variieren, daß man eine bestimmte Strommenge durch die Kette fließen läßt. Wenn sich bei Stromfluß der positive Pol auf der linken Seite am Silber befindet, fließen entsprechend dem Faradayschen Gesetz Silberionen durch das AgJ und Elektronen über die rechte Platinzuleitung in das Ag_2S und erhöhen somit den Silbergehalt von Ag_2S entsprechend

$$\Delta n_{\text{Ag}} = \int_0^t \frac{I\,dt}{F}. \qquad (\text{V.6})$$

Hierbei bedeuten Δn_{Ag} die dem Ag_2S zugeführten Mole Silber und I der in der Zeit t durch die Kette V.I fließende elektrische Strom. Bei einem zeitlich konstanten Strom I gilt

$$\Delta n_{\text{Ag}} = \frac{It}{F}. \qquad (\text{V.6a})$$

Mit der Silberzugabe ist die Stöchiometrieänderung

$$\Delta \delta = \frac{It}{n_\text{S} F} \qquad (\text{V.7})$$

des $Ag_{2+\delta}S$ verbunden, wenn n_S die Anzahl Mole Schwefel im $Ag_{2+\delta}S$ bedeutet. Wie sowohl Leitfähigkeitsmessungen als auch thermodynamische Auswertungen zeigen, kann man für das zusätzlich eingebrachte Silber vollständige Dissoziation in Ionen und Elektronen annehmen, d.h., pro eingebrachtem Silberatom wird entweder ein freies Elektron erzeugt oder ein Defektelektron vernichtet. Am sog. stöchiometrischen Punkt, an dem die Abweichung δ von der ganzzahligen Stöchiometrie verschwindet, kann die Konzentration [e] der Elektronen gleich der Konzentration [h] der Defektelektronen angenommen werden. Bei Abweichungen von der idealen Stöchiometrie ergibt sich unter diesen Annahmen aus den Konzentrationen der Elektronen und Defektelektronen für δ:

$$\delta = \frac{V_m}{L}([e] - [h]). \qquad (V.8)$$

Hierbei ist L die Loschmidtzahl und V_m das Molvolumen von Ag_2S. Abb. V.2 zeigt schematisch die experimentelle Anordnung von WAGNER

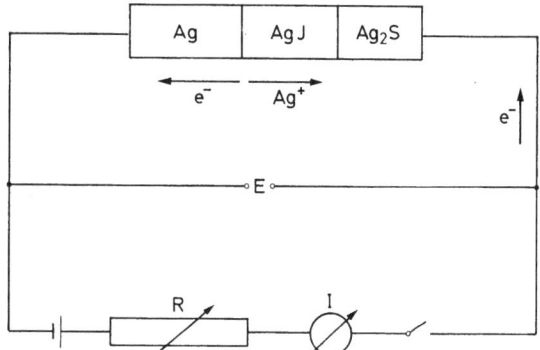

Abb. V.2. Schematische Darstellung der von C. WAGNER [V.1] verwendeten Versuchsanordnung zur elektrochemischen Titration von Ag_2S.

zur elektrochemischen Titration von Ag_2S. Eine Anordnung, die die elektrochemische Titration auch bis zum Gleichgewicht mit flüssigem Schwefel hin erlaubt [V.3], zeigt Abb. V.3. Hier ist durch den gasdichten Abschluß der Ag_2S-Tablette sichergestellt, daß bei hohen Schwefelaktivitäten kein Schwefel aus dem Ag_2S verdampft, wodurch sonst Stöchiometrieveränderungen entstehen würden.

In Abb. V.4 ist der Zusammenhang zwischen kleinen Abweichungen von der Stöchiometrie und der *EMK* der Kette V.I bei 160, 200 und 300 °C für Ag_2S dargestellt. Mit den vorangegangenen Überlegungen und den

76   Elektronenfehlordnung: Elektronen und Defektelektronen in α-Ag₂S

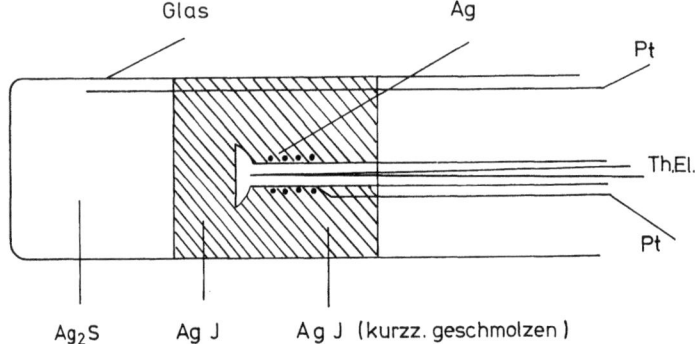

Abb. V.3. Versuchsanordnung zur elektrochemischen Titration von Ag in Ag₂S mit gasdicht abgeschlossener Probe [V.3].

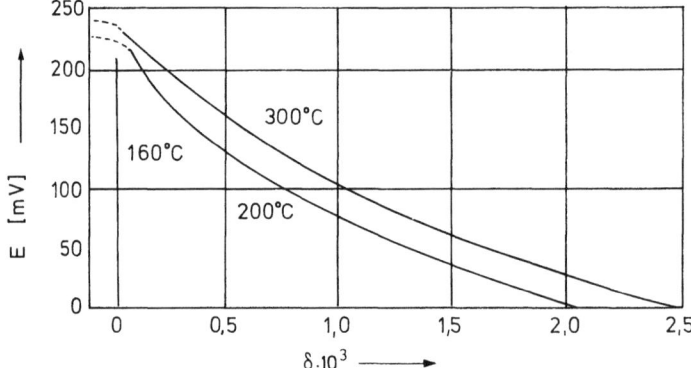

Abb. V.4. Coulometrische Titrationskurven für Ag₂S bei 160, 200 und 300 °C [V.3].

Ergebnissen in Abschnitt IV ist dieser Verlauf quantitativ zu deuten. Nach Gl. (IV.5.4) gilt für die Konzentration der freien Elektronen

$$[e] = \frac{\pi(8m^*kT)^{\frac{3}{2}}}{2h^3} F_{\frac{1}{2}}\left(\frac{E_F - E_L}{kT}\right) \qquad (V.9)$$

(m^* = effektive Elektronenmasse, k = Boltzmannkonstante, h = Plancksches Wirkungsquantum) mit dem Argument der Fermi-Dirac-Funktion

$$\frac{E_F - E_L}{kT} = \frac{\mu_e - \mu_e^0}{RT}, \qquad (V.10)$$

wobei als Bezugskonzentration für den Standardzustand der Elektronen die effektive Zustandsdichte N_L gewählt ist. Die Standardzustände für das chemische Potential der Elektronen μ_e^0 und für das chemische Potential des Silbers μ_{Ag}^0 beziehen sich dadurch auf ganz verschiedene Zustände des Ag_2S. Während $\mu_{Ag} = \mu_{Ag}^0$ Gleichgewicht mit Silber bedeutet, wird μ_e^0 durch die Wahl der Bezugskonzentration der Elektronen, hier N_L, festgelegt. Bei Gleichgewicht von Ag_2S mit Silber wollen wir das zugehörige chemische Potential der Elektronen im Ag_2S mit μ_e^* bezeichnen:

$$\mu_e = \mu_e^* \quad \text{für} \quad \mu_{Ag} = \mu_{Ag}^0, \tag{V.11}$$

dann folgt durch Integration aus Gl. (V.3)

$$\mu_e - \mu_e^* = \mu_{Ag} - \mu_{Ag}^0 \tag{V.12}$$

und mit Hilfe von Gl. (V.4)

$$\mu_e - \mu_e^* = -EF \tag{V.12a}$$

oder

$$\mu_e = \mu_e^* - EF. \tag{V.13}$$

Wie weiter oben bereits festgestellt wurde, ist also die EMK der galvanischen Kette V.I ein Maß für das chemische Potential der Elektronen im Ag_2S. Für die weitere Auswertung ist es sinnvoll, die Gl. (V.13) durch $-\mu_e^0$ zu erweitern:

$$\mu_e - \mu_e^0 = \mu_e^* - \mu_e^0 - EF. \tag{V.14}$$

Mit Gl. (V.14) und Gl. (V.10) können wir nun das Argument der Fermi-Dirac-Funktion $F_{\frac{1}{2}}$ in Gl. (V.9) durch die EMK der galvanischen Kette V.I ausdrücken:

$$[e] = \frac{\pi(8 m^* kT)^{\frac{3}{2}}}{2 h^3} F_{\frac{1}{2}} \left(\frac{\mu_e^* - \mu_e^0 - EF}{RT} \right). \tag{V.15}$$

Gl. (V.15) gibt den Zusammenhang zwischen der Konzentration der freien Elektronen in Ag_2S und der EMK E der Kette V.I und damit auch zwischen dem chemischen Potential von Silber in Ag_2S. Allerdings sind in Gl. (V.15) zunächst noch zwei Unbekannte:

a) die effektive Masse der freien Elektronen m^* und

b) die Differenz der chemischen Potentiale der Elektronen in Ag_2S im Gleichgewicht mit metallischem Silber μ_e^* und im Standardzustand μ_e^0.

Zur Ermittlung dieser beiden Größen stehen uns zwei Informationen zur Verfügung:

a) die Konzentration der freien Elektronen $[e]^*$ in $Ag_{2+\delta}S$ im Gleichgewicht mit Silber. Diese Konzentration entspricht praktisch der Abweichung von der Stöchiometrie δ an diesem Punkt. In Gl. (V.8) können wir hier die Konzentration der Defektelektronen gegenüber der nun viel größeren Konzentration der freien Elektronen vernachlässigen und es gilt

$$[e] (\mu_{Ag} = \mu_{Ag}^0) = [e]^* \cong \frac{L}{V_m} \delta^*. \qquad (V.16)$$

Aus den experimentellen Werten ergibt sich

$$[e]^* (200\,°C) = 3{,}6 \cdot 10^{19} \text{ Teilchen} \cdot cm^{-3},$$
$$[e]^* (300\,°C) = 4{,}4 \cdot 10^{19} \text{ Teilchen} \cdot cm^{-3}.$$

b) Die Steigung der Kurve [e] als Funktion der *EMK E* an der Stelle [e]*, die hier praktisch der Steigung der Auftragung von δ in Abhängigkeit von E an der Stelle δ^* proportional ist.

Mit Hilfe von [e]* und der Steigung der Titrationskurve bei δ^*, also Gleichgewicht mit Silber, erhält man den Quotienten aus der Ableitung der Fermi-Dirac-Funktion und der Fermi-Funktion selbst für das Argument $\mu_e^* - \mu_e^0/RT$

$$\frac{1}{[e]^*} \left(\frac{d[e]}{d\left(\frac{EF}{RT}\right)} \right)_{\mu_{Ag} = \mu_{Ag}^0}$$
$$= \frac{1}{\delta^*} \left(\frac{d\delta}{d\left(\frac{EF}{RT}\right)} \right)_{\mu_{Ag} = \mu_{Ag}^0} = - \frac{F'_{\frac{1}{2}} \left(\frac{\mu_e^* - \mu_e^0}{RT} \right)}{F_{\frac{1}{2}} \left(\frac{\mu_e^* - \mu_e^0}{RT} \right)}. \qquad (V.17)$$

Mit diesem aus den Experimenten ermittelten Wert kann man mit Hilfe der Tabellen von DOUGALL und STONER [V.7] $\mu_e^* - \mu_e^0/RT$ ermitteln.

Es ergibt sich bei 200 °C $\mu_e^* - \mu_e^0 = 4{,}1\,RT$ und bei 300 °C $\mu_e^* - \mu_e^0 = 7{,}3\,RT$. Diese Werte entsprechen nach Gl. (V.10) der Differenz des Fermi-Potentials E_F und der Unterkante des Leitungsbandes E_L, geben also an, an welcher Stelle das Fermi-Potential im Bandschema liegt. Bei 300 °C liegt E_F z.B. 0,16 Volt höher als die Leitungsbandunterkante, also um 160 mV im Leitungsband, wenn Silbersulfid sich im Gleichgewicht mit Silber befindet. Einsetzen der Werte für [e]* und $\mu_e^* - \mu_e^0$ bei Gleichgewicht von Ag_2S mit Silber, d.h. $E = 0$ in Gl. (V.15), ergibt die effektive Masse m^* der Elektronen, die bei 300 °C 0,23 Elektronenmassen beträgt. Diese effektive Elektronenmasse stimmt mit optischen Messungen von GESERICH u.a. [V.8] gut überein und ist praktisch unabhängig von Abweichungen von der Stöchiometrie.

Zur gesamten Auswertung der Titrationskurve in Abb. V.4, also des Zusammenhangs zwischen der Änderung der Stöchiometrie und der Änderung des chemischen Potentials des Silbers, ist noch die Kenntnis

Elektronenfehlordnung: Elektronen und Defektelektronen in α-Ag$_2$S

der Konzentration der Defektelektronen als Funktion des chemischen Potentials des Silbers bzw. der *EMK E* notwendig. Da die Konzentration der Defektelektronen bei Metallüberschuß wesentlich kleiner als die der Elektronen ist, wollen wir für die Defektelektronen als Näherung die Gültigkeit der Boltzmann-Statistik annehmen. Aus dem Gleichgewicht zwischen Elektronen und Defektelektronen,

$$e + h = \text{Null}, \tag{V.18}$$

folgt für das chemische Potential der Defektelektronen

$$\mu_h = -\mu_e, \tag{V.19}$$

und mit Hilfe des Boltzmann-Ansatzes ergibt sich für die Konzentration der Defektelektronen

$$[h] = [h]' \exp - \left(\frac{\mu_e - \mu_e'}{RT} \right) \tag{V.20}$$

bzw.

$$[h] = [h]' \exp \left(\frac{(E - E') F}{RT} \right). \tag{V.21}$$

Der Index ' soll hierbei die Größen am stöchiometrischen Punkt charakterisieren. E' ist praktisch der Wert von E für Ag$_2$S im Gleichgewicht mit flüssigem Schwefel, wie C. WAGNER [V.1] durch Vergleich der Titrationskurven an α-Ag$_2$S und β-Ag$_2$S gezeigt hat. β-Ag$_2$S hat eine viel geringere stöchiometrische Existenzbreite als α-Ag$_2$S und zeigt eine wesentlich kleinere Abweichung von der idealen Stöchiometrie. Wenn man β-Ag$_2$S aufheizt, entsteht ein α-Ag$_2$S, das sich praktisch in Gleichgewicht mit Schwefel befindet. Daraus kann man schließen, daß α-Ag$_2$S in Gleichgewicht mit Schwefel praktisch ideale Stöchiometrie hat. An diesem Punkt ist die Konzentration der Defektelektronen [h] gleich der dort vorhandenen Konzentration der Elektronen [e]', die sich aus Gl. (V.15) berechnen läßt. Es ergibt sich z.B. für 300 °C [e]' = [h] = 2,8 · 10^{18} Teilchen · cm^{-3}. Damit ist mit Gl. (V.21) die Konzentration der Defektelektronen als Funktion von E und damit als Funktion des chemischen Potentials von Silber in Ag$_2$S bekannt, während Gl. (V.15) die Konzentration der Elektronen angibt. Auf diese Weise läßt sich mittels Gl. (V.8) die Abweichung δ von der idealen Stöchiometrie als Funktion von E berechnen. Die so berechneten Werte stimmen mit den gemessenen gut überein.

Unter der Annahme, daß die effektive Masse der Elektronen und die der Defektelektronen gleich groß ist, ergibt sich aus dem vorherigen Abschnitt IV, daß am stöchiometrischen Punkt $E_F - E_L$ dem Betrage nach gerade halb so groß ist wie der Bandabstand, d.h., hier liegt das Fermi-Potential E_F genau in der Mitte zwischen Valenzbandoberkante und

Leitungsbandunterkante. $E_F - E_L$ ist für diesen Punkt mit Hilfe von Gl. (V.10) aus $\mu'_e - \mu_e^0$ zu berechnen, wobei sich $\mu'_e - \mu_e^0$ aus den vorhergehenden Überlegungen ergibt. Die Meßdaten liefern für $\mu'_e - \mu_e^0$ einen Wert von $-1,4\,RT$ bei 200 °C und damit einen ersten Wert für den Bandabstand von $2,8\,RT$ entsprechend 0,1 eV. Eine genaue Betrachtung der Meßdaten zeigt, daß $\mu'_e - \mu_e^0$ nicht temperaturunabhängig ist und daher ist anzunehmen, daß die effektive Masse der Elektronen verschieden von der der Defektelektronen und der berechnete Bandabstand als Näherung anzusehen ist.

Die vorstehende Diskussion der Elektronen in Ag_2S dürfte deutlich gemacht haben, daß die neueren elektrochemischen Methoden bei der thermodynamischen Behandlung der Elektronen auch für die Halbleiterphysik bedeutsam sind.

Literatur

V.1   WAGNER, C.: J. chem. Phys. **21**, 1819 (1953).
V.2   MIJATANI, S.: J. Phys. Soc. Japan **10**, 786 (1955).
V.3   RICKERT, H., SATTLER, V.: Erscheint demnächst.
V.4   TUBANDT, C., REINHOLD, H.: Z. Elektrochem. **37**, 589 (1931).
V.5   RAHLFS, P.: Z. phys. Chem. **B31**, 157 (1935).
V.6   RICKERT, H.: Z. physik. Chem. **23**, 355 (1960).
V.7   MCDOUGALL, J., STONER, E. C.: Trans. Roy. Soc. (London) **A 237**, 67 (1938).
V.8   GESERICH, H. P.: Phys. Stat. Sol. **37**, K 85 (1970).

VI Beweglichkeit, Diffusion und Teilleitfähigkeit der Ionen und Elektronen

In diesem Kapitel wird sowohl die Diffusion von Ionen und Elektronen in einem Konzentrations- bzw. Aktivitätsgefälle als auch ihr Transport in einem elektrischen Feld behandelt. Beide Vorgänge überlagern sich oft und es ist dann sinnvoller, von einem Transport in einem elektrochemischen Potentialgefälle zu sprechen. Die abgeleiteten Beziehungen gelten getrennt für die Flüsse der einzelnen Ionen- und Elektronensorten. Ist der Transport verschiedener Teilchensorten miteinander gekoppelt, so sind die dann geltenden Gleichungen hieraus abzuleiten. Ein Beispiel findet sich in Kapitel VIII. Die Darstellung teilt sich auf in

a) eine phänomenologische Behandlung, bei der die Transportvorgänge mit experimentell zu bestimmenden Größen wie Diffusionskoeffizienten, Beweglichkeiten, Teilleitfähigkeiten oder Onsagerkoeffizienten beschrieben werden und

b) in eine statistische Behandlung, bei der die in der phänomenologischen Behandlung auftretenden Größen auf atomistische zurückgeführt werden.

VI.1 Die phänomenologische Behandlung der Transportvorgänge

VI.1.1 Diffusionsgleichungen. Wir betrachten zunächst den Sonderfall, daß lediglich ein Konzentrations- bzw. Aktivitätsgefälle einer Teilchensorte vorliegt, aber kein elektrisches Feld vorhanden ist. In mikroskopischer Betrachtungsweise bewegen sich die individuellen Teilchen stets nicht nur in einer, sondern in allen möglichen Richtungen. Liegt kein Konzentrationsgefälle vor, herrscht dynamisches Gleichgewicht; die in entgegengesetzte Richtungen fließenden Ströme sind absolut gleich groß und heben sich gegenseitig auf. Wenn ein Konzentrationsgefälle vorhanden ist, bleibt ein resultierender Nettoteilchenfluß übrig, d.h. der Teilchenstrom durch eine Flächeneinheit in der einen Richtung abzüglich dem in der entgegengesetzten ist von Null verschieden. Wir bezeichnen den Nettoteilchenfluß als Diffusionsfluß j.

Bei den betrachteten Transportvorgängen in festen Verbindungen ist oft eine der Teilchensorten sehr viel beweglicher als die andere. Das Teilgitter der praktisch unbeweglichen Teilchensorte wählen wir dann als Bezugssystem, weshalb im folgenden die Überlegungen entfallen können, die mit der Wahl des Bezugssystems zusammenhängen. Hierzu wird auf andere ausführliche Darstellungen [VI.1.1] verwiesen.

FICK [VI.1.2] hat im Jahre 1855 einen Diffusionsfluß j_x im Konzentrationsgefälle $\partial c/\partial x$ empirisch durch die Beziehung

$$j_x = -D\frac{\partial c}{\partial x} \qquad (VI.1.1)$$

dargestellt, die als *1. Ficksches Gesetz* bezeichnet wird. Der Proportionalitätsfaktor D heißt Diffusionskoeffizient. Gelegentlich werden wir ihn als Fickschen Diffusionskoeffizienten bezeichnen, um ihn von anders definierten zu unterscheiden. Das Konzentrationsgefälle ist in Gl. (VI.1.1) nur in x-Richtung angenommen. Wenn das Konzentrationsgefälle in einer beliebigen Raumrichtung vorliegt, erhalten wir die allgemeinere Form des *1. Fickschen Gesetzes:*

$$\mathbf{j} = -D\,\mathrm{grad}\,c = -D\nabla c, \qquad (VI.1.2)$$

wobei

$$\mathrm{grad}\,c = \nabla c = \frac{\partial c}{\partial x}\frac{\mathbf{x}}{|x|} + \frac{\partial c}{\partial y}\frac{\mathbf{y}}{|y|} + \frac{\partial c}{\partial z}\frac{\mathbf{z}}{|z|} = \left(\frac{\partial c}{\partial x}, \frac{\partial c}{\partial y}, \frac{\partial c}{\partial z}\right) \qquad (VI.1.3)$$

bedeutet (∇: Nabla-Operator). Das negative Vorzeichen rührt daher, daß der Diffusionsstrom dem Konzentrationsgefälle entgegengerichtet ist. In Gl. (VI.1.2) ist angenommen, daß der Diffusionskoeffizient D unabhängig von der Richtung im Kristall ist, d.h. D ist isotrop und läßt sich als skalare Größe schreiben. Wenn wir mit einem richtungsunabhängigen Diffusionskoeffizienten rechnen, bedeutet das, daß entweder kubische bzw. reguläre Kristalle oder Proben mit statistisch ungeordneter Orientierung der einzelnen Kristalle vorliegen. Im allgemeinen anisotropen Fall muß D durch einen Tensor 2. Stufe dargestellt werden [VI.1.1].

Für die zeitliche Änderung der Konzentration am Ort x ergibt sich aus dem 1. Fickschen Gesetz und Kontinuitätsbetrachtungen, wenn keine Bildung oder kein Verbrauch (z.B. durch Rekombination) der betrachteten Teilchensorte erfolgt, das 2. Ficksche Gesetz (Ableitungen finden sich an vielen Stellen der Literatur [VI.1.1]). Wenn zunächst wieder nur ein Diffusionsfluß in x-Richtung entsprechend Gl. (VI.1.1) angenommen wird, ergibt sich

$$\frac{\partial c}{\partial t} = \frac{\partial}{\partial x}\left(D\frac{\partial c}{\partial x}\right). \tag{VI.1.4}$$

Falls der Diffusionskoeffizient D konzentrationsunabhängig ist, ist D auch unabhängig von der Ortskoordinate und kann vor den Differentialquotienten gezogen werden. Damit ergibt sich aus Gl. (VI.1.4)

$$\frac{\partial c}{\partial t} = D\frac{\partial^2 c}{\partial x^2}. \tag{VI.1.5}$$

Wenn das Konzentrationsgefälle und damit der Diffusionsfluß eine beliebige Richtung im Raume hat, folgt anstelle von Gl. (VI.1.4) allgemeiner

$$\frac{\partial c}{\partial t} = \operatorname{div}(D\operatorname{grad} c)$$
$$= \frac{\partial (D\operatorname{grad} c)_x}{\partial x} + \frac{\partial (D\operatorname{grad} c)_y}{\partial y} + \frac{\partial (D\operatorname{grad} c)_z}{\partial z}. \tag{VI.1.6}$$

Die Indizes x, y und z deuten die Komponenten des Vektors $(D\operatorname{grad} c)$ in x-, y- bzw. z-Richtung an. Wenn D unabhängig von der Konzentration c ist, gilt anstelle von Gl. (VI.1.6)

$$\frac{\partial c}{\partial t} = D\operatorname{div}\operatorname{grad} c = D\Delta c, \tag{VI.1.7}$$

wobei Δ den Laplace-Operator darstellt:

$$\Delta = \nabla^2 = \operatorname{div}\operatorname{grad} = \frac{\partial^2}{\partial x^2} + \frac{\partial^2}{\partial y^2} + \frac{\partial^2}{\partial z^2}. \tag{VI.1.8}$$

Mathematische Lösungen der Diffusionsgleichung für verschiedene Rand- und Anfangsbedingungen finden sich z.B. bei JOST [VI.1.3], CARSLAW und JAEGER [VI.1.4], WAGNER [VI.1.9], CRANK [VI.1.6] und HAUFFE [VI.1.7].

VI.1.2 Die mechanische Beweglichkeit B_m. Das räumliche Gleichgewicht für ungeladene Teilchen ist dadurch charakterisiert, daß das chemische Potential μ lokal konstant ist. Bei geladenen Teilchen muß das elektrochemische Potential η konstant sein. Wenn kein elektrisches Feld vorhanden ist, so gilt jedoch auch für geladene Teilchen die Gleichgewichtsbedingung, daß das chemische Potential μ lokal konstant, d.h. $\operatorname{grad}\mu = 0$ ist. Wenn also bei Abwesenheit eines elektrischen Feldes $\operatorname{grad}\mu$ von Null verschieden ist, wird ein Teilchenfluß erwartet und es wird der Ansatz gemacht, daß dieser proportional zum Gefälle des chemischen Potentials ist. Den negativen Gradienten des chemischen Potentials, bezogen auf ein Teilchen, fassen wir als verallgemeinerte Kraft **K** auf, die auf ein Teilchen wirkt,

$$\mathbf{K} = -\frac{1}{L}\operatorname{grad}\mu. \tag{VI.1.9}$$

Hierbei ist L die Loschmidtsche Zahl. Wenn das chemische Potential nicht auf ein Mol, sondern auf ein Teilchen bezogen und durch $\tilde{\mu}$ gekennzeichnet wird, ergibt sich aus Gl. (VI.1.9)

$$\mathbf{K} = -\operatorname{grad}\tilde{\mu}. \tag{VI.1.9a}$$

Wenn der Teilchenfluß proportional grad μ bzw. **K** ist, ist auch die mittlere Teilchengeschwindigkeit **v** proportional zur Kraft **K**, die auf ein Teilchen wirkt. Der Proportionalitätsfaktor wird mechanische Beweglichkeit B_m genannt:

$$\mathbf{v} = B_m \mathbf{K}. \tag{VI.1.10}$$

Die mechanische Beweglichkeit B_m ist also definiert als das Verhältnis der mittleren stationären Teilchengeschwindigkeit v zu der auf das Teilchen wirkenden Kraft K

$$B_m = \frac{v}{K}. \tag{VI.1.11}$$

Da der Teilchenfluß einer Teilchensorte gleich dem Produkt aus der Konzentration dieser Teilchen und deren mittlerer Geschwindigkeit **v** ist,

$$\mathbf{j} = c\,\mathbf{v}, \tag{VI.1.12}$$

ergibt sich aus den Gln. (VI.1.9), (VI.1.10) und (VI.1.12)

$$\mathbf{j} = -\frac{c\,B_m}{L}\operatorname{grad}\mu. \tag{VI.1.13}$$

Durch Gl. (VI.1.13) ist der Teilchenfluß durch den Gradienten des chemischen Potentials und die mechanische Beweglichkeit B_m dargestellt.

VI.1.3 Die Beziehung von Nernst und Einstein [VI.1.8]. Es wird zunächst die einschränkende Voraussetzung gemacht, daß für das chemische Potential wie in einer idealen Lösung die Beziehung

$$\mu = \mu^0 + RT\ln\frac{c}{c^0} \tag{VI.1.14}$$

gilt mit den Symbolen μ^0 für das chemische Potential im Standardzustand, c der Konzentration der Teilchen, c^0 derjenigen im Standard-

Die phänomenologische Behandlung der Transportvorgänge

zustand, R der allgemeinen Gaskonstanten und T der absoluten Temperatur. Die Beziehung (VI.1.14) ist für die Komponenten einer festen Verbindung nicht zu erwarten, wohl dagegen für die Störstellen, z.B. die Leerstellen. Weiterhin soll angenommen werden, daß das Konzentrationsgefälle nur in x-Richtung vorliegt, was aber die Ableitung nicht weiter einschränkt, sondern lediglich die Anschaulichkeit erhöht. Nach Gl. (VI.1.14) kann $d\mu$ durch $RT\, d\ln c$ ersetzt werden. Damit ergibt sich aus Gl. (VI.1.13) im eindimensionalen Fall

$$j_x = -\frac{cB_m RT}{L} \cdot \frac{d\ln c}{dx}. \tag{VI.1.15}$$

Unter Berücksichtigung, daß $c\, d\ln c$ gleich dc und R/L gleich der Boltzmannschen Konstanten k ist, ergibt sich aus Gl. (VI.1.15)

$$j_x = -B_m kT \frac{dc}{dx}. \tag{VI.1.16}$$

Vergleich von Gl. (VI.1.16) mit dem 1. Fickschen Gesetz (VI.1.1) ergibt als Beziehung zwischen dem Diffusionskoeffizienten D für ideales Verhalten der diffundierenden Teilchen entsprechend Gl. (VI.1.14) und der mechanischen Beweglichkeit B_m:

$$D = B_m kT \quad \text{(ideales Verhalten)}, \tag{VI.1.17}$$

die sog. *Nernst-Einsteinsche Beziehung*, die den Diffusionskoeffizienten D mit der mechanischen Beweglichkeit für den Fall verknüpft, daß ideales Verhalten vorliegt, d.h. wenn für das chemische Potential Gl. (VI.1.14) gilt.

Die Nernst-Einstein-Beziehung (VI.1.17) hätte auch gefunden werden können, wenn das 1. Ficksche Gesetz (VI.1.1) unter Benutzung des Ausdruckes für das chemische Potential bei idealem Verhalten (Gl. (VI.1.14)) umgeschrieben und für dc der Ausdruck $\frac{c\, d\mu}{RT}$ eingeführt worden wäre mit dem Ergebnis

$$j_x = -\frac{Dc}{RT}\frac{d\mu}{dx} \quad \text{(ideales Verhalten)}. \tag{VI.1.18}$$

Vergleich von Gl. (VI.1.18) und (VI.1.13) ergibt wieder Gl. (VI.1.17).

VI.1.4 Der Komponentendiffusionskoeffizient. Wenn kein ideales Verhalten vorliegt, gilt für das chemische Potential der allgemeinere Ausdruck

$$\mu = \mu^0 + RT \ln a \tag{VI.1.19}$$

mit a als Aktivität. Nun wird ein Diffusionskoeffizient, der Komponentendiffusionskoeffizient D_K, derart definiert, daß ein zu Gl. (VI.1.18) analoger Ausdruck entsteht:

$$j_x = -\frac{D_K c}{RT}\frac{d\mu}{dx}, \qquad (VI.1.20)$$

oder, wenn das Aktivitätsgefälle nicht nur in x-Richtung vorliegt,

$$\mathbf{j} = -\frac{D_K c}{RT}\operatorname{grad}\mu. \qquad (VI.1.21)$$

Durch Vergleich der Gln. (VI.1.21) und (VI.1.13) ergibt sich wiederum die Nernst-Einstein-Beziehung

$$D_K = B_m kT. \qquad (VI.1.22)$$

Für den Komponentendiffusionskoeffizienten D_K gilt die Nernst-Einsteinsche Beziehung allgemein, d.h. bei idealem und auch nichtidealem Verhalten. Man kann auch sagen, D_K wird durch die Beziehung von NERNST-EINSTEIN definiert. Im Falle des idealen Verhaltens wird der Komponentendiffusionskoeffizient mit dem Fickschen Diffusionskoeffizienten identisch.

VI.1.5 Der Zusammenhang zwischen D und D_K. Unter Berücksichtigung, daß dc gleich $c d \ln c$ ist, kann das 1. Ficksche Gesetz (VI.1.1) in die Form

$$j_x = -Dc\frac{d\ln c}{dx} \qquad (VI.1.23)$$

gebracht werden. Aus Gl. (VI.1.20) und (VI.1.19) folgt auf der anderen Seite ein Ausdruck für den Teilchenfluß, der den Komponentendiffusionskoeffizienten D_K enthält:

$$j_x = -D_K c\frac{d\ln a}{dx}. \qquad (VI.1.24)$$

Vergleich von Gl. (VI.1.23) und (VI.1.24) liefert folgende Beziehung zwischen D_K und dem Fickschen Diffusionskoeffizienten D:

$$D = D_K \frac{d\ln a}{d\ln c}. \qquad (VI.1.25)$$

Wie aus Gl. (VI.1.25) ersichtlich, wird $D = D_K$, wenn die Aktivität a proportional der Konzentration c ist. Der Faktor $d\ln a/d\ln c$ wurde von DARKEN [VI.1.9] eingeführt. Man nennt ihn „thermodynamischer Faktor".

VI.1.6 Der Zusammenhang zwischen dem Komponentendiffusionskoeffizienten D_K und dem Tracerdiffusionskoeffizienten D_{Tr}. Die Definition des Komponentendiffusionskoeffizienten D_K ist in zweifacher Hinsicht sinnvoll. Erstens ist, wie Gl. (VI.1.22) zeigt, die Nernst-Einsteinsche Beziehung universell gültig, d. h., es existiert ein allgemeiner Zusammenhang mit der mechanischen Beweglichkeit B_m, zweitens besteht eine enge Beziehung zum Tracer- oder Selbstdiffusionskoeffizienten D_{Tr}, der durch ein radioaktives Isotop im elektrochemischen Gleichgewicht gemessen werden kann. Es gilt unter bestimmten Umständen (s. spezielle Literatur [VI.1.10]), z.B. bei Leerstellendiffusion, für den Tracerdiffusionskoeffizienten D_{Tr}:

$$D_{Tr} = f B_m k T, \qquad (VI.1.26)$$

wobei f der sog. Korrelationsfaktor ist. Aus Gl. (VI.1.22) und (VI.1.26) ergibt sich als Beziehung zwischen D_{Tr} und D_K:

$$D_{Tr} = f D_K. \qquad (VI.1.27)$$

VI.1.7 Teilchenfluß im elektrischen Feld. Solange die elektrische Feldstärke nicht zu groß ist, d.h., wenn das Produkt aus Potential-Differenz pro Netzebenenabstand und Teilchenladung klein gegen kT ist, können wir einen linearen Zusammenhang zwischen dem Fluß geladener Teilchen bzw. der elektrischen Stromdichte **i** und der elektrischen Feldstärke **E** annehmen, d.h. es gilt dann das Ohmsche Gesetz

$$\mathbf{i} = \sigma \mathbf{E}. \qquad (VI.1.28)$$

Hierbei ist σ die spezifische elektrische Leitfähigkeit. Unter Einführung des elektrostatischen Potentials φ läßt sich für Gl. (VI.1.28) schreiben:

$$\mathbf{i} = -\sigma \, \mathrm{grad} \, \varphi. \qquad (VI.1.29)$$

Die gesamte Leitfähigkeit σ setzt sich zusammen aus den Teilleitfähigkeiten σ_i der einzelnen Teilchensorten i

$$\sigma = \sum_i \sigma_i. \qquad (VI.1.30)$$

Das Verhältnis der Teilleitfähigkeit σ_i einer Teilchensorte zu der Gesamtleitfähigkeit $\sigma = \sum_i \sigma_i$ wird Überführungszahl t_i dieser Teilchensorte genannt:

$$t_i = \frac{\sigma_i}{\sum_i \sigma_i}. \qquad (VI.1.30\,a)$$

Im folgenden soll angenommen werden, daß nur eine Teilchensorte beweglich ist, d.h., σ ist gleich dem σ_i der beweglichen Teilchensorte. Der Zusammenhang zwischen dem Teilchenfluß in mol cm^{-2} sec^{-1} und der elektrischen Stromdichte **i** ergibt sich mit Hilfe der Faraday-Konstanten F und der Ladungszahl z:

$$\mathbf{j}(\text{mol/cm}^2 \text{ sec}) = \frac{\mathbf{i}}{zF}. \qquad (\text{VI.1.31})$$

Die Gln. (VI.1.29) und (VI.1.31) liefern jetzt für den Zusammenhang zwischen dem Teilchenfluß **j**, der Teilleitfähigkeit $\sigma_i = \sigma$ und dem Gradienten des elektrischen Potentials φ:

$$\mathbf{j} = -\frac{\sigma}{zF} \text{ grad } \varphi. \qquad (\text{VI.1.32})$$

Durch Gl. (VI.1.32) ist der Teilchenfluß mit Hilfe der Teilleitfähigkeit σ beschrieben. Auf der anderen Seite kann für den Teilchenfluß auch hier wieder ein Ansatz analog zu Gl. (VI.1.12) und (VI.1.10) gemacht werden, wobei die mechanische Beweglichkeit und die auf die Teilchen wirkende Kraft benutzt wird. Für die auf das Teilchen wirkende elektrische Kraft **K** läßt sich schreiben, wenn nur ein elektrisches Feld vorhanden ist:

$$\mathbf{K} = -z\,e\,\text{grad } \varphi, \qquad (\text{VI.1.33})$$

wobei z die Wertigkeit der Teilchen und e die Elementarladung bedeuten. z ist für Kationen positiv, für Anionen und Elektronen negativ. Mit Gl. (VI.1.33) folgt aus den Gln. (VI.1.12) und (VI.1.10)

$$\mathbf{j} = -c\,B_m\,z\,e\,\text{grad } \varphi, \qquad (\text{VI.1.34})$$

d.h. eine Beschreibung des elektrischen Stromes mit Hilfe der mechanischen Beweglichkeit B_m und der elektrischen Feldstärke $-\text{grad } \varphi$. Unter Benutzung der Nernst-Einsteinschen Beziehung Gl. (VI.1.22) kann man die mechanische Beweglichkeit durch den Komponentendiffusionskoeffizienten D_K ersetzen und man erhält aus Gl. (VI.1.34)

$$\mathbf{j} = -\frac{c\,D_K\,z\,e}{kT} \text{ grad } \varphi, \qquad (\text{VI.1.35})$$

d.h. eine Beschreibung des elektrischen Stromes mit Hilfe des Komponentendiffusionskoeffizienten D_K und der elektrischen Feldstärke $-\text{grad } \varphi$. Ein Vergleich der Gln. (VI.1.32), (VI.1.34) und (VI.1.35) ergibt den Zusammenhang zwischen der elektrischen Teilleitfähigkeit σ, der mechanischen Beweglichkeit B_m und dem Komponentendiffusions-

Die phänomenologische Behandlung der Transportvorgänge   89

koeffizienten D_K:

$$\sigma = c\,B_m\,z^2\,e\,F, \qquad (VI.1.36)$$

$$\sigma = \frac{c\,D_K\,z^2\,F^2}{RT}. \qquad (VI.1.37)$$

Der Zusammenhang der elektrischen Teilleitfähigkeit einer Teilensorte i mit der mechanischen Beweglichkeit ist durch Gl. (VI.1.36) gegeben. B_m, die mechanische Beweglichkeit, ist definiert als das Verhältnis der Geschwindigkeit eines Teilchens zu der auf ein Teilchen wirkenden Kraft. Der Zusammenhang zwischen σ und dem Komponentendiffusionskoeffizienten D_K ist durch Gl. (VI.1.37) gegeben. Die Konzentration ist stets in mol cm^{-3} einzusetzen.

In diesem Abschnitt wurde bei der Behandlung des elektrischen Teilchenflusses in einem elektrischen Feld stillschweigend vorausgesetzt, daß die hier benutzte mechanische Beweglichkeit mit derjenigen übereinstimmt, die beim Teilchenfluß in einem Aktivitätsgefälle eingeführt wurde. Eine Begründung der Übereinstimmung dieser beiden definierten mechanischen Beweglichkeiten wird im nächsten Abschnitt gegeben.

Vielfach wird auch die sog. elektrische Beweglichkeit u benutzt, die als das Verhältnis von stationärer Geschwindigkeit v eines Teilchens zu elektrischer Feldstärke E definiert ist:

$$|\mathbf{v}| = u\,|\mathbf{E}|. \qquad (VI.1.38)$$

Aus den Gln. (VI.1.10), (VI.1.33) und (VI.1.38) ergibt sich folgender Zusammenhang zwischen elektrischer und mechanischer Beweglichkeit:

$$|z|\,e\,B_m = u. \qquad (VI.1.39)$$

VI.1.8 Teilchenfluß bei gleichzeitigem Konzentrations- bzw. Aktivitätsgefälle und elektrischem Feld. Wenn gleichzeitig ein Konzentrationsbzw. Aktivitätsgradient und ein elektrisches Feld vorhanden ist, wird angenommen, daß die durch die beiden Arten von Kräften verursachten Teilchenflüsse sich linear zu einem resultierenden Teilchenfluß addieren. Dann resultiert aus den Gln. (VI.1.13) und (VI.1.34), wenn berücksichtigt wird, daß die Faraday-Konstante $F = e\,L$ ist,

$$\mathbf{j} = -\frac{c\,B_m}{L}(\operatorname{grad}\mu + z\,F\operatorname{grad}\varphi). \qquad (VI.1.40)$$

In Gl. (VI.1.40) wurde wieder angenommen, daß die mechanische Beweglichkeit B_m für einen Teilchenfluß in einem Konzentrationsgefälle identisch ist mit derjenigen zur Beschreibung eines Teilchenflusses im elektrischen Feld. Wären beide Beweglichkeiten verschieden und seien sie mit B'_m und B''_m bezeichnet, so müßte geschrieben werden:

$$\mathbf{j} = -\frac{cB'_m}{L}\,\mathrm{grad}\,\mu - \frac{cB''_m}{L}\,zF\,\mathrm{grad}\,\varphi. \qquad (\mathrm{VI.1.41})$$

Die Tatsache, daß der Teilchenfluß bei eingestelltem Gleichgewicht Null wird, d.h., der Gradient des elektrochemischen Potentials $\eta = \mu + zF\varphi$ verschwindet, ist jedoch nur dann zu erfüllen, wenn $B'_m = B''_m$ ist, wie man sofort aus Gl. (VI.1.41) ersieht.

Mit der Definition für das elektrochemische Potential $\eta = \mu + zF\varphi$ ergibt sich aus Gl. (VI.1.40)

$$\mathbf{j} = -\frac{cB_m}{L}\,\mathrm{grad}\,\eta. \qquad (\mathrm{VI.1.42})$$

Gl. (VI.1.42) gibt den Zusammenhang zwischen dem Teilchenfluß j, der mechanischen Beweglichkeit und dem Gradienten des elektrochemischen Potentials an, d.h. Gl. (VI.1.42) beschreibt den Teilchenfluß im allgemeinen Fall. Gl. (VI.1.42) enthält als Sonderfälle den Teilchenfluß im Konzentrations- bzw. Aktivitätsgefälle und den Teilchenfluß im elektrischen Feld. Unter Verwendung der Nernst-Einstein-Beziehung (Gl. (VI.1.22)) folgt aus Gl. (VI.1.42)

$$\mathbf{j} = -\frac{cD_K}{RT}\,\mathrm{grad}\,\eta \qquad (\mathrm{VI.1.43})$$

und mit Hilfe von Gl. (VI.1.37)

$$\mathbf{j} = -\frac{\sigma}{z^2F^2}\,\mathrm{grad}\,\eta. \qquad (\mathrm{VI.1.44})$$

Die Gln. (VI.1.42), (VI.1.43) und (VI.1.44) sind die allgemeinen Ausdrücke für die Beschreibung von Teilchenflüssen bei Vorliegen eines Gradienten des elektrochemischen Potentials η. Sie enthalten die mechanische Beweglichkeit B_m, den Komponentendiffusionskoeffizienten D_K oder die Teilleitfähigkeit σ. Der Teilchenfluß j ist in Gl. (VI.1.44) in mol cm^{-2} sec^{-1} gegeben. In Gl. (VI.1.42) und (VI.1.43) ergibt sich die Dimension des Teilchenflusses aus der gewählten Dimension der Konzentration.

Die Gln. (VI.1.42) bis (VI.1.44) sind die grundlegenden Beziehungen zur Beschreibung von Transportvorgängen der Teilchen in festen Verbindungen. Mit diesen Gleichungen wird es in Abschnitt IX möglich, diffusionsbestimmte Reaktionen in festen Stoffen zu behandeln.

VI.1.9 Beschreibung von Teilchenflüssen mit den phänomenologischen Ansätzen der irreversiblen Thermodynamik. Die phänomenologischen Ansätze der irreversiblen Thermodynamik dienen allgemein zur Beschreibung von irreversiblen Prozessen (s. hierzu [VI.1.11]). Zu solchen Prozessen gehören insbesondere auch Transportvorgänge von Teilchen. Die Kräfte und Flüsse in der irreversiblen Thermodynamik sind so zu wählen, daß die Summe der Produkte von Kräften und Flüssen gleich der Entropieproduktion bei dem betrachteten Vorgang ist. Aus diesem Grunde sind die geeigneten Kräfte für die Beschreibung von Teilchenflüssen die Gradienten von η/T, wobei η das elektrochemische Potential der betrachteten Teilchensorte und T die absolute Temperatur ist. Für isotherme Prozesse kann man die Temperatur aus dem Gradienten von η/T herausziehen und statt dessen grad η als treibende Kraft wählen. Dann ergeben sich, wenn die Flüsse von zwei Teilchensorten 1 und 2 betrachtet werden,

$$\mathbf{j}_1 = L_{11} \operatorname{grad} \eta_1 + L_{12} \operatorname{grad} \eta_2, \tag{VI.1.45}$$

$$\mathbf{j}_2 = L_{21} \operatorname{grad} \eta_1 + L_{22} \operatorname{grad} \eta_2. \tag{VI.1.46}$$

L_{11}, L_{12}, L_{21} und L_{22} sind die sog. Onsagerschen Koeffizienten. Der Teilchenfluß $\mathbf{j}_1$ sei z.B. der Fluß einer bestimmten Ionensorte und $\mathbf{j}_2$ sei ein Fluß von Elektronen. Für die Onsagerschen Koeffizienten gilt die sog. Reziprozitätsbeziehung, d.h., es gilt

$$L_{12} = L_{21}. \tag{VI.1.47}$$

Die Erfahrung hat in vielen Fällen bei der Untersuchung von gleichzeitigem Ionen- und Elektronenfluß gezeigt, daß L_{12} praktisch gleich Null ist, d.h. eine Koppelung zwischen Elektronen- und Ionenflüssen im Rahmen der hier behandelten Prozesse zu vernachlässigen ist. Das ist jedoch keineswegs immer so, sehr oft jedoch für Ionen, die nur in einer Wertigkeitsstufe vorliegen. Dann kann also angenommen werden:

$$L_{12} \cong 0. \tag{VI.1.48}$$

Diese Annahme muß im Prinzip für jedes einzelne betrachtete System experimentell bestätigt werden. Sie stimmt z.B. nicht mehr, wenn große Elektronenströme zum Fließen gebracht werden. Dann beobachtet man Mitführungseffekte, die mit Hilfe von Koppelungsgliedern behandelt werden müssen. Mit Gl. (VI.1.48) vereinfacht sich der Ausdruck für den Ionenfluß $\mathbf{j}_1$ in Gl. (VI.1.45):

$$\mathbf{j}_1 = L_{11} \operatorname{grad} \eta_1. \tag{VI.1.49}$$

Ein Vergleich von Gl. (VI.1.49) mit den Gln. (VI.1.42), (VI.1.43) und (VI.1.44) gibt nun den Zusammenhang zwischen dem Onsagerkoeffizienten L_{11}, der mechanischen Beweglichkeit B_m, dem Komponentendiffusionskoeffizienten D_K und der elektrischen Teilleitfähigkeit σ

$$L_{11} = -\frac{cB_m}{L}, \qquad \text{(VI.1.50)}$$

$$L_{11} = -\frac{cD_K}{RT}, \qquad \text{(VI.1.51)}$$

$$L_{11} = -\frac{\sigma}{z^2 F^2}. \qquad \text{(VI.1.52)}$$

Durch die Gln. (VI.1.50), (VI.1.51) und (VI.1.52) wird der phänomenologische Koeffizient L_{11} von Gl. (VI.1.45) mit B_m, D_K und σ für den Fall verknüpft, daß Koppelungsglieder (z.B. L_{12} und L_{21}) vernachlässigbar klein sind. Umgekehrt geht aus der vorstehenden Behandlung hervor, daß in den Abschnitten VI.1.1 – VI.1.3 bei der Beschreibung des Transports von Teilchen stillschweigend vorausgesetzt wurde, daß Koppelungsglieder zu vernachlässigen sind. Andernfalls könnte man nicht die Gesamtleitfähigkeit aus der Summe der Teilleitfähigkeiten zusammensetzen und nicht die Flüsse unabhängig voneinander behandeln.

VI.1.10 Chemische Diffusion. Bei Ausgleichsvorgängen der Stöchiometrie in festen Verbindungen müssen aus Gründen der Elektroneutralität neben Ionen gleichzeitig auch Elektronen oder Defektelektronen wandern, d.h., die Flüsse der Ionen und Elektronen sind miteinander gekoppelt. Der Diffusionskoeffizient, der solche Ausgleichsvorgänge beschreibt, wird als chemischer Diffusionskoeffizient $\tilde{D}$ bezeichnet. Theoretisch wurde der chemische Diffusionskoeffizient $\tilde{D}$ von DARKEN [VI.1.12] sowie WAGNER [VI.1.13] behandelt. Wir wollen im folgenden für einen einfachen Grenzfall den Zusammenhang zwischen $\tilde{D}$ und dem Komponentendiffusionskoeffizienten bzw. der Teilleitfähigkeit der Ionen behandeln. In Abschnitt IX.6 ist die experimentelle Bestimmung des chemischen Diffusionskoeffizienten der Modellsubstanzen $Fe_{1-\delta}O$ (Wüstit) und $Ag_{2+\delta}S$ dargestellt. Für diese Substanzen ist die Teilleitfähigkeit σ_{X^-} der Nichtmetallionen gegenüber der der Metallionen vernachlässigbar, und außerdem ist die elektronische Teilleitfähigkeit wesentlich größer als die der Metallionen. Es gilt also:

$$\sigma_e \gg \sigma_{Me^+} \gg \sigma_{X^-}. \qquad \text{(VI.1.53)}$$

Für den Fluß des Metalls j_{Me} relativ zum praktisch unveränderlichen Anionen-Teilgitter wird ein Ausdruck der Form des 1. Fickschen Gesetzes angesetzt,

$$j_{Me} = -\tilde{D}\frac{\partial c_{Me}}{\partial x}, \qquad \text{(VI.1.54)}$$

Die phänomenologische Behandlung der Transportvorgänge 93

wobei c_{Me} die Konzentration des Metalls bedeutet. j_{Me} kann aus den Flüssen der Metallionen und der Elektronen zusammengesetzt gedacht werden. Für diese gilt unter Verwendung der Teilleitfähigkeiten σ_i und der elektrochemischen Potentiale η_i

$$j_{Me^+} = -\frac{\sigma_{Me^+}}{z_{Me^+}^2 F^2} \frac{\partial \eta_{Me^+}}{\partial x} \tag{VI.1.55}$$

und

$$j_e = -\frac{\sigma_e}{F^2} \frac{\partial \eta_e}{\partial x}. \tag{VI.1.56}$$

Da aus Gründen der Elektroneutralität die Flüsse der Metallionen, der Elektronen und des neutralen Metalls äquivalent sein müssen,

$$j_{Me^+} = \frac{j_e}{z_{Me^+}} = j_{Me}, \tag{VI.1.57}$$

und die elektrochemischen Potentiale η_{Me^+} und η_e zu dem chemischen Potential μ des neutralen Metalls zusammenfaßbar sind, folgt aus den Gln. (VI.1.55) bis (VI.1.57)

$$j_{Me^+} = -\frac{\sigma_{Me^+} \sigma_e}{z_{Me^+}^2 F^2 (\sigma_{Me^+} + \sigma_e)} \frac{\partial \mu_{Me}}{\partial x}. \tag{VI.1.58}$$

In dem betrachteten Sonderfall $\sigma_e \gg \sigma_{Me^+}$ gilt einfacher

$$j_{Me} = -\frac{1}{z_{Me^+}^2 F^2} \sigma_{Me^+} \frac{\partial \mu_{Me}}{\partial x} \tag{VI.1.59}$$

oder unter Verwendung des Zusammenhangs

$$\mu = \mu^0 + RT \ln a$$

und der Relation (VI.1.37):

$$j_{Me} = -c_{Me} D_{K,Me} \frac{\partial \ln a_{Me}}{\partial x} \tag{VI.1.60}$$

bzw.

$$j_{Me} = -D_{K,Me} \frac{\partial \ln a_{Me}}{\partial \ln c_{Me}} \frac{\partial c_{Me}}{\partial x}. \tag{VI.1.61}$$

Der Vergleich mit Gl. (VI.1.54) liefert dann die Beziehung

$$\tilde{D}_{Me} = D_{K,Me} \frac{\partial \ln a_{Me}}{\partial \ln c_{Me}} \tag{VI.1.62}$$

zwischen dem chemischen Diffusionskoeffizienten $\tilde{D}$ und dem Komponentendiffusionskoeffizienten D_K.

VI.2 Statistische Behandlung der Transportgrößen

Im vorangegangenen Abschnitt wurde die Bewegung von Teilchen durch phänomenologische Ansätze unter Benutzung phänomenologischer Koeffizienten, wie der Teilleitfähigkeit σ, der Beweglichkeit B_m und des Diffusionskoeffizienten D bzw. D_K behandelt. In diesem Abschnitt wollen wir die phänomenologischen Größen D_K, B_m, σ usw. mit mikroskopischen, d.h. atomistischen Größen in Beziehung setzen.

Im atomistischen Bild besteht die Bewegung von Teilchen in festen Stoffen — wir wollen uns in diesem Abschnitt im wesentlichen auf materielle Teilchen, d.h. Ionen oder Atome beschränken — aus Sprüngen von einem Gitter- bzw. Zwischengitterplatz zu einem anderen Platz des Gitters. Die mittlere Sprungweite sei r und die mittlere Sprungfrequenz v, wobei die Sprungfrequenz definiert ist als die Anzahl der Sprünge eines Teilchens pro Zeiteinheit ($v = n/t$). Für die atomistische Behandlung werden sich die Sprungweite r und die Sprungfrequenz v im Gleichgewicht als zwei sehr wichtige Größen erweisen. Hinzu kommt der sog. Korrelationsfaktor f, dessen mikroskopische Bedeutung weiter unten diskutiert wird. Um die phänomenologischen und atomistischen Größen miteinander in Beziehung setzen zu können, wollen wir auf verschiedene Weise das mittlere Verschiebungsquadrat eines Teilchens berechnen, und zwar der Einfachheit halber für den eindimensionalen Fall. Wir betrachten eine zylindrische Probe, die in der Mitte durchteilt wird, um in der Schnittfläche N_0 Traceratome anzubringen, und die anschließend wieder zusammengefügt wird. Dann wird der Stab zur Zeit $t=0$ auf die Versuchstemperatur erhitzt und die Traceratome diffundieren in beide als unendlich lang gedachte Probenhälften, in die positive und negative x-Richtung hinein. Der Diffusionskoeffizient, der diese Diffusion beschreibt, wird mit D_{Tr} bezeichnet, da das Experiment mit Traceratomen durchgeführt wird. Die Tracer-Diffusion ist — zumindest im Idealfall — stets „counter-diffusion", d.h. Gegeneinanderdiffusion von Tracer-Atomen (oder -Ionen) und den entsprechenden isotopen normalen Teilchen. Um die zeitliche und lokale Änderung der Konzentration an Traceratomen zu erfahren, ist das 2. Ficksche Gesetz,

$$\frac{\partial c_{Tr}}{\partial t} = D_{Tr} \frac{\partial c_{Tr}^2}{\partial x^2}, \qquad (VI.2.1)$$

mit folgenden Anfangsbedingungen

$$c_{Tr} = 0 \quad \text{für } |x| > 0, \ t = 0,$$
$$c_{Tr} = \infty \quad \text{für } x = 0, \ t = 0$$

Statistische Behandlung der Transportgrößen   95

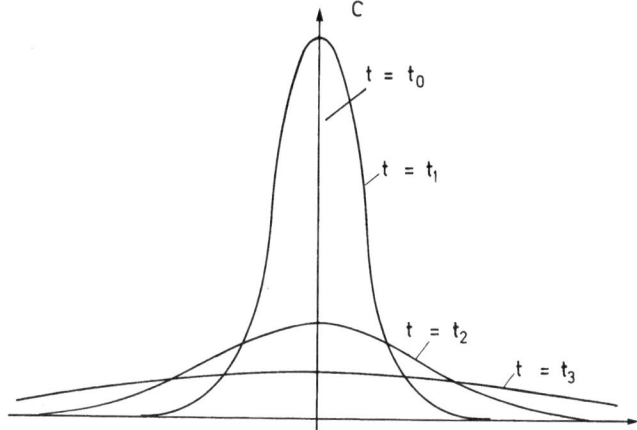

Abb. VI.2.1. Schematische Darstellung der Konzentration als Funktion der Orts-Koordinate x bei eindimensionaler Diffusion in die positive und negative x-Richtung für verschiedene Zeiten.

zu lösen. Die Lösung lautet unter der Voraussetzung, daß beide Probenhälften unendlich lang sind, [VI.2.1]

$$c_{\text{Tr}}(x, t) = \frac{N_0}{(4\pi D_{\text{Tr}} t)^{\frac{1}{2}}} \exp\left(-\frac{x^2}{4 D_{\text{Tr}} t}\right). \tag{VI.2.2}$$

Das Konzentrationsprofil ist für verschiedene Zeiten als Funktion von x schematisch in Abb. VI.2.1 dargestellt. Es wird nun angenommen, daß das räumliche und zeitliche Nebeneinander aller Traceratome zum gleichen Ergebnis führt wie das zeitliche Hintereinander der Diffusion jedes einzelnen Teilchens vom Punkt $x=0$ in die Probe hinein. Das Ergebnis des Diffusionsexperimentes und die Lösung von Gl. (VI.2.1) geben uns dann eine Aussage über die Wahrscheinlichkeit $w(x, t)$, daß sich ein Teilchen nach der Zeit t in der Längeneinheit am Orte x befindet. Diese Wahrscheinlichkeit $w(x, t)$ ist mit der Konzentration $c(x, t)$ und der Gesamtzahl N_0 der im Experiment benutzten Tracer verbunden durch

$$w(x, t) = \frac{1}{N_0} c(x, t), \tag{VI.2.3}$$

da wir durch Multiplikation von $w(x, t)$ mit N_0 das Ergebnis des Diffusionsexperimentes mit gleichzeitig N_0 Teilchen erhalten müssen. Einsetzen von Gl. (VI.2.3) in (VI.2.2) ergibt

$$w(x, t) = (4\pi D_{\text{Tr}} t)^{-\frac{1}{2}} \exp\left(-\frac{x^2}{4 D_{\text{Tr}} t}\right). \tag{VI.2.4}$$

Aus der Definition für das mittlere Verschiebungsquadrat $\overline{X^2}(t)$,

$$\overline{X^2}(t) = \int_{-\infty}^{+\infty} x^2\, w(x,t)\, dx, \tag{VI.2.5}$$

ergibt sich durch Einsetzen von Gl. (VI.2.4)

$$\overline{X^2}(t) = \int_{-\infty}^{+\infty} \frac{x^2}{(4\pi D_{Tr} t)^{\frac{1}{2}}} \exp\left(-\frac{x^2}{4 D_{Tr} t}\right) dx. \tag{VI.2.6}$$

Die Lösung dieses Integrals ergibt (s. z. B. [VI.2.2])

$$\overline{X^2}(t) = 2 D_{Tr} t \tag{VI.2.7}$$

für das mittlere Verschiebungsquadrat $\overline{X^2}(t)$ im eindimensionalen Fall. Im dreidimensionalen Fall liefert eine analoge Rechnung für das mittlere Verschiebungsquadrat $\overline{\mathbf{R}^2}(t)$

$$\overline{\mathbf{R}^2}(t) = 6 D_{Tr} t. \tag{VI.2.8}$$

Andererseits kann das mittlere Verschiebungsquadrat aus den einzelnen Sprüngen während der Zeit t berechnet werden. Die Sprungweite und -richtung für den i-ten Sprung sei durch $\mathbf{r}_i$ dargestellt. Nach der Zeit t, in der das Teilchen n Sprünge ausgeführt hat, sei es insgesamt um den Vektor $\mathbf{R}$ verschoben (s. Abb. VI.2.2).

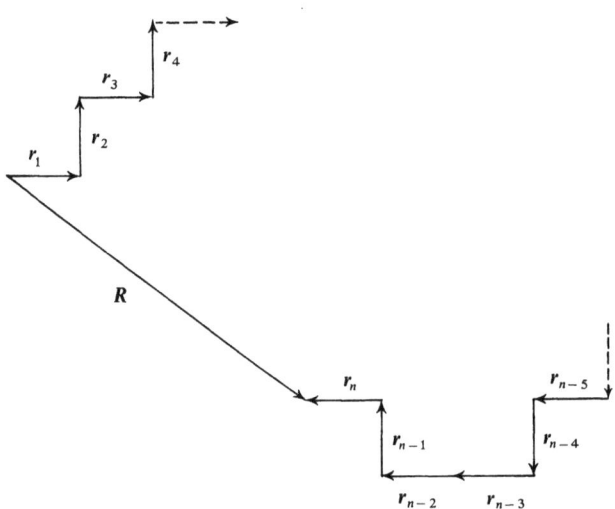

Abb. VI.2.2. Verschiebungsvektor $\mathbf{R}$ für die Verschiebung eines diffundierenden Teilchens nach n Diffusionssprüngen mit dem einzelnen Sprungvektor $\mathbf{r}_i$.

Statistische Behandlung der Transportgrößen

Für diesen Verschiebungsvektor **R** gilt

$$\mathbf{R} = \mathbf{r}_1 + \mathbf{r}_2 + \cdots + \mathbf{r}_n$$
$$= \sum_{i=1}^{n} \mathbf{r}_i. \qquad (VI.2.9)$$

Aus **R** kann man das Verschiebungsquadrat $\mathbf{R}^2(t)$ berechnen:

$$\mathbf{R}^2(t) = R^2(t) = (\mathbf{r}_1 + \mathbf{r}_2 + \cdots + \mathbf{r}_n)^2$$
$$= \left(\sum_{i=1}^{n} \mathbf{r}_i \right)^2 \qquad (VI.2.10)$$

oder explizit

$$\mathbf{R}^2(t) = \mathbf{r}_1 \cdot \mathbf{r}_1 + \mathbf{r}_1 \cdot \mathbf{r}_2 + \cdots + \mathbf{r}_1 \cdot \mathbf{r}_n$$
$$\mathbf{r}_2 \cdot \mathbf{r}_1 + \mathbf{r}_2 \cdot \mathbf{r}_2 + \cdots + \mathbf{r}_2 \cdot \mathbf{r}_n$$
$$\vdots$$
$$\mathbf{r}_n \cdot \mathbf{r}_1 + \mathbf{r}_n \cdot \mathbf{r}_2 + \cdots + \mathbf{r}_n \cdot \mathbf{r}_n \qquad (VI.2.11)$$
$$= \sum_{i=1}^{n} \sum_{j=1}^{n} \mathbf{r}_i \mathbf{r}_j.$$

Wird vorausgesetzt, daß alle Sprungweiten gleich sind ($|\mathbf{r}_i| = |\mathbf{r}_j|$), ergibt sich unter Benutzung der Formel

$$\mathbf{r}_i \cdot \mathbf{r}_j = r^2 \cos \alpha_{ij} \qquad (VI.2.12)$$

für das Skalarprodukt, wobei α_{ij} den Winkel zwischen $\mathbf{r}_i$ und $\mathbf{r}_j$ bedeutet, für das Verschiebungsquadrat:

$$\mathbf{R}^2(t) = n r^2 + 2 \sum_{i=j+1}^{n} \sum_{j=1}^{n-1} r^2 \cos \alpha_{ij}. \qquad (VI.2.13)$$

In Gl. (VI.2.13) sind die Diagonalterme, d.h., die Produkte gleicher Sprungvektoren in der Matrix, die alle Einzelprodukte enthält, als Term $n r^2$ herausgezogen, da für den gleichen Sprung $\cos \alpha = 1$ ist. Um das mittlere Verschiebungsquadrat $\overline{\mathbf{R}^2}(t) = \overline{R^2}(t)$ zu berechnen, machen wir von der Tatsache Gebrauch, daß der Mittelwert einer Summe gleich der Summe der Mittelwerte der Summanden ist. Damit ergibt sich aus Gl. (VI.2.13)

$$\overline{\mathbf{R}^2}(t) = \overline{R^2}(t) = n r^2 + 2 \sum_{i=j+1}^{n} \sum_{j=1}^{n-1} r^2 \, \overline{\cos \alpha_{ij}}. \qquad (VI.2.14)$$

Sind die Sprungrichtungen verschiedener, z.B. aufeinanderfolgender, Sprünge voneinander unabhängig, so ist α_{ij} über alle Winkel gleichermaßen verteilt und es gilt

$$\overline{\cos \alpha_{ij}} = 0. \qquad (VI.2.15)$$

Aus Gl. (VI.2.15) und (VI.2.14) folgt dann

$$\overline{\mathbf{R}^2}(t) = \overline{R^2}(t) = n\,r^2. \qquad (VI.2.16)$$

Gl. (VI.2.16) gilt ausdrücklich nur für den Fall, daß die Sprungrichtungen verschiedener Sprünge nicht miteinander in Beziehung stehen, d.h. keine Korrelation zwischen Sprungrichtungen verschiedener, insbesondere aufeinanderfolgender Sprünge besteht. Unter dieser Bedingung ist das Verschiebungsquadrat gleich dem Produkt aus der Anzahl der Sprünge und dem Quadrat der Sprungweite eines Einzelsprunges.

Wenn die Richtungen aufeinanderfolgender Sprünge miteinander in Beziehung stehen, d.h., wenn eine Korrelation zwischen den Richtungen verschiedener Sprünge eines Teilchens besteht, gilt

$$\overline{\cos\alpha_{ij}} \ne 0. \qquad (VI.2.17)$$

In diesem Fall wird ein Korrekturfaktor, der sog. Korrelationsfaktor f in Gl. (VI.2.16) eingeführt, da der zweite Term in Gl. (VI.2.14) nicht mehr gleich Null ist. Es gilt nun

$$\overline{\mathbf{R}^2}(t) = \overline{R^2}(t) = f\,n\,r^2. \qquad (VI.2.18)$$

Der Korrelationsfaktor hängt von der geometrischen Anordnung der Teilchen im Gitter und vom Diffusionsmechanismus ab, vgl. [VI.2.3]. Es gilt z.B. für den Leerstellenmechanismus im einfach kubischen Gitter $f=0,65$, im NaCl-Gitter $f=0,78$, im CsCl-Gitter $f=0,72$, für den Zwischengittermechanismus $f=1$ und für den indirekten Zwischengittermechanismus (interstitialcy mechanism) für kollineare Sprünge $f=0,67$.

Beim Leerstellenmechanismus erfolgt eine Bewegung von Atomen durch den Kristall, indem Gitteratome auf benachbarte unbesetzte Gitterplätze springen und von dort aus auf einen weiteren Platz, wenn sich wieder eine Leerstelle in der Umgebung befindet (s. Abb. VI.2.3 a). Beim Zwischen-

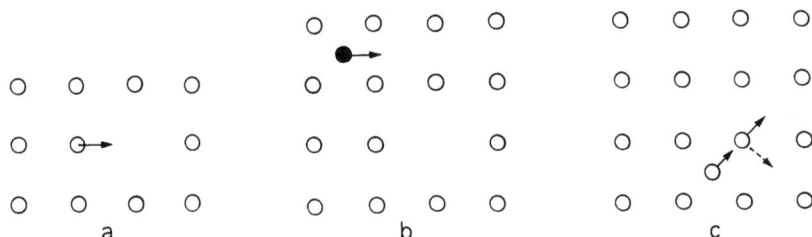

Abb. VI.2.3. Platzwechselmechanismen für die Diffusion in festen Kristallen a) Leerstellenmechanismus. b) Zwischengittermechanismus. c) Indirekter Zwischengittermechanismus (Interstitialcy-Mechanismus).

gitterplatzmechanismus springen im Zwischengitter befindliche Teilchen direkt von einem Zwischengitterplatz zu einem anderen (s. Abb. VI.2.3 b). Dieser Mechanismus tritt insbesondere für Atome oder Ionen auf, die klein sind im Vergleich zu den Gitterteilchen. Wenn ein Interstitialcy-Mechanismus vorliegt, verdrängt ein Zwischengitterteilchen ein normales Gitterteilchen ins Zwischengitter und besetzt selbst den Gitterplatz (s. Abb. VI.2.3 c). Das neue Zwischengitterteilchen verfährt in der gleichen Weise weiter. Dieser Mechanismus liegt insbesondere vor, wenn Gitter- und Zwischengitterteilchen von annähernd gleicher Größe sind.

Daß bei Vorliegen des Leerstellenmechanismus die Sprungrichtungen verschiedener Sprünge eines Teilchens miteinander korreliert sind, läßt sich qualitativ sehr einfach zeigen. Wenn ein Teilchen einen Sprung durchgeführt hat, hat die Leerstelle einen solchen in entgegengesetzter Richtung gemacht und befindet sich nun an der Stelle, wo sich das Teilchen vorher befand. Da der vorher vom Teilchen besetzte Platz nun leer ist, besteht eine bevorzugte Tendenz für das betrachtete Teilchen, auf diesen alten Platz wieder zurückzuspringen. Daraus ergibt sich eine Korrelation für die Richtungen aufeinanderfolgender Sprünge und damit auch für die Richtungen aller weiteren Sprünge. Die Bestimmung von Korrelationsfaktoren hat eine große Bedeutung bei der Aufklärung von Diffusionsmechanismen erlangt.

Wenn wir nun den Tracerdiffusionskoeffizienten auf atomistische Größen zurückführen wollen, müssen wir Gl. (VI.2.8) und Gl. (VI.2.18), die beide Ausdrücke für das mittlere Verschiebungsquadrat enthalten, miteinander vergleichen. Dies ergibt

$$D_{Tr} = \frac{1}{6} f \frac{n}{t} r^2 \qquad (VI.2.19)$$

bzw. mit der Sprungfrequenz $v = n/t$

$$D_{Tr} = \tfrac{1}{6} f v r^2. \qquad (VI.2.20)$$

Gl. (VI.2.20) verknüpft den makroskopischen Tracerdiffusionskoeffizienten mit den mikroskopischen Größen Sprungweite r und Sprungfrequenz v sowie mit dem Korrelationsfaktor f. Dieser Korrelationsfaktor ist auch, wie hier im einzelnen nicht abgeleitet wird, in der Nernst-Einstein-Gleichung zu berücksichtigen, falls man die Nernst-Einstein-Gleichung mit D_{Tr} schreibt:

$$D_{Tr} = f B_m k T. \qquad (VI.2.21)$$

Vergleich von Gl. (VI.2.21) mit Gl. (VI.1.22) ergibt

$$D_{Tr} = D_K f \qquad (VI.2.22)$$

und Vergleich von Gl. (VI.2.22) mit Gl. (VI.2.20) liefert für den Komponentendiffusionskoeffizienten D_K

$$D_K = \tfrac{1}{6} v r^2, \tag{VI.2.23}$$

d.h., der Komponentendiffusionskoeffizient D_K ist in noch einfacherer Weise ohne Korrelationsfaktor mit der Sprungfrequenz v und dem Quadrat der Sprungweite des Einzelsprunges r^2 verbunden. Unter Benutzung der Gl. (VI.2.20) und (VI.2.21) lassen sich auch die Beweglichkeiten und Teilleitfähigkeiten einzelner Teilchensorten aus der Sprungweite r und der Sprungfrequenz v im Gleichgewicht berechnen. Zur Absolutberechnung von Bewegungsgrößen, wie Teilleitfähigkeit und Diffusionskoeffizienten müßte man die Sprungweite eines Einzelsprunges und die Sprungfrequenz im thermodynamischen Gleichgewicht berechnen. Die Sprungweite r ergibt sich aus geometrischen Gittergrößen, die in bekannter Weise, z.B. über Röntgenmethoden, zugänglich sind. Für die Sprungfrequenz v scheinen heute noch keine Absolutberechnungen vorzuliegen. Im Prinzip kann man die Sprungfrequenz eines einzelnen Teilchens mit der Methode des Übergangszustandes berechnen; hierzu siehe eine ausführliche Darstellung von JOST [VI.2.4]. In eine solche Rechnung gehen die Aktivierungsenthalpie und Aktivierungsentropie für einen Sprung ein. Für die Aktivierungsenthalpie sind in einfachen Fällen Absolutberechnungen durchgeführt worden, die zu den experimentellen Ergebnissen passen (s. BARR und LIDIARD [VI.2.5]).

VI.3 Methoden zur Messung von Teilleitfähigkeiten

In Abschnitt VI.1 ist dargestellt, daß sich die Gesamtleitfähigkeit σ eines festen Stoffes mit gemischter Ionen- und Elektronenleitung additiv aus den Teilleitfähigkeiten σ_i aller in dem Stoff enthaltenen Teilchensorten i zusammensetzt:

$$\sigma = \sum_i \sigma_i. \tag{VI.3.1}$$

Experimentell liegt oft der Fall vor, daß eine Teilchensorte, die durch den Index 1 gekennzeichnet sein möge, eine viel höhere Teilleitfähigkeit hat als alle anderen; es gilt dann

$$\sigma \cong \sigma_1, \quad \text{falls } \sigma_1 \gg \sigma_2, \sigma_3 \ldots, \tag{VI.3.2}$$

d.h., die Überführungszahl der Teilchensorte 1 ist praktisch gleich eins,

$$t_1 = \frac{\sigma_1}{\sigma} \cong 1, \quad \text{falls } \sigma_1 \gg \sigma_2, \sigma_3 \ldots, \tag{VI.3.3}$$

während alle anderen Überführungszahlen praktisch Null sind. In diesem Fall kann zur Bestimmung der Teilleitfähigkeit σ_1 einfach die Gesamtleitfähigkeit σ gemessen werden. Hierzu führt man bei mittleren Leitfähigkeiten Wechselstrommessungen an Einkristallen oder zu Tabletten gepreßten Polykristallen durch, wobei man z.B. Platinzuleitungen als Elektroden verwenden kann. Die Wechselstrommessungen werden entweder in einer Wheatstoneschen Brückenschaltung durchgeführt oder man mißt bei vorgegebener Stromstärke den Spannungsabfall und kann hieraus den Widerstand und die spezifische Leitfähigkeit bestimmen.

Bei sehr großen oder sehr kleinen Widerständen ist es oft sinnvoller, Gleichstrommessungen durchzuführen und Sonden zum Spannungsabgriff zu verwenden, um Übergangswiderstände an den Elektroden und dort entstehende Polarisationserscheinungen aus den Messungen auszuschalten. Bei den Gleichstrommessungen ist darauf zu achten, daß die Elektroden die Teilchensorte – z.B. Elektronen oder Ionen – mit der Probe austauschen können, die für die Gesamtleitfähigkeit verantwortlich sind. Werden Elektroden benutzt, die eine oder mehrere Teilchensorten nicht austauschen können, so wird bei Gleichstrommessungen deren Beitrag zum Stromtransport und zur Gesamtleitfähigkeit unterdrückt. Hierdurch sind früher gelegentlich Irrtümer und Fehlmessungen entstanden. Heute benutzt man diese Tatsache, um mit Hilfe der weiter unten dargestellten „Polarisationsmessungen" kleine Beiträge einer oder mehrerer Teilchensorten zur Gesamtleitfähigkeit, d.h. kleine Überführungszahlen, zu messen.

Zur Messung von Teilleitfähigkeiten bzw. Überführungszahlen, z.B. bei Mischhalbleitern mit überwiegender Ionenleitung der Teilleitfähigkeit der Elektronen und umgekehrt, erweisen sich folgende drei Methoden als besonders geeignet:

a) Überführungsmessungen
b) EMK-Messungen an galvanischen Ketten
c) Polarisationsmessungen an galvanischen Ketten.

Diese drei Methoden werden im folgenden besprochen. Es ist bei allen Messungen darauf zu achten, daß die Teilleitfähigkeit σ_i bei Verbindungen von äußeren Parametern, z.B. den chemischen Potentialen der Komponenten abhängen. Das gilt auch für die vorher besprochenen Messungen der Gesamtleitfähigkeit. Darum ist es z.B. bei binären Oxiden nur dann sinnvoll, eine Leitfähigkeit zu messen, wenn der Sauerstoffpartialdruck, mit dem das Oxid im Gleichgewicht steht, definiert ist.

Lediglich bei Verbindungen mit struktureller Fehlordnung oder sehr hoher Dotierung ist die Ionenleitfähigkeit praktisch unabhängig von kleinen Änderungen der Stöchiometrie. Das trifft für viele wichtige Festelektrolyte zu, deren Ionenleitfähigkeiten in Abb. VI.3.1 dargestellt sind.

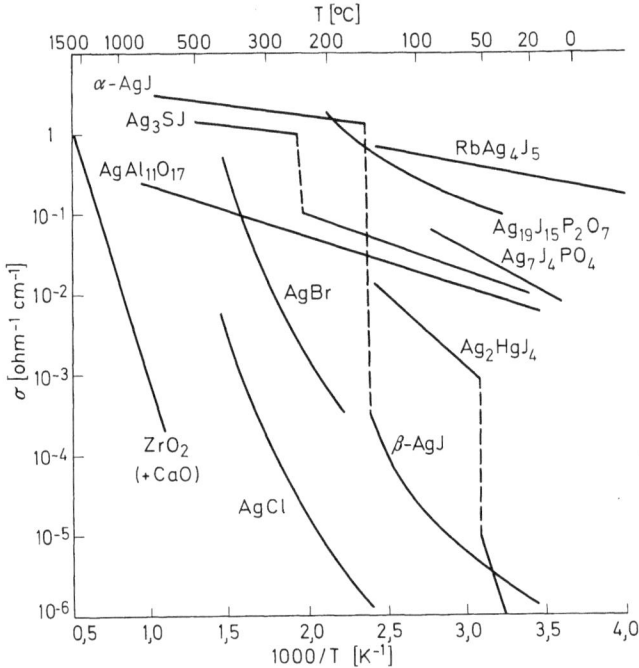

Abb. VI.3.1. Leitfähigkeiten einiger wichtiger Festelektrolyte als Funktion der Temperatur.

VI.3.1 Überführungsmessungen. Bei dieser Methode wird ein elektrischer Strom durch den zu untersuchenden festen Stoff, z.B. einen Festelektrolyten, geschickt und die dabei transportierte Substanzmenge mit der geflossenen Ladung verglichen.

Überführungsmessungen zur Ermittlung der Ionen- und Elektronenteilleitfähigkeit eines festen Stoffes wurden bereits im vorigen Jahrhundert durchgeführt. WARBURG [VI.3.1] und TEGETMEIER [VI.3.2], HABER und TOLLOCZKO [VI.3.3] sowie BRUNI und SCARPA [VI.3.4] konnten das Faradaysche Gesetz an festen Stoffen bestätigen und damit für die von ihnen untersuchten Stoffe reine Ionenleitung nachweisen. Ausgedehnte Untersuchungen über das Leitfähigkeitsverhalten fester Stoffe allgemein wurden dann um 1930 von TUBANDT u. Mitarb. [VI.3.5] durchgeführt. Bei diesen Arbeiten wurde die Überführungszahl, das Verhältnis von Teilleitfähigkeit zur Gesamtleitfähigkeit, aus Gewichtsveränderungen der aus einzelnen Tabletten aufgebauten Kette bestimmt. Das sei am Beispiel von Silberjodid erläutert, dessen Leitfähigkeitsverhalten (oberhalb 149 °C) von TUBANDT untersucht wurde. Dabei wurde die folgende aus fünf Tabletten bestehende Kette benutzt:

$$+ \quad Ag \quad | \quad AgJ \quad | \quad AgJ \quad | \quad AgJ \quad | \quad Ag \quad - \qquad (VI.3.I)$$

Δm bei 10^{-3} F -108 mg $\quad 0 \quad\quad 0 \quad\quad +108$ mg

$$\xleftarrow{e^-} \quad \xrightarrow{Ag^+} \quad \xleftarrow{e^-}$$

$$Ag = Ag^+(\rightarrow) + e^-(\leftarrow) \qquad Ag^+(\rightarrow) + e^-(\leftarrow) = Ag$$

Die zwei Silbertabletten bildeten die Elektroden, der zu untersuchende Elektrolyt war hier in drei Tabletten unterteilt. Nach einem Ladungsfluß von 10^{-3} Faraday durch die Kette wurden die angegebenen Gewichtsänderungen Δm festgestellt, wobei die rechte Silberelektrode mit der angrenzenden AgJ-Tablette zusammengewachsen war. Als Deutung der Messung ergab sich die Überführungszahl der Silberionen $t_{Ag^+} = 1$, während die Überführungszahlen der Jodionen und Elektronen sehr viel kleiner als eins sind.

Voraussetzung bei derartigen Messungen ist, daß die Elektroden der galvanischen Kette den Fluß von Ionen und Elektronen erlauben. Nichtbeachtung dieser Voraussetzung hat, wie bereits erwähnt, gelegentlich zu Fehlinterpretationen geführt.

Das Ergebnis der mit der Kette (VI.3.I) durchgeführten Messungen gilt zunächst nur für Silberjodid im Gleichgewicht mit Silber, denn dadurch, daß auf beiden Seiten Silbertabletten an das Silberjodid gepreßt sind, setzt sich notwendigerweise das Silberjodid mit Silber ins Gleichgewicht. Tatsächlich ergab sich bei Silberjodid im Gleichgewicht mit Joddampf merkliche Elektronenleitung [VI.3.6], die durch Defektelektronenleitung zustande kommt.

VI.3.2 Messung von Überführungszahlen durch EMK-Messungen an galvanischen Ketten. Bei dieser Methode wird der zu untersuchende Festleiter als Elektrolyt in einer galvanischen Kette benutzt. Ist der Elektrolyt ein *reiner Ionenleiter*, so gilt für die EMK E der Kette (s. Kapitel VII)

$$\Delta G = -nFE. \qquad (VI.3.4)$$

Hierbei bedeuten ΔG die Gibbssche Reaktionsenergie der Zellreaktion, F die Faradaykonstante und n gibt an, wieviel Faraday durch die Kette fließen müssen, damit ein Formelumsatz in Molen der Zellreaktion abläuft. Wir betrachten hier im wesentlichen binäre Elektrolyte, die auch dotiert sein können. Bei ternären Elektrolyten sind Ausnahmen möglich. Liegt zusätzlich zur Ionenleitung eine Elektronenleitung im Festelektrolyten vor, so ist die Zellspannung absolut kleiner als die aus Gl. (VI.3.4) folgende. Aus dieser Verringerung der Zellspannung, die

WAGNER [VI.3.7] zuerst allgemein errechnet hat, kann man bereits unter gewissen Umständen Aussagen über die Überführungszahl der Ionen erhalten. Im folgenden soll die Methode am Beispiel eines sauerstoffionenleitenden Festelektrolyten diskutiert werden, der zusätzlich eine gewisse Elektronenleitung besitzt. Zu beachten ist hierbei immer, daß die Elektronenteilleitfähigkeit im allgemeinen eine Funktion des Sauerstoffpartialdruckes bzw. des chemischen Potentials des Sauerstoffs ist.

Wird mit Hilfe eines solchen Sauerstoffionenleiters als Festelektrolyt eine galvanische Kette mit verschiedenen Sauerstoffdrücken bzw. verschiedenen chemischen Potentialen des Sauerstoffs μ'_{O_2} und μ''_{O_2} auf beiden Seiten des Festelektrolyten aufgebaut, so ergibt sich, wie im folgenden explizit abgeleitet wird, für die EMK E die Beziehung

$$E = \frac{1}{4F} \int_{\mu'_{O_2}}^{\mu''_{O_2}} t_{\text{ion}} \, d\mu_{O_2}, \tag{VI.3.5}$$

wobei F die Faradaykonstante und t_{ion} die Überführungszahl der Ionen, die als Funktion des chemischen Potentials μ_{O_2} des Sauerstoffs im Festelektrolyten anzusehen ist, bedeuten. Aus Gl. (VI.3.4) ergibt sich bei reiner Ionenleitung ($t_{\text{ion}} = 1$) unter Beachtung von $\mu_{O_2} = \mu^0_{O_2} + RT \ln p_{O_2}$

$$E = \frac{RT}{4F} \ln \frac{p''_{O_2}}{p'_{O_2}}, \quad \text{falls } t_{\text{ion}} = 1. \tag{VI.3.6}$$

R bedeutet die Gaskonstante, T die absolute Temperatur, p''_{O_2} und p'_{O_2} sind die Sauerstoffpartialdrücke auf beiden Seiten des Festelektrolyten.

Bei zusätzlicher Elektronenleitung des Festelektrolyten fließt auch bei offenem Stromkreis Sauerstoff in Form von Ionen und Elektronen von der Elektrode mit höherem Sauerstoffpartialdruck zu der mit niedrigem durch den Elektrolyten. Für jede elektrische Teilstromdichte i_k der Teilchensorte k gilt:

$$i_k = -\frac{\sigma_k}{z_k F} \frac{d\eta_k}{dx} \tag{VI.3.7}$$

mit $\sigma_k = c_k z_k u_k F$. z_k ist die Wertigkeit der Teilchensorte k und η_k ist deren elektrochemisches Potential, das man aus dem chemischen Potential μ_k und dem elektrischen Potential φ zusammensetzen kann:

$$\eta_k = \mu_k + z_k F \varphi. \tag{VI.3.8}$$

Bei offenem Stromkreis sind aus Gründen der Elektroneutralität die Teilströme der Sauerstoffionen $i_{O^{--}}$ und der Elektronen i_{e^-} absolut gleich groß, wenn die Beweglichkeit der Metallionen vernachlässigbar

Methoden zur Messung von Teilleitfähigkeiten 105

klein ist:
$$i_{O^{--}} = -i_{e^-}. \qquad (VI.3.9)$$

Hieraus folgt mit Gl. (VI.3.7)

$$\frac{1}{2}\sigma_{O^{--}}\frac{d\eta_{O^{--}}}{dx} = -\sigma_{e^-}\frac{d\eta_{e^-}}{dx} \qquad (VI.3.10)$$

bzw.

$$\frac{1}{2}d\eta_{O^{--}} = -\frac{\sigma_{e^-}}{\sigma_{O^{--}}}d\eta_{e^-}. \qquad (VI.3.11)$$

Da sich das chemische Potential des Sauerstoffs aus den elektrochemischen Potentialen der Sauerstoffionen und der Elektronen zusammensetzen läßt, wodurch in differentieller Form

$$2d\eta_{O^{--}} - 4d\eta_{e^-} = d\mu_{O_2} \qquad (VI.3.12)$$

gilt, ergibt sich aus Gl. (VI.3.11) und (VI.3.12)

$$\frac{\sigma_{e^-} + \sigma_{O^{--}}}{\sigma_{O^{--}}}d\eta_{e^-} = -\frac{1}{4}d\mu_{O_2} \qquad (VI.3.13)$$

bzw.

$$d\eta_{e^-} = -\tfrac{1}{4}t_{O^{--}}d\mu_{O_2}. \qquad (VI.3.14)$$

Durch Integration über die Dicke des Elektrolyten folgt

$$\eta_e'' - \eta_e' = -\tfrac{1}{4}\int_{\mu_{O_2}'}^{\mu_{O_2}''}t_{O^{--}}d\mu_{O_2}. \qquad (VI.3.15)$$

Da die Differenz des elektrochemischen Potentials der Elektronen wiederum mit der meßbaren EMK durch die Gleichung

$$\eta_e'' - \eta_e' = -EF \qquad (VI.3.16)$$

zusammenhängt, ergibt sich aus Gl. (VI.3.15) und (VI.3.16)

$$E = \frac{1}{4F}\int_{\mu_{O_2}'}^{\mu_{O_2}''}t_{O^{--}}d\mu_{O_2}, \qquad (VI.3.17)$$

also die Beziehung (VI.3.5), die damit abgeleitet ist.

Ist $t_{ion} \neq 1$, so kann man im Prinzip rückwärts aus der gemessenen EMK E eine Aussage über t_{ion} erhalten. Diese Methode wurde von SCHMALZRIED [VI.3.8] auf dotiertes Zirkondioxid angewandt. Bei Benutzung von Gl. (VI.3.17) ist jedoch zu berücksichtigen, daß t_{ion} eine Funktion des chemischen Potentials des Sauerstoffs ist. Diese Abhängigkeit, die aus dem Fehlordnungsmodell folgt, muß in die Auswertung hineingesteckt werden. Ist das Fehlordnungsmodell nicht bekannt, so kann man die Überführungszahl für ein vorgegebenes chemisches Potential des Sauerstoffs erhalten, indem man die EMK E als Funktion des Sauerstoffpartialdruckes bzw. des chemischen Potentials des Sauerstoffs an der zweiten Elektrode mißt. Durch Differenzieren von Gl. (VI.3.17) nach der oberen Grenze erhält man (vgl. C. WAGNER [VI.3.9])

$$t_{O^{--}}(\mu''_{O_2}) = 4F \left[\frac{\partial E(\mu'_{O_2}, \mu''_{O_2})}{\partial \mu''_{O_2}} \right]_{\mu'_{O_2}}. \qquad \text{(VI.3.17a)}$$

Eine eindeutige Aussage erhält man immer dann, wenn $t_{ion} = 1$ im gesamten vorliegenden Bereich des chemischen Potentials ist, was für einen Elektrolyten in Zellen zur Bestimmung von ΔG-Werten gemäß Kapitel VII eine wesentliche Voraussetzung ist. In diesem Fall ist Gl. (VI.3.4) oder (VI.3.6) anwendbar, und man erhält bei experimenteller Bestätigung dieser Gleichung die Aussage, daß der Festelektrolyt in dem Druckbereich, der durch die Sauerstoffpartialdrücke der beiden gewählten Elektroden begrenzt ist, ein reiner Ionenleiter ist.

VI.3.3 Ermittlung von Teilleitfähigkeiten durch stationäre Polarisationsmessungen. Bei dieser Methode wird durch geeignete Wahl der Elektroden und entsprechende Polung der Ionen- oder Elektronenstrom unterdrückt. Wird z.B. bei einem überwiegenden Ionenleiter der Ionenstrom unterdrückt, so kann die im Verhältnis unter Umständen sehr viel geringere Elektronenteilleitfähigkeit direkt und genau gemessen werden. Diese Methode geht auf HEBB [VI.3.10] und C. WAGNER [VI.3.11] zurück.

Im folgenden werden drei wichtige Elektrodenkombinationen besprochen. Dabei werden im Zusammenhang mit der dritten Elektrodenkombination, die unter c) behandelt wird, Ergebnisse berichtet, die an Zirkondioxid und Thoriumdioxid gewonnen worden sind.

a) Mischhalbleiter zwischen zwei Ionenleitern. Dieser Fall soll am Beispiel der Messung der Ionenteilleitfähigkeit σ_{Ag^+} in Ag_2S besprochen werden. Hierzu ist folgende Kette brauchbar [VI.3.12]:

$$Ag \mid AgJ \mid Ag_2S \mid AgJ \mid Ag. \qquad \text{(VI.3.II)}$$

AgJ ist ein reiner Ionenleiter für Silberionen bei höheren Temperaturen. Bei Stromfluß durch die Kette fließt ein reiner Ionenstrom im Ag_2S, da der Strom der Elektronen durch die AgJ-Tabletten unterdrückt wird. Die bei Stromfluß anliegende Potentialdifferenz E ist ein Maß für die elektrochemische Potentialdifferenz $\eta'_{Ag^+} - \eta''_{Ag^+}$ der Silberionen. Um auftretende Polarisationserscheinungen, die an den stromzuführenden

Methoden zur Messung von Teilleitfähigkeiten 107

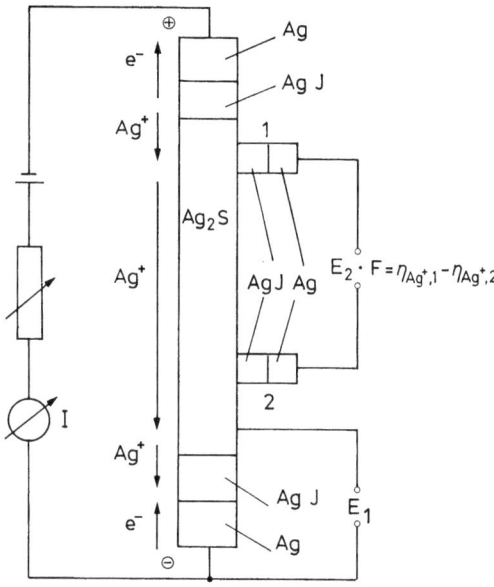

Abb. VI.3.2. Anordnung zur elektrochemischen Messung der Ionenteilleitfähigkeit in Ag_2S.

Elektroden auftreten könnten, zu eliminieren, werden, wie in Abb. VI.3.2 dargestellt, geeignete Sonden benutzt, um die Differenz des elektrochemischen Potentials der Silberionen in Ag_2S stromlos zu messen. Die Ag | AgJ-Sonden können nur Silberionen mit dem Ag_2S austauschen, und darum messen diese Sonden das elektrochemische Potential der Silberionen. Das elektrochemische Potential der Elektronen ist bei diesem Versuch in Ag_2S konstant, da die Elektronen zwar beweglich sind, aber nicht fließen. Durch eine elektrochemische Titration kann mit Hilfe der Kette

$$Ag_2S \mid AgJ \mid Ag \qquad \text{(VI.3.III)}$$

das chemische Potential bzw. die Stöchiometrie von Ag_2S verändert werden.

b) Mischhalbleiter zwischen zwei Elektronenleitern. Eine Messung dieser Art sei am Beispiel der Bestimmung der Elektronenteilleitfähigkeit in Ag_2S diskutiert, die von MIJATANI [VI.3.13] durchgeführt wurde. Hierzu eignet sich die in Abb. VI.3.3 dargestellte Kette, deren Kernstück die Kette

$$Pt \mid Ag_2S \mid Pt \qquad \text{(VI.3.IV)}$$

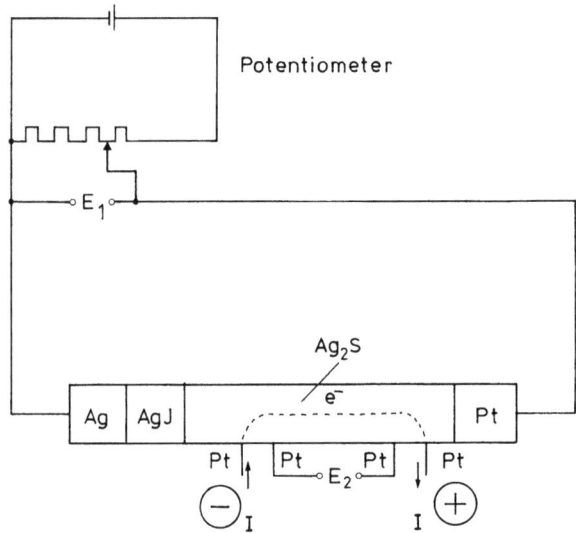

Abb. VI.3.3. Experimentelle Anordnung zur Messung der Elektronenteilleitfähigkeit von Ag_2S nach HEBB [VI.3.9] und MIJATANI [VI.3.13].

ist. Durch eine elektrochemische Titration (s. hierzu Abschnitt VIII.2) mit Hilfe der Kette

$$Ag \mid AgJ \mid Ag_2S \mid Pt \qquad (VI.3.V)$$

kann die Aktivität des Silbers in Ag_2S festgelegt bzw. variiert oder gemessen werden. Zur Messung der Elektronenteilleitfähigkeit dienen zwei Platindrähte als Stromzu- bzw. -abführungen und zwei Platindrähte als Potentialsonden. Platindrähte können nur Elektronen austauschen. Das gemessene elektrochemische Potentialgefälle der Elektronen in Ag_2S wird durch diese beiden Platinsonden gemessen.

c) Mischhalbleiter zwischen reversibler Elektrode und Elektronenleiter. Hier wird durch eine entsprechende Polung dafür gesorgt, daß bei Stromfluß durch den Mischhalbleiter im stationären Zustand nur Elektronen fließen. Die Stromzuführung erfolgt auf der einen Seite durch einen Elektronenleiter und auf der anderen durch eine „reversible" Elektrode, die sowohl Elektronen als auch Ionen austauschen kann. Wegen der gewählten Polung können aber die Ionen nicht in den Mischhalbleiter eintreten. Die reversible Elektrode bestimmt an der einen Seite der Probe das chemische Potential einer der Komponenten. An der anderen Seite der Probe ändern sich die chemischen Potentiale mit der an der Kette liegenden Spannung. Gemessen wird der fließende Strom als Funktion der Spannung. Eine Analyse der Strom-Spannungskurve ergibt die Elektronenteilleitfähigkeit als Funktion des chemischen Potentials einer Verbindungskomponente. Messungen dieser Art wurden z. B. an AgBr [VI.3.6] und an dotiertem Zirkondioxid und Thoriumdioxid [VI.3.14], [VI.3.15] durchgeführt. Die Methode wird am Beispiel der Messung der Elektronenteilleitfähigkeit als Funktion des Sauerstoffpartialdruckes in dotiertem Zirkon- und Thoriumdioxid diskutiert. Diese Oxide haben im Rahmen der Elektrochemie fester Stoffe eine wichtige Bedeutung, weil sie in weiten Bereichen des Sauerstoffpartialdruckes praktisch reine Leiter für Sauerstoffionen sind und darum in galvanischen Ketten als Festelektrolyte zu benutzen sind. Dotiertes Zirkondioxid zeigt bei sehr kleinen Sauerstoffpartialdrücken eine wesentliche Elektronenleitung, während dotiertes Thoriumdioxid bei höheren Sauerstoffpartialdrücken defektelektronenleitend ist. Grundelement der in Abb. VI.3.4 dargestellten Versuchsanordnung ist die galvanische Kette

$$p'_{O_2}, \text{Pt} \mid \text{untersuchter Festelektrolyt} \mid'' \text{Pt}, N_2. \qquad \text{(VI.3.VI)}$$

Die linke Elektrode besteht aus porösem Platin, das mit Sauerstoff eines bestimmten Partialdrucks p'_{O_2} umspült ist, z.B. mit Luft. Die rechte Elektrode besteht ebenfalls aus porösem Platin, das jedoch mit Stickstoff in Berührung steht. Die beiden Elektrodenräume sind, wie aus Abb. VI.3.4 und VI.3.5 hervorgeht, voneinander gasdicht getrennt. Wenn ein elektrischer Strom durch diese Kette fließt — mit dem negativen Pol auf der

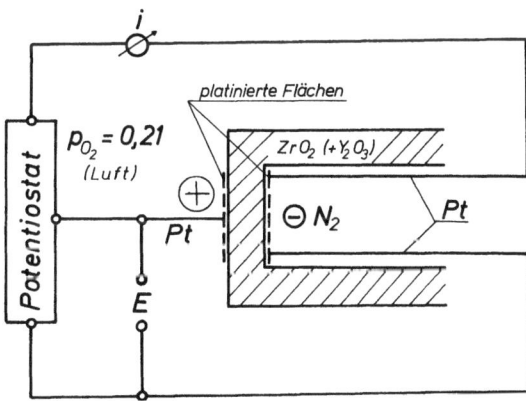

Abb. VI.3.4. Galvanische Festkörperkette zur Untersuchung der Teilleitfähigkeiten σ_e und σ_h der Elektronen e und Defektelektronen h und deren Beweglichkeiten in dotiertem ZrO_2.

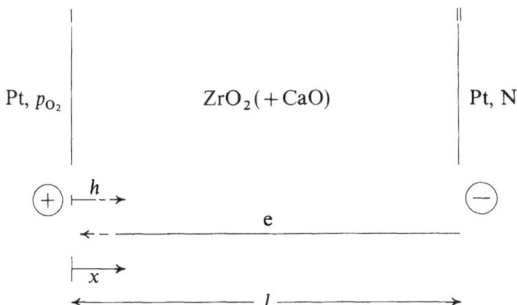

Abb. VI.3.5. Schematische Anordnung zur Messung der elektronischen Teilleitfähigkeit (Polarisationsmessung).

rechten Seite – können nur Elektronen durch die Kette fließen, aber keine Sauerstoffionen, da die Sauerstoffionen auf der Seite des Stickstoffs nicht nachgeliefert werden können. Die Stickstoffelektrode wird darum als blockierende Elektrode für Sauerstoffionen bezeichnet. Die Sauerstoffelektrode auf der linken Seite kann sowohl Elektronen austauschen als auch Sauerstoffionen. Durch diese Elektrode wird an der linken Seite des Elektrolyten ein bestimmter Sauerstoffpartialdruck eingestellt. Eine weitere Voraussetzung für das Fließen eines reinen Elektronenstroms ist noch die, daß die an die Kette angelegte Potentialdifferenz E kleiner als die Zersetzungsspannung des Elektrolyten ist. Da die Sauerstoffionen im Elektrolyten beweglich sind, jedoch nicht fließen, liegt kein Gradient des elektrochemischen Potentials $\eta_{O^{--}}$ der Sauerstoffionen im Elektrolyten vor:

$$\frac{d\eta_{O^{--}}}{dx} = 0. \tag{VI.3.18}$$

Der Abstand von der linken Elektrode wird mit x bezeichnet. Da der fließende Strom nur von Elektronen oder Defektelektronen getragen wird, d.h. rein elektronischer Natur ist, gilt für die Stromdichte i

$$i = i_e = \frac{\sigma_e}{F} \frac{d\eta_e}{dx}. \tag{VI.3.19}$$

Hierbei bedeutet σ_e die elektronische Teilleitfähigkeit, die sich zusammensetzt aus der Teilleitfähigkeit der quasifreien Elektronen σ_n und der der Defektelektronen σ_p. F ist die Faradaykonstante und η_e das elektrochemische Potential der Elektronen. Durch Integration über die Schichtdicke l des Festelektrolyten ergibt sich

$$i = \frac{1}{lF} \int_{\eta_e'}^{\eta_e''} \sigma_e \, d\eta_e. \tag{VI.3.20}$$

Methoden zur Messung von Teilleitfähigkeiten 111

Hierbei bedeuten η'_e und η''_e die elektrochemischen Potentiale der Elektronen an beiden Phasengrenzen des Festelektrolyten. Die Differenz der elektrochemischen Potentiale der Elektronen auf beiden Seiten des Festelektrolyten kann mit der Differenz des chemischen Potentials des Sauerstoffs auf folgende Weise in Zusammenhang gebracht werden:

$$\mu''_{O_2} - \mu'_{O_2} = 2(\eta''_{O^{--}} - \eta'_{O^{--}}) - 4(\eta''_e - \eta'_e). \qquad (\text{VI.3.21})$$

Wegen Gl. (VI.3.18) verschwindet der erste Term der rechten Seite von Gl. (VI.3.21) und die Differenz des elektrochemischen Potentials der Elektronen kann durch die Differenz des chemischen Potentials des Sauerstoffs ausgedrückt werden:

$$\mu''_{O_2} - \mu'_{O_2} = -4(\eta''_e - \eta'_e). \qquad (\text{VI.3.22})$$

Die gemessene elektrische Potentialdifferenz E zwischen den beiden Elektroden ist zunächst immer ein Maß für die Differenz des elektrochemischen Potentials der Elektronen. Daher gilt

$$-FE = \eta''_e - \eta'_e. \qquad (\text{VI.3.23})$$

Aus Gl. (VI.3.22) und (VI.3.23) folgt

$$\mu''_{O_2} - \mu'_{O_2} = 4FE, \qquad (\text{VI.3.24})$$

d.h., die Potentialdifferenz E ist bei stationären Polarisationsmessungen trotz anteiliger Elektronenteilleitfähigkeit im Elektrolyten ein Maß für die Differenz des chemischen Potentials des Sauerstoffs auf beiden Seiten des Elektrolyten wie bei einer stromlosen Kette mit reinem Ionenleiter. Da das chemische Potential des Sauerstoffs an der linken Elektrode vorgegeben wird, ist die angelegte Potentialdifferenz E somit ein Maß für das sich einstellende chemische Potential des Sauerstoffs an der rechten Elektrode der Kette (VI.3.VI). Aus den Gln. (VI.3.20) und (VI.3.22) folgt

$$i = -\frac{1}{4lF} \int_{\mu'_{O_2}}^{\mu''_{O_2}} \sigma_e \, d\mu_{O_2}. \qquad (\text{VI.3.25})$$

Die Teilleitfähigkeit der Elektronen σ_e ist hierbei eine Funktion des chemischen Potentials des Sauerstoffs. Durch Differentiation von Gl. (VI.3.25) nach μ''_{O_2} ergibt sich

$$\sigma_e(\mu_{O_2} = \mu''_{O_2}) = -4Fl \left(\frac{di}{d\mu''_{O_2}} \right) \qquad (\text{VI.3.26})$$

bzw. mit Gl. (VI.3.24)

$$\sigma_e(\mu_{O_2} = \mu''_{O_2}) = -l \left(\frac{di}{dE} \right). \qquad (\text{VI.3.27})$$

Gl. (VI.3.26) bzw. (VI.3.27) eignet sich bereits dazu, die elektronische Teilleitfähigkeit σ_e als Funktion des chemischen Potentials des Sauerstoffs zu ermitteln. Wenn Annahmen über die Fehlordnung der Ionen und Elektronen gemacht werden können, ist eine weitergehende Auswertung möglich. Das ist bei dotiertem Zirkondioxid und Thoriumdioxid der Fall. Ihre Fehlordnungen haben wir in Abschnitt III.1 diskutiert. Dabei ergab sich nach Gl. (III.1.9) und (III.1.10), daß die Teilleitfähigkeiten der Elektronen σ_n bzw. Defektelektronen σ_p proportional $p_{O_2}^{-\frac{1}{4}}$ bzw. $p_{O_2}^{\frac{1}{4}}$ sind, wobei p_{O_2} den Sauerstoffpartialdruck, der sich mit dem Oxid im Gleichgewicht befindet, bedeutet. Unter Berücksichtigung der Beziehung für das chemische Potential des Sauerstoffs, $\mu_{O_2} = \mu_{O_2}^0 + RT \ln p_{O_2}$, folgt für σ_n bzw. σ_p aus Gl. (VI.3.6)

$$\sigma_n = \sigma'_n \exp[-(\mu_{O_2} - \mu'_{O_2})/4RT] \qquad (VI.3.28)$$

bzw.

$$\sigma_p = \sigma'_p \exp[+(\mu_{O_2} - \mu'_{O_2})/4RT]. \qquad (VI.3.29)$$

Für die elektronische Teilleitfähigkeit gilt

$$\sigma_e = \sigma_n + \sigma_p. \qquad (VI.3.30)$$

Einsetzen von Gl. (VI.3.30) in Gl. (VI.3.25) ergibt unter Berücksichtigung der Gln. (VI.3.28), (VI.3.29) und (VI.3.24)

$$i_e = \frac{RT}{lF} \sigma'_n \left(\exp \frac{-EF}{RT} - 1 \right) + \sigma'_p \left(1 - \exp \frac{EF}{RT} \right). \qquad (VI.3.31)$$

Gl. (VI.3.31) enthält zwei Grenzfälle für negative E-Werte (E ist in der gewählten Anordnung immer negativ):

a) Unter der Annahme, daß an der linken Elektrode die Teilleitfähigkeit der Defektelektronen σ'_p größer als die der quasifreien Elektronen σ'_n ist, strebt der Strom zunächst einem Grenzwert

$$i_e \cong \frac{RT}{Fl} \sigma'_p \qquad (VI.3.32)$$

zu. Bei weiterem Ansteigen des Absolutwertes der angelegten Spannung überwiegt schließlich der Strom der quasifreien Elektronen und es gilt

$$i_e \cong \frac{RT}{Fl} \sigma'_n \exp\left(-\frac{EF}{RT} \right) \qquad (VI.3.33)$$

bzw.

$$\log i_e \cong \log \left(\frac{RT}{Fl} \sigma'_n \right) - \frac{EF}{RT}. \qquad (VI.3.34)$$

Gl. (VI.3.34) besagt, daß der Strom i bei 1000 °C schließlich um eine Größenordnung wächst, wenn E jeweils absolut um 252,5 mV größer wird.

Methoden zur Messung von Teilleitfähigkeiten 113

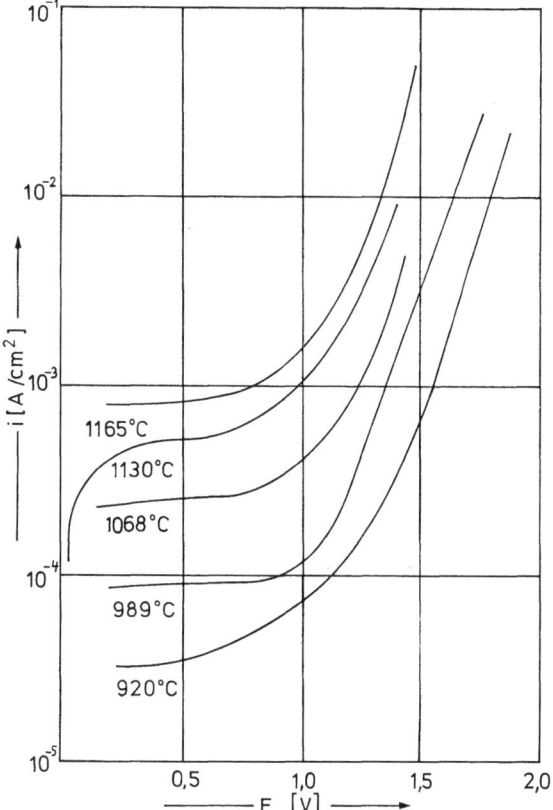

Abb. VI.3.6. Logarithmische Auftragung der elektronischen Gesamtstromdichte i als Funktion der angelegten Spannung E bei stationären Polarisationsmessungen für $Zr_{0,9}Y_{0,1}O_{1,95}$. Bezugselektrode ist atmosphärische Luft ($p_{O_2} = 0{,}21$ atm).

Die Gln. (VI.3.32) bzw. (VI.3.33) oder (VI.3.34) eignen sich zur Bestimmung von σ'_n bzw. σ'_p und dann auch mit Gl. (VI.3.28) und (VI.3.29) zur Bestimmung von σ_p und σ_n als Funktion des chemischen Potentials des Sauerstoffs μ_{O_2}. Abb. VI.3.6 zeigt die stationäre Stromdichte i für Messungen an Zirkondioxid (+10 Mol-% Y_2O_3) als Funktion der Potentialdifferenz E für verschiedene Temperaturen [VI.3.14]. Man erkennt ein Plateau zwischen etwa 250 mV und ungefähr 700 mV sowie ein exponentielles Ansteigen der Stromdichte bei größeren E-Werten in Übereinstimmung mit den theoretischen Überlegungen und der Gl. (VI.3.32) und (VI.3.33).

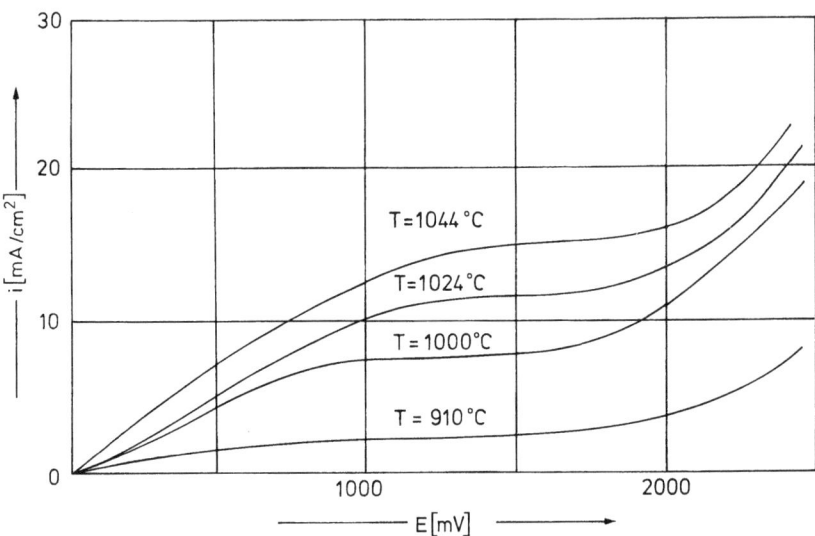

Abb. VI.3.7. Elektronische Gesamtstromdichte als Funktion der angelegten Spannung E für verschiedene Temperaturen bei stationären Polarisationsmessungen an $Th_{0,9}Y_{0,1}O_{1,95}$. Bezugselektrode: $p_{O_2} = 0{,}21$ atm.

Eine entsprechende Messung an mit Yttriumoxid dotiertem Thoriumdioxid zeigt Abb. VI.3.7. Die Plateaus liegen viel höher wegen der viel größeren Defektelektronenteilleitfähigkeit. Die sich aus den Messungen ergebenden Teilleitfähigkeiten als Funktion des Sauerstoffpartialdruckes sind für dotiertes ZrO_2 in Abb. VI.3.8 wiedergegeben.

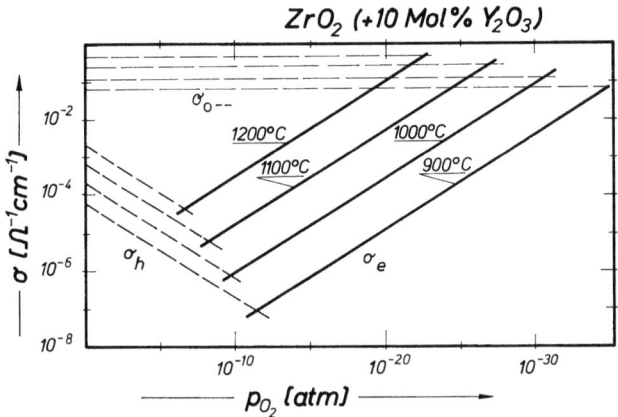

Abb. VI.3.8. Teilleitfähigkeiten in ZrO_2 (+10 Mol-% Y_2O_3) bei verschiedenen Temperaturen als Funktion des Sauerstoffpartialdrucks.

Durch Auswertung instationärer Messungen läßt sich neben der Teilleitfähigkeit auch noch der Diffusionskoeffizient und damit die elektrische Beweglichkeit der Elektronen und Defektelektronen ermitteln. Dann kann weiter aus der Beweglichkeit u_n der Elektronen mit Hilfe der Teilleitfähigkeit nach der Gleichung

$$\sigma_n = c_n \, e \, u_n \qquad \text{(VI.3.35)}$$

deren Konzentration c berechnet werden.

Literatur

VI.1.1 BARR, L.W., LIDIARD, A.B.: Physical Chemistry, Vol. X, Solid State (Hrsg. H. EYRING u.a.) S. 152. New York, London: Academic Press 1970.
DARKEN, L.S.: Trans. AIME, **175**, 184 (1948).
HAUFFE, K.: Reaktionen in und an festen Stoffen. Berlin-Heidelberg-New York Springer 1966.
JOST, W.: Diffusion in Solids, Liquids, Gases. London: Academic Press 1969.
LIDIARD, A.B.: Handbuch der Physik, Bd. 20 (Hrsg. S. FLÜGGE). Berlin-Göttingen-Heidelberg: Springer 1957.
MANNING, J.R.: Diffusion Kinetics for Atoms in Crystals. Princeton N.J. u.a.: van Nostrand 1968.
SHEWMON, P.G.: Diffusion in Solids. New York u.a.: McGraw-Hill 1963.

VI.1.2 FICK, A.: Pogg. Ann. **94**, 59 (1855).

VI.1.3 JOST, W.: Diffusion in Solids, Liquids, Gases. London: Academic Press 1969.

VI.1.4 CARSLAW, H.S., JAEGER, J.C.: Conduction of Heat in Solids. Oxford: Clarendon Press 1967.

VI.1.5 DÜNWALD, H., WAGNER, C.: Z. phys. Chem. **B24**, 53 (1934).

VI.1.6 CRANK, J.: The Mathematics of Diffusion. London, Oxford: University Press 1967.

VI.1.7 HAUFFE, K.: Reaktionen in und an festen Stoffen. Berlin-Heidelberg-New York: Springer 1966.

VI.1.8 EINSTEIN, A.: Ann. Physik (4) **17**, 549 (1905).
NERNST, W.: Z. Phys. Chem. **2**, 613 (1888).

VI.1.9 DARKEN, L.S.: Trans. AIME **175**, 184 (1948).

VI.1.10 BARDEEN, J., HERRING, C.: Atom Movements. S. 87. Cleveland: Am. Soc. for Metals 1951.
BARDEEN, J., HERRING, C.: Imperfection in Nearly Perfect Crystals. New York: Wiley 1952.
COMPAAN, K., HAVEN, Y.: Trans. Faraday Soc. **52**, 786 (1956), Trans. Faraday Soc. **54**, 1498 (1958).
LECLAIRE, A.D., LIDIARD, A.B.: Philos. Mag (8) **1**, 518 (1956).
LECLAIRE, A.D.: Physical Chemistry, Vol. X, Solid State (Hrsg. EYRING u.a.), S. 261. New York, London: Academic Press 1970.
MANNING, J.R.: Phys. Rev. **116**, 819 (1959).

VI.1.11 DEGROOT, S.R.: Thermodynamics of Irreversible Processes. Amsterdam: North-Holland Publ. Comp. 1951. Deutsche Übersetzung von H. STAUDE, Bibliographisches Institut Mannheim, 1960.

	DeGroot, S. R., Mazur, P.: Non-equilibrium Thermodynamics. Amsterdam: North-Holland Publ. Comp. 1962.
	Denbigh, K. G.: The thermodynamics of the steady state. London: Methuen 1951.
	Prigogine, I.: Etude thermodynamique des phénomènes irréversibles. Paris: Dunod 1947.
VI.1.12	Darken, L. S.: Trans. AIME **175**, 184 (1948).
VI.1.13	Wagner, C.: Atom Movements. Am. Soc. f. Metals, p. 153. Cleveland, Ohio, 1951.
VI.2.1	Carslaw, H. S., Jaeger, J. C.: Conduction of Heat in Solids. Oxford: University Press 1959.
	Shewmon, P. G.: Diffusion in Solids. New York u. a.: McGraw-Hill 1963.
VI.2.2	Bronstein, I. N., Semendjajew, K. A.: Taschenbuch der Mathematik. Zürich, Frankfurt/M.: Harri Deutsch 1969.
VI.2.3	Hauffe, K.: Reaktionen in und an festen Stoffen. Berlin-Heidelberg-New York: Springer 1966.
	Manning, J. R.: Diffusion Kinetics for Atoms in Crystals. Princeton: van Nostrand 1968.
	Shewmon, P. G.: Diffusion in Solids. New York u. a.: McGraw-Hill 1963.
VI.2.4	Jost, W.: Halbleiterprobleme II (Hrsg. W. Schottky). Braunschweig: Vieweg u. Sohn 1955.
VI.2.5	Barr, L. W., Lidiard, A. B.: Physical Chemistry, Vol. **10**, 152. New York: Academic Press 1970.
VI.3.1	Warburg, E.: Wiedemann. Ann. Physik **21**, 622 (1884).
VI.3.2	Warburg, E., Tegetmeier, F.: Wiedemann. Ann. Physik **32**, 455 (1888).
VI.3.3	Haber, F., Tolloczko, A.: Z. anorg. Chem. **41**, 407 (1904).
VI.3.4	Bruni, E., Scarpa, O.: Rend. reale accad. naz. Lincci **22**, 438 (1913).
VI.3.5	Tubandt, C., Lorenz, F.: Z. physik. Chem. **87**, 543 (1913).
	Tubandt, C., Eggert, S.: Z. anorg. u. allgem. Chem. **110**, 196 (1920).
	Tubandt, C., Reinhold, H.: Z. Elektrochem. **29**, 313 (1923).
	Tubandt, C.: Handbuch der Experimentalphysik, Bd. 12, Tl. 1 (Hrsg. W. Wien, F. Harms), S. 383. Leipzig: Akad. Verlagsges. 1932.
VI.3.6	Ilschner, B.: J. chem. Phys. **28**, 1109 (1958).
VI.3.7	Wagner, C.: Z. physik. Chem. **B21**, 42 (1933).
VI.3.8	Schmalzried, H.: Z. phys. Chem. N.F. **38**, 87 (1963).
VI.3.9	Wagner, C.: Adv. Electrochem. Eng., Vol. 4 (Hrsg. P. Delahay), S. 40. New York: Wiley 1966.
VI.3.10	Hebb, M.: J. chem. Phys. **20**, 185 (1952).
VI.3.11	Wagner, C.: Proc. of the 7th. meeting of the International Committee on Electrochemical Thermodynamics and Kinetics, S. 361 ff. Lindau 1955.
VI.3.12	Hebb, M.: J. Chem. Phys. **20**, 185 (1952).
	Rickert, H.: Z. physik. Chem. N.F. **23**, 355 (1960).
	Valverde, N.: Z. physik. Chem. N.F. **75**, 1 (1971).
VI.3.13	Mijatani, S.: J. Phys. Soc. Japan **10**, 786 (1955).
VI.3.14	Patterson, J. W., Bogren, E. C., Rapp, R. A.: J. Electrochem. Soc. **114**, 752 (1967).
VI.3.15	Burke, L. D., Rickert, H., Steiner, R.: Z. physik. Chem. N.F. **74**, 146 (1971).

VII Galvanische Ketten mit festen Elektrolyten für thermodynamische Untersuchungen und technische Anwendungen

Galvanische Ketten mit festen Elektrolyten bestehen – analog wie solche mit flüssigen Elektrolyten – aus mindestens zwei Elektroden mit dazwischengeschalteten Elektrolyten, die in diesem Fall Festionenleiter sind. In einem einfachen Fall werden die Elektroden und der Elektrolyt jeweils aus den pulverisierten chemischen Verbindungen zu Tabletten gepreßt, die aufeinandergedrückt werden und zwei Zuleitungen erhalten. Thermodynamische Untersuchungen an solchen galvanischen Ketten mit festen Elektrolyten dienen der Bestimmung von

a) Gibbsschen Reaktionsenergien,

b) chemischen Potentialen bzw. Aktivitäten oder Partialdrücken und

c) Reaktionsenthalpien und Reaktionsentropien, die über die Temperaturabhängigkeit erhalten werden.

Wir beschränken uns in diesem Abschnitt auf solche galvanischen Ketten, bei denen der feste Elektrolyt ein reiner Ionenleiter ist, d.h., die Elektronenleitung gegenüber der Ionenleitung vernachlässigbar klein ist.

Bei den galvanischen Ketten im Rahmen der Elektrochemie der flüssigen Phasen haben sich zwei Betrachtungsweisen bewährt:

a) die Helmholtzsche Betrachtungsweise, die von der gesamten bei der Zellreaktion einer galvanischen Kette umgesetzten Arbeit ausgeht,

b) die Nernstsche Betrachtungsweise, die Einzelelektrodenpotentiale behandelt und diese zur gesamten EMK der galvanischen Ketten zusammensetzt.

Auch bei der Behandlung von galvanischen Festkörperketten werden wir die beiden Betrachtungsweisen verwenden. Die Helmholtzsche Betrachtungsweise liefert auf sehr direktem Weg Informationen über die EMK einer Kette, gewährt jedoch wenig Einblick in das Zustandekommen der gemessenen EMK und der einzelnen physikalischen Vorgänge in der Kette. In diesem Sinne weitergehend ist die Nernstsche Betrachtung der elektrochemischen und elektrischen Potentiale, die wir bei der Behandlung der Messung von chemischen Potentialen zusätzlich diskutieren werden.

VII.1 Bestimmung von molaren Gibbsschen Reaktionsenergien

Im Sinne der Helmholtzschen Betrachtungsweise fragen wir nach der Zellreaktion einer galvanischen Kette, die bei Durchgang einer bestimmten Strommenge, z. B. n Faraday, abläuft. Die dabei von der galvanischen Kette geleistete elektrische Arbeit ist unter Vernachlässigung von Polarisationseffekten gleich nFE, wobei E die EMK der Kette bei offenem Stromkreis bedeutet. E wird entsprechend der Stockholmer Konvention [VII.1.1] positiv gezählt, wenn der rechte Pol der galvanischen Kette positiv ist. Der Stromdurchgang zählt dann positiv, wenn ein positiver elektrischer Strom von links nach rechts durch die Kette fließt.

n wird zweckmäßig so gewählt, daß die Zellreaktion gerade einem Formelumsatz in Molen entspricht. Praktisch wird jedoch nicht die elektrische Energie bei tatsächlichem Ablauf der Zellreaktion und Stromfluß gemessen — hierbei würden Polarisationserscheinungen kaum zu vermeiden sein — sondern es wird die EMK E bei offenem Stromkreis gemessen und diese mit nF multipliziert. Die elektrische Energie nFE ist gleich der negativen Gibbsschen Reaktionsenergie der Zellreaktion. Es gilt also

$$\Delta G = -nFE. \qquad (VII.1.1)$$

Die Zellreaktion und die Gibbssche Reaktionsenergie beziehen sich dabei auf die in der galvanischen Kette tatsächlich vorliegenden Reaktionspartner. Befinden sich diese alle im Standardzustand, so wird ΔG^0, also der Standardwert der Gibbsschen Reaktionsenergie gemessen.

Im folgenden werden einige Beispiele der Bestimmung thermodynamischer Daten mit galvanischen Festkörperketten angegeben.

a) Bestimmung der Gibbsschen Bildungsenergie ΔG_{AgCl} von Silberchlorid aus Silber und gasförmigem Chlor bei einer Temperatur von $T = 400\,°C$. Da festes AgCl ein praktisch reiner Ionenleiter für Ag^+-Ionen ist, solange der Chlorpartialdruck nicht zu hoch ist, kann man AgCl selbst als festen Elektrolyten in der Kette (VII.1.I) benutzen. Die senkrechten Striche bedeuten jeweils Phasengrenzen, die chemischen Symbole geben die Phasen an, die durch Hintereinanderschalten zu der galvanischen Kette vereinigt werden.

$$C \ | \ Ag \ | \ AgCl \ | \ Cl_2(g), C \qquad (VII.1.I)$$

$1F$: $\xleftarrow{e^-}$ $\xrightarrow{Ag^+}$ $\xleftarrow{e^-}$

$Ag =$ $\quad Ag^+$
$Ag^+(\rightarrow)$ $\quad +\tfrac{1}{2}Cl_2(g)$
$+ e^-(\leftarrow)$ $\quad + e^-(\leftarrow)$
$\quad\quad\quad\quad = AgCl$

Die Gesamtzellreaktion bei Stromfluß ergibt sich aus der Betrachtung der einzelnen Elektrodenreaktionen. Bei Durchgang von einem Faraday gehen an der linken Elektrode 1 Mol Silberionen ins AgCl über, während die entsprechenden Elektronen nach links wegfließen. An der rechten Seite reagieren die durch das AgCl ankommenden Silberionen mit gasförmigem Chlor und den durch den äußeren Stromkreis ankommenden Elektronen zu AgCl. Die Pfeile geben jeweils die Richtung an, aus der die reagierenden Teilchen heranfließen und nach der sie abwandern. Die Summation beider Teilreaktionen an den Elektroden ergibt die Gesamtzellreaktion

$$Ag + \tfrac{1}{2} Cl_2 = AgCl \ldots \Delta G_{AgCl}. \qquad (VII.1.2)$$

Die Gibbssche Bildungsenergie ΔG_{AgCl} ergibt sich aus der EMK E bei offenem Stromkreis zu

$$\Delta G_{AgCl} = -EF. \qquad (VII.1.3)$$

Mit dieser Zelle hat REINHOLD [VII.1.2] bereits 1928 den ΔG-Wert für die Bildung von AgCl bestimmt. Der experimentelle Aufbau ist in Abb. VII.1.1 dargestellt. Hierbei ist darauf zu achten, daß die Elektroden gasdicht voneinander getrennt sind, daß insbesondere kein Chlor direkt mit dem Silber reagieren kann. Die Kette (VII.1.I) hat einen besonders einfachen Aufbau, da das Reaktionsprodukt AgCl der Zellreaktion zugleich der Festelektrolyt ist.

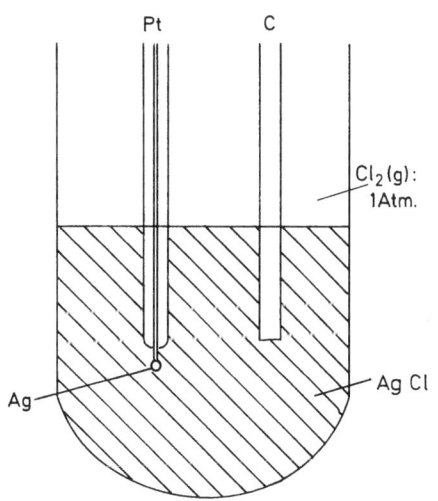

Abb. VII.1.1. Schematische Darstellung der experimentellen Anordnung der galvanischen Kette (VII.1.I) zur Messung von ΔG^0_{AgCl}.

Wenn das feste Reaktionsprodukt, wie hier AgCl, kein reiner Ionenleiter wäre, muß man einen ionenleitenden Hilfselektrolyten benutzen. Das ist z.B. der Fall, wenn man den ΔG^0-Wert von Ag_2S bestimmen will.

b) Bestimmung der Gibbsschen Bildungsenergie $\Delta G^0_{Ag_2S}$ von Silbersulfid im Temperaturbereich von 200–400 °C [VII.1.3].

Folgende Kette (VII.1.II) kann benutzt werden, in der AgJ ein praktisch reiner Ionenleiter für Silberionen ist:

$$\text{Pt} \mid \text{Ag} \mid \text{AgJ} \mid Ag_2S \mid S(l), \text{Pt} \qquad (\text{VII.1.II})$$

$2F$: $\xleftarrow{2e^-}$ $\xrightarrow{2Ag^+}$ $\xleftarrow{2e^-}$

$$\begin{array}{ll}
2Ag= & 2Ag^+ \\
2Ag^+ & +2e^-(\leftarrow) \\
+2e^-(\leftarrow) & +S(l) \\
& =Ag_2S
\end{array}$$

$$2Ag+S(l)=Ag_2S \ldots \Delta G^0_{Ag_2S} \qquad (\text{VII.1.4})$$

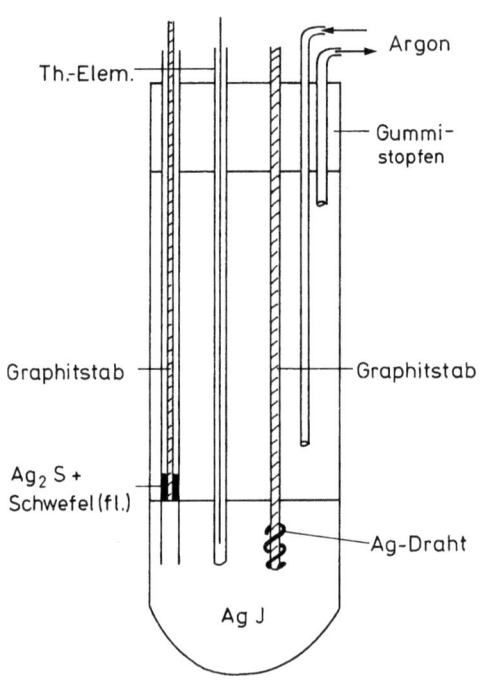

Abb. VII.1.2. Experimentelle Anordnung der galvanischen Kette (VII.1.II) zur Messung von $\Delta G^0_{Ag_2S}$.

Die Zellreaktion für einen Stromdurchgang von 2 Faraday ist die Bildung von einem Mol Ag$_2$S aus festem Silber und flüssigem Schwefel. Bei dem Aufbau der Kette ist darauf zu achten, daß das AgJ die beiden Elektroden gasdicht voneinander trennt. Ein praktischer Aufbau einer solchen Zelle (VII.1.II) ist in Abb. VII.1.2 dargestellt. Für die Gibbssche Bildungsenergie ergibt sich

$$\Delta G^0_{Ag_2S} = -2EF. \quad \text{(VII.1.5)}$$

Die Anwesenheit von flüssigem Schwefel an der rechten Elektrode der Festkörperkette (VII.1.II) und analoger Ketten ist für die experimentelle Durchführung der Messungen erschwerend, da mit besonderer Sorgfalt darauf zu achten ist, daß der Festelektrolyt die beiden Elektroden gasdicht voneinander trennt. Ein einfacherer Aufbau ist zu erzielen, wenn die Dampfdrücke der Substanzen an den Elektroden genügend klein sind. Dann kann man z.B. Elektroden und Festelektrolyt in Form von Tabletten pressen und in einer inerten Atmosphäre gegeneinander drücken und dann an einer solchen einfachen Anordnung in einem Ofen bei gewünschter Temperatur EMK-Messungen durchführen. Die Anwesenheit des flüssigen Schwefels läßt sich in der Tat auch vermeiden, wenn man die freie Bildungsenthalpie von Sulfiden nicht direkt, sondern auf einem Umweg, und zwar über eine Verdrängungsreaktion in galvanischen Ketten ermittelt. Das wird am folgenden Beispiel diskutiert.

c) Bestimmung der Gibbsschen Bildungsenergie ΔG^0_{PbS} von Bleisulfid bei einer Temperatur von 350 °C.

Wir gehen von der folgenden galvanischen Kette aus:

| C | Pb | PbCl$_2$ (+KCl) | PbS, Ag$_2$S, Ag | C | (VII.1.III) |

$2F$: $\xleftarrow{2e^-}$ $\xleftarrow{2Cl^-}$ $\xleftarrow{2e^-}$

Pb
+2Cl$^-$ ($\leftarrow$)
= PbCl
+2e$^-$ ($\leftarrow$)

PbCl$_2$
+Ag$_2$S
+2e$^-$ ($\leftarrow$)
= PbS
+2 Ag
+2 Cl$^-$ ($\leftarrow$)

$$\text{Pb(l)} + \text{Ag}_2\text{S} = \text{PbS} + 2\text{Ag} \ldots \Delta G^0 \quad \text{(VII.1.6)}$$

Die rechte Elektrode PbS, Ag$_2$S, Ag stellt ein Gemisch aus den drei Substanzen dar. Die Zellreaktion der Festkörperkette (VII.1.III) ist die in Gl. (VII.1.6) wiedergegebene Verdrängungsreaktion, d.h., aus Blei und Silbersulfid entsteht Bleisulfid und Silber. Die Gibbssche Reaktionsenergie ΔG^0 der Verdrängungsreaktion (VII.1.6), die sich über die EMK E der Kette (VII.1.III) bestimmen läßt, läßt sich aus der Gibbsschen Bildungsenergie von PbS und Ag_2S in bekannter Weise kombinieren:

$$\Delta G^0 = -2EF = \Delta G^0_{PbS} - \Delta G^0_{Ag_2S}. \tag{VII.1.7}$$

Aus Gl. (VII.1.7) ergibt sich für die Gibbssche Bildungsenergie ΔG^0_{PbS} von Bleisulfid

$$\Delta G^0_{PbS} = -2EF + \Delta G^0_{Ag_2S}, \tag{VII.1.8}$$

d.h., wenn $\Delta G^0_{Ag_2S}$ bekannt ist, kann mit Hilfe der EMK E der Kette (VII.1.III) ΔG^0_{PbS} bestimmt werden. Die galvanische Festkörperkette (VII.1.III) wurde von KIUKKOLA und WAGNER [VII.1.4] benutzt.

d) Bestimmung der Gibbsschen Bildungsenergie $\Delta G^0_{Cu_2O}$ von Cu_2O bei höheren Temperaturen.

Als Festelektrolyt eignet sich hier Zirkondioxid, das mit Calciumoxid, Magnesiumoxid oder Yttriumoxid dotiert ist. Durch die Dotierung entstehen im Zirkondioxid Sauerstoffionenleerstellen, durch die eine gute Sauerstoffionenleitfähigkeit zustande kommt. Man kann folgende galvanische Kette (VII.1.IV) benutzen, deren Zellreaktion die Bildung von Cu_2O ist:

$$\begin{array}{c|c|c|c}
\text{Pt} & \text{Cu,} & \text{ZrO}_2 & \text{Pt,} \\
 & \text{Cu}_2\text{O} & (+\text{CaO}) & \text{O}_2\text{(g) (1 atm)}
\end{array} \tag{VII.1.IV}$$

$2F$: $\quad \xleftarrow{\quad 2e^- \quad} \quad \xleftarrow{\quad O^{2-} \quad} \quad \xleftarrow{\quad 2e^- \quad}$

$$\begin{array}{cc}
2\text{Cu} & \frac{1}{2}\text{O}_2 \\
+\text{O}^{--}(\leftarrow) & +2e^-(\leftarrow) \\
=\text{Cu}_2\text{O} & =\text{O}^{--}(\leftarrow) \\
+2e^-(\leftarrow) &
\end{array}$$

$$2\text{Cu} + \tfrac{1}{2}\text{O}_2 = \text{Cu}_2\text{O} \ldots \Delta G^0_{Cu_2O} \tag{VII.1.9}$$

$\Delta G^0_{Cu_2O}$ ergibt sich direkt aus der EMK der Kette zu

$$\Delta G^0_{Cu_2O} = -2EF. \tag{VII.1.10}$$

Da der Sauerstoff an der rechten Elektrode als Gas mit einer Atmosphäre vorliegt, ist wieder darauf zu achten, daß die Elektrodenräume gasdicht voneinander zu trennen sind. Praktisch kann man so vorgehen, daß der Elektrolyt, wie in Abb. VII.1.3 dargestellt ist, als einseitig geschlossenes Rohr ausgebildet wird, in dem sich innen ein Gemisch aus Cu und Cu_2O befindet, während sich auf der Außenseite des Rohres poröses Platin befindet, das von Sauerstoff mit einer Atmosphäre umspült wird. Mit

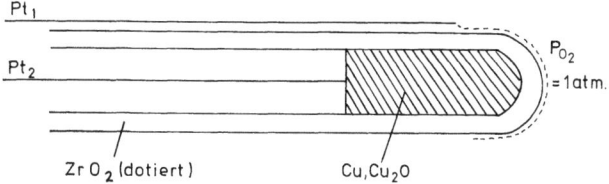

Abb. VII.1.3. Schematische Anordnung zur elektrochemischen Messung von $\Delta G^0_{Cu_2O}$ mit der galvanischen Kette (VII.1.IV).

analogen Ketten können ΔG^0-Werte von Oxiden bestimmt werden, deren Zellreaktion die Verdrängungsreaktion entsprechend Gl. (VII.1.11) Sauerstoffaktivitäten als die, die zum Gleichgewicht Fe | FeO gehören, wird das Zirkondioxid elektronenleitend [VII.1.5], und darum ist es hier nicht mehr als Festelektrolyt brauchbar. Auch die Gibbssche Bildungsenergie von Oxiden läßt sich auf einem Umweg ermitteln, wenn man, wie im folgenden Beispiel von Verdrängungsreaktionen ausgeht.

e) Bestimmung der Gibbsschen Bildungsenergie ΔG^0_{FeO} von FeO bei höheren Temperaturen.

Wir betrachten die galvanische Kette (VII.1.V)

$$\text{Pt} \left| \begin{array}{c} \text{Fe,} \\ \text{FeO} \end{array} \right| \begin{array}{c} \text{ZrO}_2 \\ (+\text{CaO}) \end{array} \left| \begin{array}{c} \text{Cu,} \\ \text{Cu}_2\text{O} \end{array} \right| \text{Pt} \quad \text{(VII.1.V)}$$

$$2F: \quad \xleftarrow{\quad 2e \quad} \quad \xleftarrow{\quad O^{--} \quad} \quad \xleftarrow{\quad 2e \quad}$$

$$\begin{array}{ll} \text{Fe} & 2e(\leftarrow) \\ +O^{--}(\leftarrow) & +\text{Cu}_2\text{O} \\ =\text{FeO} & =2\text{Cu} \\ +2e(\leftarrow) & +O^{--}(\leftarrow) \end{array}$$

$$\overline{\text{Fe} + \text{Cu}_2\text{O} = \text{FeO} + 2\text{Cu} \ldots \Delta G^0} \qquad \text{(VII.1.11)}$$

deren Zellreaktion die Verdrängungsreaktion entsprechend Gl. (VII.1.11) ist. Die Gibbssche Reaktionsenergie ΔG^0 ergibt sich aus der EMK E der Kette (VII.1.V) und hängt mit den Gibbsschen Bildungsenergien ΔG^0_{FeO} von FeO und $\Delta G^0_{Cu_2O}$ von Cu_2O durch

$$\Delta G^0 = -2EF = \Delta G^0_{FeO} - \Delta G^0_{Cu_2O} \qquad \text{(VII.1.12)}$$

zusammen. Daraus folgt

$$\Delta G^0_{FeO} = -2EF + \Delta G^0_{Cu_2O}, \qquad \text{(VII.1.13)}$$

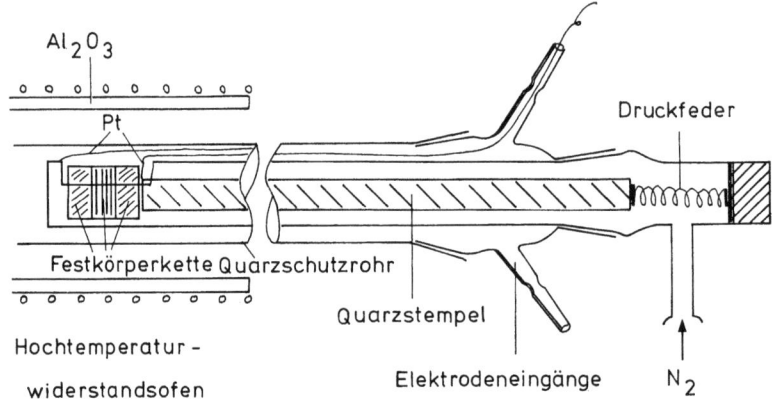

Abb. VII.1.4. Experimenteller Aufbau der galvanischen Festkörperkette (VII.1.5).

d.h., es läßt sich die Gibbssche Bildungsenergie ΔG^0_{FeO} berechnen, wenn $\Delta G^0_{Cu_2O}$ bekannt ist und die EMK E der Kette (VII.1.V) gemessen wird.

Die Kette (VII.1.V) ist einfacher aufzubauen als Kette (VII.1.IV); man braucht, wie in Abb. VII.1.4 dargestellt ist, nur entsprechende Tabletten aufeinanderzudrücken, mit Platinzuleitungen zu versehen und in einem Stickstoffstrom zu erhitzen. Ein analoges Beispiel gibt die folgende Kette (VII.1.VI),

$$\text{Pt} \mid \text{Fe, FeO} \mid \text{ZrO}_2(+\text{CaO}) \mid \text{Ni, NiO} \mid \text{Pt} \quad (\text{VII.1.VI})$$

$$2F: \quad \xleftarrow{2e} \quad \xleftarrow{O^{--}} \quad \xleftarrow{2e}$$

$$\begin{array}{ll}
2\,\text{Fe} & 2\,e(\leftarrow) \\
+\,O^{--}(\leftarrow) & +\,\text{NiO} \\
=\,\text{FeO} & =\,\text{Ni} \\
+\,2\,e(\leftarrow) & +\,O^{--}(\leftarrow)
\end{array}$$

$$\overline{\text{Fe} + \text{NiO} = \text{FeO} + \text{Ni} \ldots \Delta G^0} \quad (\text{VII.1.14})$$

deren Zellreaktion die Verdrängungsreaktion nach Gl. (VII.1.14) ist. Die Gibbssche Reaktionsenergie ΔG^0 ist mit der EMK E der Kette (VII.1.VI) verknüpft und außerdem mit den ΔG^0-Werten für die Bildung von NiO und FeO

$$\Delta G^0 = -2EF = \Delta G^0_{FeO} - \Delta G^0_{NiO}. \quad (\text{VII.1.15})$$

Aus Gl. (VII.1.15) ergibt sich

$$\Delta G^0_{NiO} = \Delta G^0_{FeO} + 2FE, \quad (\text{VII.1.16})$$

Bestimmung von molaren Gibbsschen Reaktionsenergien 125

d.h., man kann den ΔG^0-Wert von NiO erhalten, wenn der von FeO bekannt ist und die EMK der Kette (VII.1.VI) gemessen wird. Untersuchungen an der Kette (VII.1.V) und (VII.1.VI) sind von KIUKKOLA und WAGNER [VII.1.14] durchgeführt worden, deren Ergebnisse in Tabelle VII.1.1 wiedergegeben sind.

Tabelle VII.1.1. EMKs der galvanischen Ketten (VII.1.VI) und (VII.1.V) und ΔG^0-Werte für verschiedene Temperaturen [VII.1.4]

T [°C]	EMK [mV] Kette (VII.1.VI)	ΔG^0_{NiO} [kJ]	T [°C]	EMK [mV] Kette (VII.1.V)	$\Delta G^0_{Cu_2O}$ [kJ]
750	261 ± 2	−147,35	800	532	−91,92
800	266 ± 1	−143,29	900	539	−83,59
850	271 ± 1	−139,35	1000	543	−76,56
900	276 ± 1	−134,58	1050	545	−72,92
950	281 ± 1	−130,56			
1000	286 ± 2	−126,21			
1050	291 ± 2	−121,85			
1100	296 ± 2	−117,67			
1140	300 ± 1	−113,94			

Mit Hilfe geeignet aufgebauter galvanischer Festkörperketten lassen sich auch die Gibbsschen Bildungsenergien komplizierterer Verbindungen bestimmen, z.B. die ΔG^0-Werte ternärer Sulfide aus den Einzelsulfiden oder ternärer Oxide aus den Einzeloxiden. Als Beispiel diskutieren wir die Bestimmung der Gibbsschen Bildungsenergie des Nickelaluminiumspinells $NiAl_2O_4$ aus den Einzeloxiden NiO und Al_2O_3 bei einer Temperatur $T = 900$ °C. Dazu betrachten wir die Kette

$$\text{Pt} \mid \text{Ni, NiAl}_2\text{O}_4, \text{Al}_2\text{O}_3 \mid \text{ZrO}_2 (+\text{Y}_2\text{O}_3) \mid \text{Ni, NiO} \mid \text{Pt} \quad \text{(VII.1.VII)}$$

$2F: \quad \xleftarrow{2e^-} \quad \xleftarrow{O^{--}} \quad \xleftarrow{2e^-}$

$$\begin{array}{ll}
\text{Ni} & \text{NiO} \\
+ \text{O}^{--} (\leftarrow) & + 2e^- (\leftarrow) \\
+ \text{Al}_2\text{O}_3 & - \text{Ni} \\
= \text{NiAl}_2\text{O}_4 & + \text{O}^{--} (\leftarrow) \\
+ 2e^- (\leftarrow) &
\end{array}$$

$$\text{NiO} + \text{Al}_2\text{O}_3 = \text{NiAl}_2\text{O}_4 \ldots \Delta G^0 \qquad \text{(VII.1.17)}$$

Die linke Elektrode ist ein Gemisch aus Ni, $NiAl_2O_4$ und Al_2O_3 und die rechte Elektrode ein Gemisch aus Ni und NiO. Wie man aus der Betrachtung der dargestellten Elektrodenreaktionen erkennt, ist die Zellreaktion für den Stromdurchgang von zwei Faraday durch die Kette die Bildung eines Mols des Spinells $NiAl_2O_4$ aus NiO und Al_2O_3 gemäß Gl. (VII.1.17). Der zugehörige ΔG^0-Wert ergibt sich darum direkt aus der EMK der Festkörperkette (VII.1.VII) zu

$$\Delta G^0 = -2EF. \qquad (VII.1.18)$$

Derartige Messungen sind von SCHMALZRIED [VII.1.6] durchgeführt worden. Aus der EMK obiger Kette ergab sich bei 1000 °C ein ΔG^0-Wert von 21 kJ pro Mol.

Eine Reihe von thermodynamischen Messungen wurde auch mit dem Festelektrolyten CaF_2, insbesondere von EGAN u. Mitarb. [VII.1.7] durchgeführt. Hierbei wurden mit Hilfe der galvanischen Ketten

$$Mg, MgF_2 \mid CaF_2 \mid ThF_4, Th, \qquad (VII.1.VIII)$$

$$Th, ThF_4 \mid CaF_2 \mid AlF_3, Al, \qquad (VII.1.IX)$$

$$U, UF_3 \mid CaF_2 \mid AlF_3, Al, \qquad (VII.1.X)$$

$$Th, ThF_4 \mid CaF_2 \mid NiF_2, Ni, \qquad (VII.1.XI)$$

$$Al, AlF_3 \mid CaF_2 \mid PbF_2, Pb, \qquad (VII.1.XII)$$

$$Al, AlF_3 \mid CaF_2 \mid CoF_2, Co \qquad (VII.1.XIII)$$

die Gibbs-Energien für die Bildung von ThF_4, AlF_3, NiF_2, PbF_2, CoF_2 und UF_3 erhalten. Die Werte für 600°C betrugen: $\Delta G^0_{ThF_4} = -1{,}935$ MJ, $\Delta G^0_{AlF_3} = -1{,}280$ MJ, $\Delta G^0_{NiF_2} = -530{,}7$ kJ, $\Delta G^0_{PbF_2} = -547{,}9$ kJ, $\Delta G^0_{CoF_2} = -542{,}4$ kJ, $\Delta G^0_{UF_3} = -1{,}23$ MJ.

Die in diesem Abschnitt diskutierten Ketten stellen lediglich eine Auswahl typischer Beispiele dar. In der Literatur sind viel mehr gemessene Ketten beschrieben; siehe z.B. [I.8], [I.9].

VII.2 Die Bestimmung von chemischen Potentialen bzw. thermodynamischen Aktivitäten oder Partialdrücken

Bei der elektrochemischen Messung von chemischen Potentialen erscheint es sinnvoll, die entsprechenden galvanischen Ketten in zwei Gruppen zu unterteilen. Analog den Elektroden erster und zweiter Art der Elektrochemie der flüssigen Phasen wollen wir jetzt galvanische Festkörperketten erster und zweiter Art unterscheiden. Wenn wir z.B. mit

Die Bestimmung von chemischen Potentialen oder Partialdrücken

einer galvanischen Kette, die einen Sauerstoffionenleiter enthält, Sauerstoffaktivitäten bestimmen oder mit einer Kette, die einen Silberionenleiter enthält, Silberaktivitäten messen, sprechen wir von einer galvanischen Kette erster Art, wenn wir aber mit den gleichen Ionenleitern unter Zuhilfenahme von vorgeschalteten Gleichgewichten an den Elektroden die Aktivitäten anderer Komponenten bestimmen als derjenigen, die im Elektrolyten den elektrischen Stromfluß ermöglichen, sprechen wir von galvanischen Ketten zweiter Art. Das wird bei der Behandlung der folgenden Beispiele noch verdeutlicht.

VII.2.1 Galvanische Ketten erster Art. Hier wird neben der Helmholtzschen Betrachtungsweise, die die Zellreaktion und deren Gibbssche Reaktionsenergie in den Mittelpunkt stellt, auch diejenige benutzt, die von dem Verlauf der elektrochemischen Potentiale ausgeht und die in gewisser Analogie zu der Nernstschen Betrachtungsweise der Elektroden in flüssigen Elektrolyten steht. Als erstes Beispiel diskutieren wir hier zunächst in der Helmholtzschen Betrachtungsweise die Bestimmung des chemischen Potentials μ_{Ag} bzw. der thermodynamischen Aktivität a_{Ag} von Silber in Silbersulfid im Temperaturbereich von 200–400 °C. Verwendet wird die folgende galvanische Kette:

$$\text{Pt(1)} \mid \text{Ag} \mid \text{AgJ} \mid \text{Ag}_2\text{S} \mid \text{Pt(2)} \quad \text{(VII.2.I)}$$

$1F: \quad \xleftarrow{e^-} \quad \xrightarrow{\text{Ag}^+} \quad \xleftarrow{e^-}$

$$\begin{aligned}
\text{Ag(s)} & & \text{Ag}^+(\rightarrow) \\
= \text{Ag}^+(\rightarrow) & & + e^-(\leftarrow) \\
+ e^-(\leftarrow) & & = \text{Ag}(\text{Ag}_2\text{S})
\end{aligned}$$

$$\text{Ag(s)} = \text{Ag}(\text{Ag}_2\text{S}) \ldots \Delta G \quad \text{(VII.2.1)}$$

Gl. (VII.2.1) gibt die Zellreaktion im Sinne der Helmholtzschen Betrachtungsweise an, die darin besteht, daß ein Mol Silber bei Durchgang von einem Faraday aus dem metallischen Zustand ins Silbersulfid übergeht. Die Gibbssche Reaktionsenergie dieser Reaktion läßt sich als Differenz der chemischen Potentiale des Silbers im Silbersulfid und des Silbers im Standardzustand schreiben,

$$\Delta G = \mu_{Ag}(\text{Ag}_2\text{S}) - \mu_{Ag}^0 = -EF, \quad \text{(VII.2.2)}$$

und über die EMK der Kette (VII.2.I) messen. Die Kette (VII.2.I) unterscheidet sich von der Kette (VII.1.II) dadurch, daß sich nun im allgemeinen das Ag$_2$S nicht im Gleichgewicht mit flüssigem Schwefel befindet. Die Aktivität des Schwefels wird hier also im allgemeinen kleiner sein als die des flüssigen Schwefels. Die EMK dieser Kette kann unter Umständen den Wert $E=0$ haben. Dann befindet sich das Ag_2S im Gleichgewicht mit Silber, d.h., die Aktivität des Silbers ist gleich eins und das chemische Potential des Silbers im Silbersulfid gleich dem des metallischen Silbers. Im allgemeinen wird die EMK E jedoch von Null verschiedene Werte annehmen. Der höchste Wert wird gleich der EMK der Kette für Ag_2S im Gleichgewicht mit flüssigem Schwefel sein. Die Zellreaktion der Kette (VII.2.I) ist also eine Lösungsreaktion und die Kette kann als analoge Kette zu einer Konzentrationskette in der Elektrochemie der flüssigen Phasen angesehen werden, z.B. zu einer Kette, die zwei Amalgamelektroden enthält mit verschiedenen Konzentrationen eines Metalls, dessen Ionen auch im Elektrolyten vorliegen und darum potentialbestimmend sind oder einer Kette mit zwei Gaselektroden verschiedener Partialdrücke. Das chemische Potential des Silbers in Gl. (VII.2.2) läßt sich durch die Aktivität des Silbers ausdrücken, indem man die Beziehung

$$\mu_{Ag} = \mu_{Ag}^0 + RT \ln a_{Ag} \qquad (VII.2.3)$$

für die Definition der Aktivität benutzt. Damit ergibt sich aus Gl. (VII.2.2) für die thermodynamische Aktivität a_{Ag} des Silbers im Silbersulfid

$$a_{Ag} = \exp\left(-\frac{EF}{RT}\right). \qquad (VII.2.4)$$

Es soll jetzt noch die Betrachtungsweise mit elektrischen und elektrochemischen Potentialen benutzt werden. Die Meßgröße, die uns die galvanische Kette liefert, ist die EMK E, die wir zunächst zwischen den beiden Endphasen, d.h. den beiden Platinzuleitungen Platin (1) und Platin (2) der galvanischen Kette (VII.2.I), messen. Diese EMK läßt sich als die elektrische Potentialdifferenz zwischen diesen beiden Endphasen Platin (2) und Platin (1) schreiben:

$$\varphi(Pt\,2) - \varphi(Pt\,1) = E. \qquad (VII.2.5)$$

In dieser Gleichung ist allerdings eine wesentliche Voraussetzung über die beiden Endphasen enthalten, nämlich die, daß die chemischen Potentiale der Elektronen in den beiden Platindrähten die gleichen sind,

$$\mu_e(Pt\,1) = \mu_e(Pt\,2), \qquad (VII.2.6)$$

denn primär liefert eigentlich jedes Spannungsmeßgerät die Differenz der Gibbsenergie für den Übergang von Elektronen von Platin 1 nach Platin 2, d.h., die Differenz der elektrochemischen Potentiale der Elektronen in den beiden Platinzuleitungen,

$$\eta_e(Pt\,1) - \eta_e(Pt\,2) = EF. \qquad (VII.2.7)$$

Die Bestimmung von chemischen Potentialen oder Partialdrücken 129

Unter der Voraussetzung, daß wir das elektrochemische Potential aufteilen können in einen chemischen und einen elektrischen Anteil,

$$\eta_e = \mu_e - \varphi F, \quad (VII.2.8)$$

erhalten wir aus Gl. (VII.2.7)

$$\eta_e(\text{Pt 1}) - \eta_e(\text{Pt 2})$$
$$= -[\varphi(\text{Pt 1}) - \varphi(\text{Pt 2})] F + [\mu_e(\text{Pt 1}) - \mu_e(\text{Pt 2})]. \quad (VII.2.9)$$

Sind die chemischen Anteile bei Benutzung gleicher Metalle als Endphasen als konstant anzusehen, erhalten wir aus Gl. (VII.2.9) die Gl. (VII.2.5). Gl. (VII.2.7), also die Tatsache, daß wir die Differenz der elektrochemischen Potentiale der Elektronen in den Endphasen der Ketten messen, ist die Ausgangsgleichung für die weiteren Überlegungen, da wir über elektrochemische Potentiale verhältnismäßig einfach Aussagen machen können.

Wenn zwei Phasen, die gute Elektronenleiter sind, sich miteinander im Kontakt befinden, aber kein elektrischer Strom hindurchfließt, bedeutet das, daß das elektrochemische Potential der Elektronen — in der Sprache der Halbleiterphysik das „Fermipotential" — konstant ist. Das heißt für unsere Kette (VII.2.I): das elektrochemische Potential der Elektronen ist in Platin 1 gleich demjenigen in der Silberelektrode,

$$\eta_e(\text{Pt 1}) = \eta_e(\text{Ag}), \quad (VII.2.10)$$

und das elektrochemische Potential $\eta_e(\text{Pt 2})$ der Elektronen in Platin 2 ist gleich demjenigen im Silbersulfid:

$$\eta_e(\text{Pt 2}) = \eta_e(\text{Ag}_2\text{S}). \quad (VII.2.11)$$

Mit Gl. (VII.2.10) und (VII.2.11) können wir für Gl. (VII.2.7) schreiben

$$\eta_e(\text{Ag}) - \eta_e(\text{Ag}_2\text{S}) = EF, \quad (VII.2.12)$$

d.h., unsere gemessene EMK E ist ein Maß für die Differenz der elektrochemischen Potentiale der Elektronen im Silber und im Silbersulfid der Kette (VII.2.I).

Der Elektrolyt AgJ selbst ist ein nahezu reiner Ionenleiter, und diese Tatsache liefert uns eine Aussage über das elektrochemische Potential der Ionen in der Kette. Wenn kein Strom durch die Kette fließt, verschwindet wegen der guten Silberionenleitung des AgJ der Gradient des elektrochemischen Potentials der Silberionen im AgJ, da, wie wir in Abschnitt VI.1 gesehen haben, ein Stromfluß proportional dem Gradienten des elektrochemischen Potentials der überführenden Teilchensorte ist und ein Strom dann klein ist, wenn entweder die Teilleitfähigkeit oder der Gradient des elektrochemischen Potentials verschwindet. Im vorliegenden Fall ist die Teilleitfähigkeit verhältnismäßig groß und wir können darum schreiben, daß der Gradient des elektrochemischen Potentials der Silberionen praktisch Null ist:

$$\left.\frac{d\eta_{Ag^+}}{dx}\right|_{AgJ}=0. \qquad (VII.2.13)$$

Das elektrochemische Potential der Silberionen ist also in AgJ konstant und, wenn Gleichgewicht mit den Elektroden vorhanden ist, auch zwischen Silber und Silbersulfid

$$\eta_{Ag^+}(Ag)=\eta_{Ag^+}(Ag_2S). \qquad (VII.2.14)$$

Wir addieren Gl. (VII.2.14) zu Gl. (VII.2.12) und erhalten nach Umordnen

$$\eta_e(Ag)+\eta_{Ag^+}(Ag)-[\eta_e(Ag_2S)+\eta_{Ag^+}(Ag_2S)]=EF. \qquad (VII.2.15)$$

Die Summe der elektrochemischen Potentiale von Elektronen und Silberionen ergibt jeweils das chemische Potential des neutralen Silbers, und damit folgt aus Gl. (VII.2.15)

$$\mu_{Ag}(Ag_2S)-\mu_{Ag}^0=-EF, \qquad (VII.2.16)$$

d.h., das gleiche Ergebnis, das wir mit der Helmholtzschen Betrachtungsweise erhielten.

In Abb. VII.2.1 ist der Verlauf des elektrochemischen Potentials der Elektronen, der Ionen und des chemischen Potentials des Silbers durch die galvanische Kette (VII.2.I) aufgetragen. Außerdem ist schematisch der Verlauf des elektrischen Potentials in dieser Kette angegeben. Um solche Aussagen über das elektrische Potential machen zu können, sind allerdings weitergehende Kenntnisse, insbesondere über die Fehlordnung im Elektrolyten und im Silbersulfid notwendig. Zunächst können wir sagen, daß an den Phasengrenzen jeweils Galvanipotentialsprünge auftreten werden. Außerdem wird in den Platinzuleitungen und den Silberelektroden und im Silbersulfid das elektrische Potential wegen der guten Elektronenleitung in diesen Phasen konstant sein. Deshalb sind auch keine Raumladungen zu erwarten. Wegen der besonderen Fehlordnung im Silberjodid ist anzunehmen, daß hier das chemische Potential der Silberionen konstant ist, und da sich auch hier das elektrochemische Potential der Silberionen nicht ändert, bedeutet das, daß auch im Silberjodid das elektrische Potential konstant sein muß. Wir fragen nun, welche elektrische Potentialdifferenz an welcher Phasengrenze sich ändert, wenn das chemische Potential des Silbers im Silbersulfid sich ändert. Allgemein gilt, daß das elektrochemische Potential der Teilchensorte, die in beiden Phasen die höchste Teilleitfähigkeit hat, auf beiden Seiten der Phasengrenze das gleiche ist. Wenn die Aktivitäten in beiden Phasen sich nicht ändern, bleibt auch notwendigerweise die Galvanipotentialdifferenz

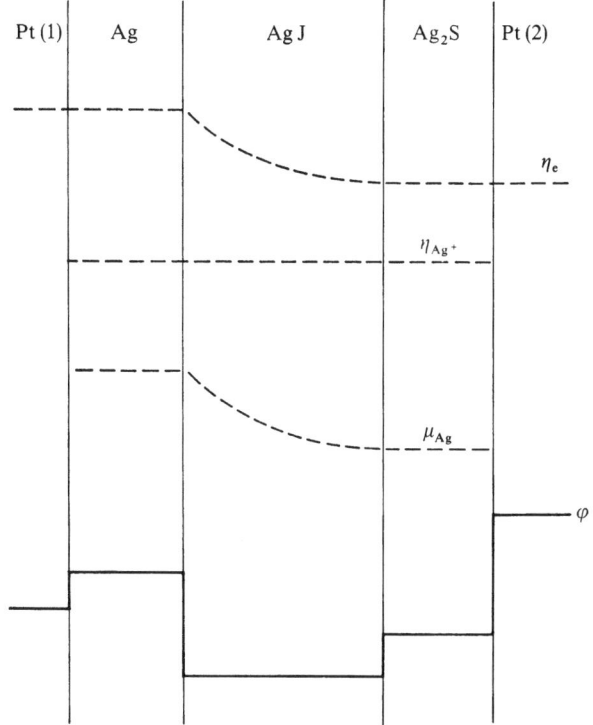

Abb. VII.2.1. Schematischer Verlauf der elektrochemischen Potentiale der Elektronen und Ionen, des chemischen Potentials des Silbers und des elektrischen Potentials durch die galvanische Kette (VII.2.I).

konstant. Letztere muß sich aber ändern, wenn das Verhältnis der Aktivitäten auf beiden Seiten der Phasengrenze sich zueinander ändert. Die Aktivität der Elektronen an der Phasengrenze Pt 1 | Ag ist auch bei Änderung des chemischen Potentials des Silbers im Ag_2S konstant. Daher bleibt hier die Galvanipotentialdifferenz konstant. Über der Phasengrenze Ag | AgJ ist das elektrochemische Potential der Silberionen konstant, da Elektronen ja in AgJ nicht genügend beweglich sind. Wegen der Fehlordnung der Silberionen ändert sich ihre Aktivität in AgJ nicht, daher bleibt auch hier die Galvanipotentialdifferenz erhalten. Wegen der besonderen Fehlordnung in Ag_2S ändert sich die Aktivität der Silberionen in Ag_2S ebenfalls nicht, deswegen bleibt die durch die Silberionen bestimmte Galvanipotentialdifferenz an der Phasengrenze AgJ | Ag_2S gleichfalls konstant. In Silbersulfid ändert sich mit der Aktivität des Silbers die Aktivität der Elektronen (s. Abschnitt II). Daher ändert sich die elektrische Potentialdifferenz, die Galvanipotentialdifferenz an der Phasengrenze $Ag_2S \mid Pt$. Wir haben also hier das interessante Ergebnis, daß bei Änderung der Aktivität von Silber in Silbersulfid sich nur die elektrische oder Galvanipotentialdifferenz an der Phasengrenze $Ag_2S \mid Pt$ ändert, alle anderen Galvanipotentialdifferenzen bleiben konstant, auch entstehen keine elektrischen Potentialgefälle in irgendeiner Phase.

Die Diskussion dieses Beispiels soll zeigen, daß Aussagen über den Verlauf des elektrischen Potentials in einer galvanischen Kette Kenntnisse über die Fehlordnung in den einzelnen Phasen erfordern. Die in Abb. VII.2.1 am Beispiel der Kette (VII.2.I) diskutierten Potentialverhältnisse gelten also nur für dieses spezielle System. Bei anderen Festelektrolyten und anderen Elektroden können die Verhältnisse anders liegen, je nach den dann vorliegenden Fehlordnungen in den festen Phasen.

Im folgenden sollen zwei weitere Beispiele für die elektrochemische Messung von chemischen Potentialen bzw. thermodynamischen Aktivitäten behandelt werden.

Zur elektrochemischen Bestimmung des Sauerstoffpartialdrucks in Gasen bei einer Temperatur von z.B. $T = 800\,°C$ kann man als festen Hilfselektrolyten dotiertes Zirkondioxid mit praktisch reiner Ionenleitung für Sauerstoffionen verwenden. Zu benutzen ist die galvanische Festkörperkette (VII.2.II), wobei wir zunächst wieder die Helmholtzsche Betrachtungsweise verwenden, die schneller zum Ergebnis führt.

$$Pt, O_2(g)(p'_{O_2}) \mid ZrO_2(+MgO) \mid O_2(g)(p''_{O_2}), Pt \quad (VII.2.II)$$

$4F:$ $\quad \xleftarrow{4e^-} \quad \xleftarrow{2O^{--}} \quad \xleftarrow{4e^-}$

$$\begin{array}{ll} 2O^{--}(\leftarrow) & O_2(g)(p''_{O_2}) \\ = O_2(g)(p'_{O_2}) & +4e^-(\leftarrow) \\ +4e^-(\leftarrow) & = 2O^{--}(\leftarrow) \end{array}$$

$$O_2(g)(p''_{O_2}) = O_2(g)(p'_{O_2}) \ldots \Delta G \quad (VII.2.17)$$

Die Zellreaktion ist nach Gl. (VII.2.17) der Übergang von gasförmigem Sauerstoff von einer Elektrode zur anderen. In diesem Fall ist natürlich darauf zu achten, daß die Elektrodenräume gasdicht voneinander getrennt sind. Man kann z.B. ein Zirkondioxidrohr verwenden, das innen und außen mit einer porösen Platinschicht versehen ist, wobei das Rohrinnere den einen Elektrodenraum und das Rohräußere den anderen darstellt. Das ist in Abb. VII.2.2 wiedergegeben. Die Gibbssche Reaktionsenergie für den Übergang von Sauerstoff von einem Elektrodenraum zum anderen können wir durch die chemischen Potentiale des

Die Bestimmung von chemischen Potentialen oder Partialdrücken 133

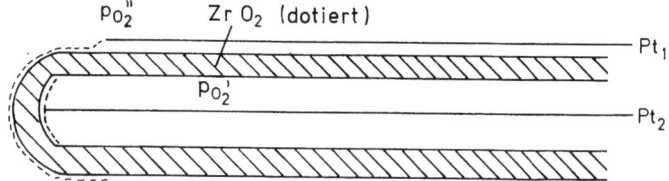

Abb. VII.2.2. Schematische Anordnung zur elektrochemischen Messung von Sauerstoffpartialdrücken mit Hilfe von dotiertem Zirkondioxid als Festelektrolyt.

Sauerstoffs bzw. die Sauerstoffpartialdrücke ausdrücken; sie ist gleich $-4EF$

$$\varDelta G = \mu'_{O_2} - \mu''_{O_2} = RT \ln \frac{p'_{O_2}}{p''_{O_2}} = -4EF. \qquad (VII.2.18)$$

Wenn wir nach den Sauerstoffpartialdrücken auflösen, erhalten wir

$$p'_{O_2} = p''_{O_2} e^{-\frac{4EF}{RT}}. \qquad (VII.2.19)$$

Hiermit sind Sauerstoffpartialdrücke theoretisch bei einer Temperatur von 800 °C bis 10^{-20} Atmosphären zu messen. Bei noch kleineren Sauerstoffpartialdrücken wird Zirkondioxid elektronenleitend.

Wenn wir die Kette (VII.2.II) mit Hilfe der elektrochemischen Potentiale diskutieren, so können wir wiederum davon ausgehen, daß die Differenz der elektrochemischen Potentiale der Elektronen η''_e und η'_e an den beiden Elektroden gleich $-EF$ ist:

$$\eta''_e - \eta'_e = -EF. \qquad (VII.2.20)$$

Wegen der guten Sauerstoffionenleitfähigkeit von Zirkondioxid ist die Differenz der elektrochemischen Potentiale der Sauerstoffionen in beiden Elektroden gleich Null

$$\eta''_{O^{--}} - \eta'_{O^{--}} = 0. \qquad (VII.2.21)$$

Aus Gl. (VII.2.20) und (VII.2.21) ergibt sich

$$(2\eta'_{O^{--}} - 4\eta'_e) - (2\eta''_{O^{--}} - 4\eta''_e) = -4EF \qquad (VII.2.22)$$

bzw., da wir die elektrochemischen Potentiale nun wieder durch das chemische Potential des Sauerstoffs ausdrücken können,

$$\mu'_{O_2} - \mu''_{O_2} = -4EF, \qquad (VII.2.23)$$

also das gleiche Ergebnis wie bei der vorherigen Betrachtungsweise.

Zur Bestimmung der Sauerstoffaktivität in flüssigem Kupfer bei einer Temperatur $T = 1100$ °C kann man folgende galvanische Kette benutzen:

$$\text{Pt} \left| \begin{array}{c} \text{Ni,} \\ \text{NiO} \end{array} \right| \begin{array}{c} \text{ZrO}_2 \\ (+\text{CaO}) \end{array} \left| \begin{array}{c} \text{Cu(l)} \\ [+\text{O (gelöst)}] \end{array} \right| \text{Pt} \quad \text{(VII.2.III)}$$

$$2F: \quad \xleftarrow{\quad 2e^- \quad} \quad \xleftarrow{\quad \text{O}^{--} \quad} \quad \xleftarrow{\quad 2e^- \quad}$$

$$\begin{array}{cc} \text{Ni} & \text{O (gelöst)} \\ +\text{O}^{--}(\leftarrow) & +2e^-(\leftarrow) \\ = \text{NiO} & = \text{O}^{--}(\leftarrow) \\ +2e^-(\leftarrow) & \end{array}$$

Wieder wird dotiertes Zirkondioxid als fester Hilfselektrolyt mit praktisch reiner Ionenleitung verwendet. Ein Gemisch aus Nickel und Nickeloxid dient als Bezugselektrode. Die Zellreaktion ist gegeben durch

$$\text{Ni} + \text{O (in Cu gelöst)} = \text{NiO} \ldots \Delta G. \quad \text{(VII.2.24)}$$

Die Gibbssche Reaktionsenergie ΔG dieser Reaktion läßt sich durch das chemische Potential μ_O des Sauerstoffs im flüssigen Kupfer minus dem chemischen Potential des Sauerstoffs im Gleichgewicht mit einem

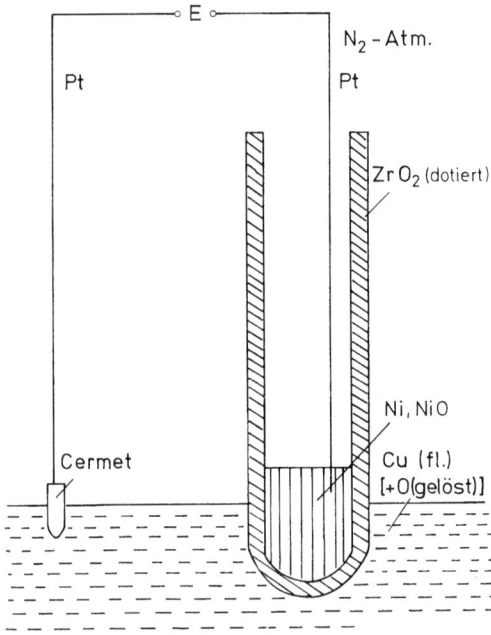

Abb. VII.2.3. Versuchsanordnung zur elektrochemischen Messung der Sauerstoffaktivität in flüssigem Kupfer.

Gemisch aus Nickel und Nickeloxid ausdrücken. Für diese Differenz gilt
$$\Delta G = \mu_O[\text{Cu}(l)] + \mu_O(\text{Ni, NiO}) = -2EF, \quad (\text{VII.2.25})$$

womit ein Maß für das chemische Potential des Sauerstoffs im flüssigen Kupfer gefunden ist. Ein schematischer Aufbau dieser Messung ist in Abb. VII.2.3 wiedergegeben. Messungen dieser Art wurden von verschiedenen Autoren durchgeführt [VII.2.1].

VII.2.2 Galvanische Ketten zweiter Art. Galvanische Ketten zweiter Art werden im folgenden an zwei Beispielen besprochen, a) der Messung des chemischen Potentials von Schwefel in Silbersulfid und b) der Messung der Aktivität von Nickel in Kupfer-Nickel-Legierungen.

a) Die EMK E der folgenden bereits diskutierten galvanischen Kette (VII.2.I)
$$\text{Pt}(1) \mid \text{Ag} \mid \text{AgJ} \mid \text{Ag}_2\text{S} \mid \text{Pt}(2) \quad (\text{VII.2.I})$$

ist nicht nur entsprechend Gl. (VII.2.2) ein Maß für das chemische Potential von Silber in Silbersulfid, sondern auch für das chemische Potential von Schwefel in Ag_2S, da die beiden chemischen Potentiale durch die Gibbs-Duhem-Gleichung miteinander verknüpft sind. Wenn wir bei dieser Kette an der Messung des chemischen Potentials des Schwefels interessiert sind, wollen wir von einer Kette zweiter Art sprechen, da im Festelektrolyten AgJ keine Schwefelionen enthalten sind. Da die Abweichungen von der idealen Stöchiometrie bei Ag_2S gering sind, kann man als Folge der Gibbs-Duhem-Gleichung schreiben:

$$2(\mu_{\text{Ag}} - \mu_{\text{Ag}}^0) = \mu_S' - \mu_S, \quad (\text{VII.2.26})$$

wobei μ_S' das chemische Potential von Schwefel in Ag_2S bedeutet, das sich im Gleichgewicht mit Silber befindet. Das chemische Potential von Silber in Ag_2S im Gleichgewicht mit flüssigem Schwefel (gewählter Standardzustand für Schwefel: $\mu_S = \mu_S^0$) sei μ_{Ag}^*. Dann folgt aus Gl. (VII.2.26)

$$2(\mu_{\text{Ag}}^* - \mu_{\text{Ag}}^0) = \mu_S' - \mu_S^0. \quad (\text{VII.2.27})$$

Die EMK E der Kette (VII.2.I) für Gleichgewicht mit flüssigem Schwefel sei E^*,
$$(\mu_{\text{Ag}}^* - \mu_{\text{Ag}}^0) = -E^* F; \quad (\text{VII.2.28})$$

dann folgt aus den Gln. (VII.2.2), (VII.2.26), (VII.2.27) und (VII.2.28)

$$\mu_S - \mu_S^0 = 2(E - E^*)F, \quad (\text{VII.2.29})$$

d.h., die EMK E der Kette (VII.2.I) ist auch ein Maß für das chemische Potential des Schwefels in Ag_2S und dann, wenn das Ag_2S sich mit einer weiteren Phase, z.B. der Gasphase, im Gleichgewicht befindet, auch ein

Maß für das chemische Potential des Schwefels in der Gasphase, also für die Partialdrücke der einzelnen Schwefelmolekülsorten oder auch für die Schwefelaktivität. Für die Schwefelaktivität gilt unter Benutzung von

$$\mu_S = \mu_S^0 + RT \ln a_S \qquad (VII.2.30)$$

und Gl. (VII.2.29):

$$a_S = \exp \frac{2(E-E^*)F}{RT}. \qquad (VII.2.31)$$

b) Die Aktivität von Nickel in Cu-Ni-Legierungen wurde von RAPP und MAAK [VII.2.2] mit Hilfe der galvanischen Kette

Pt | Ni, NiO | ZrO$_2$(+CaO) | Cu-Ni-Leg., NiO | NiO | Pt   (VII.2.IV)

mit dotiertem Zirkondioxid als praktisch reinem Ionenleiter für Sauerstoffionen untersucht. Die EMK E der galvanischen Kette ist zunächst ein Maß für die Differenz der chemischen Potentiale von Sauerstoff auf beiden Seiten des Elektrolyten, d.h. an beiden Elektroden

$$\mu_O' - \mu_O'' = 2EF. \qquad (VII.2.32)$$

Hierbei bedeutet μ_O' das chemische Potential von Sauerstoff auf der rechten und μ_O'' das auf der linken Seite des Festelektrolyten. Da jeweils elementares Nickeloxid vorhanden ist, gilt, daß auf beiden Seiten der Kette das chemische Potential von Nickeloxid gleich demjenigen im Standardzustand ist. Da sich das chemische Potential von NiO in das des Nickels und des Sauerstoffs zerlegen läßt, ergibt sich für beide Seiten der galvanischen Kette:

$$\mu_{Ni}' + \mu_O' = \mu_{NiO}^0, \qquad (VII.2.33)$$

$$\mu_{Ni}'' + \mu_O'' = \mu_{NiO}^0. \qquad (VII.2.34)$$

Durch Kombination der Gln. (VII.2.32) bis (VII.2.34) folgt

$$\mu_{Ni}' - \mu_{Ni}'' = -2EF, \qquad (VII.2.35)$$

d.h., die EMK E ist auch ein Maß für die Differenz der chemischen Potentiale des Nickels auf beiden Seiten der galvanischen Kette (VII.2.IV). Da auf der linken Seite reines Ni vorliegt, ist $\mu_{Ni}'' = \mu_{Ni}^0$ und die Aktivität $a_{Ni}'' = 1$ auf der linken Seite. Mit der Definition des chemischen Potentials $\mu_{Ni}' = \mu_{Ni}^0 + RT \ln a_{Ni}$ ergibt sich nun auch die Aktivität des Nickels in der Legierung

$$\ln a_{Ni}(\text{Legierung}) = -2EF/RT.$$

Mit dieser Kette war es möglich, die Aktivität von Nickel als Funktion der Zusammensetzung von Ni-Cu-Legierungen zu messen und daraus weitere thermodynamische Daten zu erhalten.

VII.3 Messung von ΔS- und ΔH-Werten mit Hilfe der Temperaturabhängigkeit der EMK E von galvanischen Ketten

Analog wie bei galvanischen Ketten mit flüssigen Elektrolyten können auch bei solchen mit festen Elektrolyten Reaktionsenthalpien und Reaktionsentropien erhalten werden, wenn man neben der EMK E auch deren Temperaturabhängigkeit mißt. Nach der Gibbs-Helmholtz-Beziehung gilt

$$\left(\frac{\partial \Delta G}{\partial T}\right)_{p, N_i} = -\Delta S. \tag{VII.3.1}$$

Damit gilt mit Gl. (VII.1.1)

$$\Delta S = nF \left(\frac{\partial E}{\partial T}\right)_{p, N_i}. \tag{VII.3.2}$$

Mit Gl. (VII.3.2) gilt für die Reaktionsenthalpie ΔH

$$\Delta H = \Delta G + T\Delta S = -nF \left(E - T \left(\frac{\partial E}{\partial T}\right)_{p, N_i}\right). \tag{VII.3.3}$$

VII.4 Galvanische Ketten für technische Anwendungen

Galvanische Ketten mit festen Elektrolyten haben in den letzten Jahren bereits wichtige technische Anwendungen gefunden. Im folgenden werden einige Beispiele dafür kurz angegeben:

a) Messung des Sauerstoffpartialdrucks bzw. der Sauerstoffaktivitäten in Gasen und flüssigen Metallen mit Hilfe von dotiertem Zirkondioxid. Grundelement der Meßanordnung von WEISSBART und RUKA [VII.4.1] zur Bestimmung von Sauerstoffpartialdrücken in Gasen ist die in Abschnitt VII.2 behandelte galvanische Kette (VII.2.II). Die EMK dieser Kette ist nach Gl. (VII.2.18) ein Maß für das Verhältnis der Sauerstoffpartialdrücke auf beiden Seiten des Elektrolyten. Eine praktische Meßanordnung, wie sie von WEISSBART und RUKA benutzt wurde, enthält als wesentlichen Teil ein einseitig geschlossenes Zirkondioxidrohr, wie es in Abb. VII.2.2 dargestellt ist. Die Messung der Sauerstoffaktivität in flüssigen Metallen, z.B. in flüssigem Kupfer und flüssigem Eisen, wurde bereits ausführlich ebenfalls in Abschnitt VII.2 diskutiert. Zu derartigen Untersuchungen liegen aus der letzten Zeit eine Reihe von

Veröffentlichungen vor, z.B. [VII.4.2], und man darf annehmen, daß diese Meßmethode im Rahmen der Metallurgie eine besondere Bedeutung erlangen kann.

b) Galvanische Ketten mit festen Elektrolyten zur Erzeugung großer elektrischer Leistungen.

Zur Erzeugung von größeren elektrischen Leistungen werden zur Zeit im wesentlichen zwei Zelltypen diskutiert:

α) Brennstoffzellen, die dotiertes Zirkondioxid als Festelektrolyten enthalten und Wasserstoff, CO oder auch andere brennbare Gase als Brennstoffe, die mit Sauerstoff umgesetzt werden. Eine solche Brennstoffzelle ist schematisch in Abb. VII.4.1 dargestellt. Propan u.a. brennbare Gase werden im allgemeinen nicht direkt elektrochemisch umgesetzt, sondern zunächst in einem Konverter in H_2 und CO umgewandelt, um Rußbildung zu vermeiden. Neuere Entwicklungen sind in Arbeiten von FISCHER, KLEINSCHMAGER, ROHR, STEINER, EYSEL und REICH [VII.4.3] beschrieben.

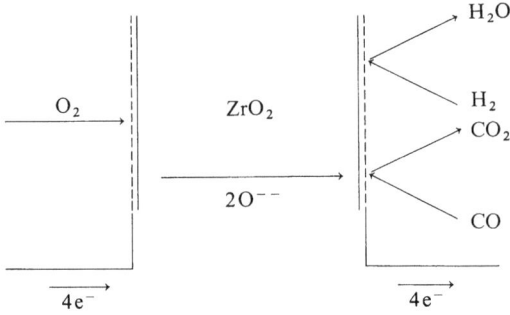

Abb. VII.4.1. Schematische Darstellung einer Brennstoffzelle mit dotiertem Zirkondioxid als Festelektrolyt.

β) Galvanische Ketten, die β-Al_2O_3 als Festelektrolyten für Na^+-Ionen enthalten, wobei die Elektroden aus flüssigem Natrium und flüssigem Schwefel bestehen. Eine solche Zelle kann auch als Sekundärelement dienen, d.h. als eine wiederaufladbare Batterie zur Speicherung größerer Energien. Die Energiedichte einer solchen Natrium-Schwefel-Batterie übertrifft alle anderen bisher bekannten elektrochemischen Systeme. Die Zelle ist schematisch in Abb. VII.4.2 dargestellt, weitere Einzelheiten über den benutzten Festelektrolyten finden sich in der Literatur [VII.4.4].

c) Galvanische Ketten mit festen Elektrolyten, die Ag_4RbJ_5 enthalten. Ag_4RbJ_5 ist ein Festelektrolyt, der auch bei Raumtemperatur, wie

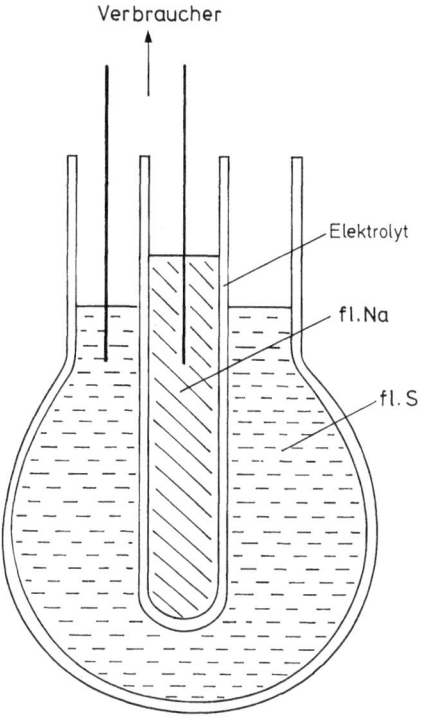

Abb. VII.4.2. Schematische Darstellung einer Natrium-Schwefel-Zelle mit β-Al_2O_3 als Festelektrolyt mit Natrium-Ionenleitung.

aus Abb. VI.3.1 hervorgeht, eine bemerkenswert hohe Leitfähigkeit hat, die derjenigen flüssiger Elektrolyte sehr nahe kommt. Mit Ag_4RbJ_5 kann man z.B. Ketten des Typs Ag | Ag_4RbJ_5 | RbJ_3 zur Erzeugung kleiner Leistungen herstellen. Ketten dieser Art, die in einer Übersichtsarbeit von OWENS [VII.4.5] beschrieben werden, haben den Vorteil, daß sie eine sehr große Lagerfähigkeit, die in die Größenordnung von zehn Jahren fällt, besitzen.

Literatur

VII.1.1 Stockholmer Konvention: J. El. Soc. **102**, 288C (1955).
VII.1.2 REINHOLD, H.: Z. anorg. allg. Chem. **171**, 181 (1928).
VII.1.3 RICKERT, H.: Festkörperprobleme VI (Hrsg. W. SCHOTTKY), S. 85. Braunschweig: Vieweg 1967.

VII.1.4 KIUKKOLA, K., WAGNER, C.: J. Electrochem. Soc. **104**, 308, 379 (1957).
VII.1.5 SCHMALZRIED, H.: Z. Elektrochem. **66**, 572 (1962).
SCHMALZRIED, H.: Z. physik. Chem. N.F. **38**, 87 (1963).
VII.1.6 SCHMALZRIED, H.: Z. phys. Chem. N.F. **25**, 178 (1960).
VII.1.7 EGAN, J.J.: J. Phys. Chem. **68**, 978 (1964).
HEUS, R.J., EGAN, J.J.: Z. Phys. Chem. N.F. **49**, 38 (1966).
VII.2.1 DIAZ, C.M., RICHARDSON, F.D.: Trans. Inst. Met. **76**, 196 (1967).
FISCHER, W.A., ACKERMANN, W.: Arch. Eisenhüttenwesen **37**, 43 (1966).
OSTERWALD, J.: Z. Physik. chem. N.F. **49**, 138 (1966).
PLUSCHKELL, W., ENGELL, H.J.: Z. Metallkunde **56**, 450 (1965).
RICKERT, H., WAGNER, H.: Electrochimica Acta **11**, 83 (1966).
WILDER, T.C.: Trans. Met. Soc. AIME **236**, 1035 (1966).
VII.2.2 RAPP, R.A., MAAK, F.: Acta Metall. **10**, 63 (1962).
VII.4.1 WEISSBART, J., RUKA, R.: J. Electrochem. Soc. **109**, 723 (1962).
VII.4.2 CATOUL, P., HANS, A.: C.R.M. Reports **27**, 27 (1971).
FISCHER, W.A., ACKERMANN, W.: Arch. Eisenhüttenw. **36**, 643 (1965).
FISCHER, W.A., JANKE, D.: Arch. Eisenhüttenw. **39**, 89 (1968).
FITTERER, G.R.: J. Metals **18**, 961 (1966).
PARGETER, J.K., FAURSCHOU, D.K.: J. Metals **21**, 46 (1969).
RICHARDS, S., SWINKELS, D.A.J., HENDERSEN, J.B.: Proc. ICSTIS, Section 2,
RICKERT, H., WAGNER, H.: Electrochimica Acta **11**, 83 (1966).
Suppl. Trans. ISIJ, **11**, 371 (1971).
TURKDOGAN, E.T., FRUEHAN, R.J., MARTONIK, L.J.: Trans. AIME **245**, 1501 (1969).
VII.4.3 FISCHER, W., KLEINSCHMAGER, H., ROHR, F.J., STEINER, R., EYSEL, H.H.: Chemie-Ing.-Technik **43**, 1227 (1927), **44**, 726 (1972).
KLEINSCHMAGER, H., REICH, A.: Zs. Naturf. **27a**, 363 (1972).
VII.4.4 WHITTINGHAM, M.S., HUGGINS, R.A.: J. Chem. Phys. **54**, 414 (1971).
YOA, Y.F.Y., KUMMER, J.T.: J. Inorg. Nucl. Chem. **29**, 2453 (1967).
VII.4.5 OWENS, B.B.: Advances in Electrochemistry and Electrochemical Engineering, Vol. 8 (Hrsg. C.W. TOBIAS), S. 1. New York u.a.: Wiley-Interscience 1971.

VIII Festkörperreaktionen

Störstellen im Inneren fester Stoffe und adsorbierte Teilchen auf der Oberfläche, die im allgemeinen miteinander im Gleichgewicht stehen, sind von großer Bedeutung für das Verständnis von Reaktionen in und an festen Stoffen. Adsorbierte Atome, Moleküle und Ionen sowie bei höheren Bedeckungsgraden einfache und mehrfache Leerstellen in der Adsorptionsschicht spielen eine zentrale Rolle in den neueren Untersuchungen über die Vorgänge zwischen Festkörpern und Gasen [VIII.0.1]. Bei der theoretischen Analyse von Reaktionen an der Phasengrenze Metall/Metallverbindung werden elektrochemische Denkweisen, wie sie aus der Elektrodenkinetik der Elektrochemie der flüssigen Elektrolyte bekannt sind, angewendet. Aber auch experimentell gewinnen elektrochemische Methoden unter Verwendung von festen Elektrolyten eine immer größere Bedeutung für die Untersuchung von Festkörperreaktionen. Beispiele hierzu werden im nächsten Abschnitt diskutiert.

In diesem Kapitel wollen wir an dem Beispiel der Bildung von Deckschichten auf Metallen, die quantitativ von C. WAGNER [VIII.0.2] behandelt wurde, eine diffusionsbestimmte Festkörperreaktion ausführlicher besprechen. Eine solche Reaktion ist nur möglich durch Wanderung von Störstellen in festen Stoffen. Zu ihrer quantitativen Formulierung werden wir die Flußgleichungen aus Kapitel VI benötigen. Schließlich werden wir in Abschnitt VIII.2.4 noch einen weiteren Reaktionstypus erwähnen, nämlich die Bildung von Doppelsalzen und Doppeloxiden durch Reaktion im festen Zustand, die ebenfalls durch Wanderung von Störstellen ermöglicht wird.

VIII.1 Theorie der Deckschichtbildung auf Metallen

Bei der Oxidation von Metallen — gemeint ist hier die Reaktion von Metallen mit z.B. Sauerstoff, Schwefel oder einem Halogen, meistens bei höheren Temperaturen — entstehen oft feste Reaktionsprodukte,

z. B. Oxide oder Sulfide, die entweder als kompakte Deckschicht oder aber auch mehr oder weniger porös oder unregelmäßig, z. B. als Whisker, auf dem Metall aufwachsen. Für quantitative theoretische Betrachtungen erscheint die kompakte planparallele Deckschicht besonders übersichtlich. Von einer solchen kompakten Deckschicht wollen wir im folgenden ausgehen, wenn auch viele praktische Systeme poröse Zwischenschichten oder andere Unregelmäßigkeiten zeigen.

Da Metall und Oxidationsmittel durch eine solche Deckschicht voneinander getrennt sind, muß entweder das Metall oder das Nichtmetall — beide im allgemeinen in Form von Ionen und Elektronen bzw. Defektelektronen — durch die Deckschicht hindurchwandern. Wenn wir in der Deckschicht Kationen (Metallionen) und Anionen (Nichtmetallionen) sowie Elektronen bzw. Defektelektronen als bewegliche Teilchen annehmen, so ergibt sich für die Bildung einer kompakten Deckschicht

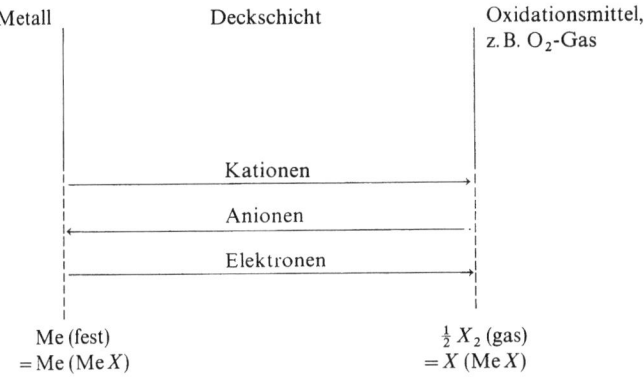

Abb. VIII.1.1. Schematische Darstellung der Wanderung von Kationen, Anionen sowie Elektronen durch eine Deckschicht bei der Metalloxidation.

das in Abb. VIII.1.1 dargestellte Reaktionsschema, in welchem drei Reaktionsteilschritte enthalten sind:

a) der Durchtritt von Metall durch die Phasengrenze Metall/feste Metallverbindung,

b) die Diffusion von Kationen oder Anionen und Elektronen bzw. Defektelektronen,

c) der Einbau des Oxidationsmittels, z. B. des Sauerstoffs, an der Phasengrenze Deckschicht/Oxidationsmittel.

Das Zusammenspiel dieser drei Reaktionsteilschritte bestimmt das Zeitgesetz für das Wachsen der Deckschicht.

VIII.1.1 Zeitgesetze der Deckschichtbildung. Für die Zunahme der Deckschichtdicke ΔX als Funktion der Reaktionszeit t bei konstantem chemischen Potential des Oxidationsmittels (z. B. konstanter Zusammensetzung der Gasphase) sind als Grenzfälle folgende Zeitgesetze bekannt:

a) Das lineare Zeitgesetz:
$$d\Delta X/dt = \text{konst} \qquad \text{(VIII.1.1)}$$
bzw.
$$\Delta X = \text{konst} \cdot t. \qquad \text{(VIII.1.2)}$$

Dieses Zeitgesetz (s. Abb. VIII.1.2) ist zu erwarten, wenn eine oder mehrere Phasengrenzreaktionen geschwindigkeitsbestimmend sind.

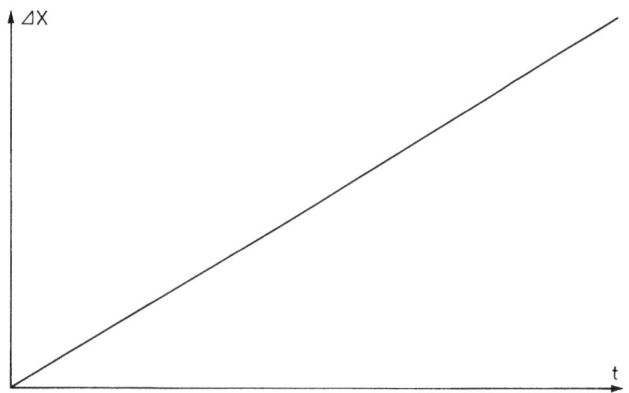

Abb. VIII.1.2. Lineares Zeitgesetz der Deckschichtbildung.

Beispiele:

α) Die Reaktion von Eisen in einem CO_2-CO-Gemisch bei 900 °C, untersucht von HAUFFE und PFEIFFER [VIII.1.1] und PETTIT, YINGER und J. B. WAGNER [VIII.1.2]. Hier ist die Reaktion an der Phasengrenze Wüstit/CO_2-CO, insbesondere die Aufspaltung von adsorbiertem $CO_{2_{ad}}$ in adsorbiertes CO_{ad} und O_{ad} geschwindigkeitsbestimmend.

β) Die Anfangsreaktion von Silber mit flüssigem Schwefel, bei der der Durchtritt von Silber durch die Phasengrenze Silber/Silbersulfid geschwindigkeitsbestimmend ist (s. CZERSKI, MROWEC und WERBER [VIII.1.3] und RICKERT [VIII.1.4]).

b) Das parabolische Zeitgesetz (Abb. VIII.1.3), das zuerst von TAMMANN [VIII.1.5] sowie PILLING und BEDWORTH [VIII.1.6] beobachtet wurde:

$$\frac{d\Delta X}{dt} = \frac{k}{\Delta X} \qquad \text{(VIII.1.3)}$$

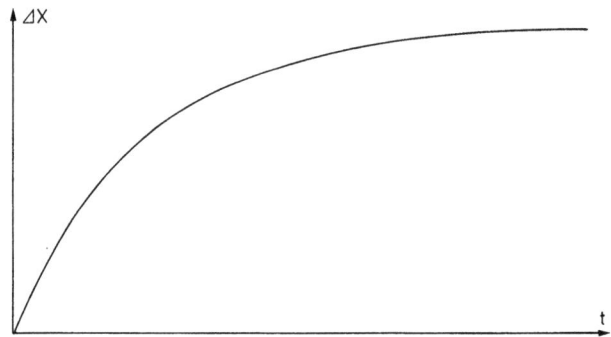

Abb. VIII.1.3. Parabolisches Zeitgesetz der Deckschichtbildung.

bzw. in integrierter Form (s. Abb. VIII.1.3)

$$\Delta X^2 = 2kt. \tag{VIII.1.4}$$

Hierbei bedeutet k die parabolische Anlaufkonstante.

Das parabolische Zeitgesetz ist dann zu erwarten, wenn Diffusionsvorgänge in der Deckschicht geschwindigkeitsbestimmend sind. Die Berechnung von k nach C. WAGNER [VIII.1.7] erfolgt in Abschnitt VIII.1.2.

c) Das logarithmische Zeitgesetz (Abb. VIII.1.4a und b), das zuerst von TAMMANN und KÖSTER [VIII.1.8] beobachtet wurde:

$$\Delta X = a + b \log t. \tag{VIII.1.5}$$

Hierbei sind a und b Konstanten. Dieses Zeitgesetz wird gelegentlich bei kleinen Schichtdicken gefunden. Die Deutung ist jedoch nicht immer einfach (vgl. P. KOFSTAD [VIII.1.9], C. WAGNER [VIII.1.10]).

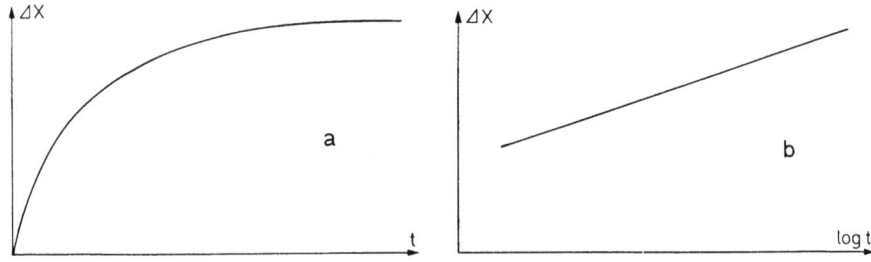

Abb. VIII.1.4. Logarithmisches Zeitgesetz der Deckschichtbildung. a) Lineare Auftragung, b) halblogarithmische Auftragung.

VIII.1.2 Berechnung der Konstanten des parabolischen Zeitgesetzes nach C. Wagner [VIII.1.7].

Voraussetzungen:

a) Es wird eine porenfreie Deckschicht (=Oxidschicht oder Anlaufschicht) und das in Abb. VIII.1.1 dargestellte Reaktionsschema angenommen,

b) an den Grenzen der Oxidphase sei das Gleichgewicht mit den Nachbarphasen (Metall bzw. Gas) praktisch eingestellt,

c) die Abweichungen von der ganzzahligen stöchiometrischen Zusammensetzung der Oxidphase sollen klein sein und in der Oxidphase sei überall lokales thermodynamisches Gleichgewicht eingestellt,

d) die Löslichkeit von Sauerstoff in der metallischen Phase soll vernachlässigbar klein sein,

e) die Dicke ΔX der Oxidschicht wird als groß gegenüber der Dicke elektrischer Doppelschichten angenommen.

Für die Flüsse der Kationen j_1, der Anionen j_2 und der Elektronen (bzw. Defektelektronen) j_3 in Molen pro Flächen- und Zeiteinheit gelten nach Kapitel VI im eindimensionalen Fall folgende Gleichungen:

$$j_1 = -\frac{\sigma_1}{z_1^2 F^2} \frac{\partial \eta_1}{\partial X}, \qquad \text{(VIII.1.6a)}$$

$$j_2 = -\frac{\sigma_2}{z_2^2 F^2} \frac{\partial \eta_2}{\partial X}, \qquad \text{(VIII.1.6b)}$$

$$j_3 = -\frac{\sigma_3}{F^2} \frac{\partial \eta_3}{\partial X}. \qquad \text{(VIII.1.6c)}$$

Hierbei bedeuten σ_i die Teilleitfähigkeit der Teilchensorte i, z_i die Wertigkeit der Teilchensorte i, η_i das elektrochemische Potential der Teilchensorte i und F die Faraday-Konstante.

Unter Verwendung des Komponentendiffusionskoeffizienten D_i der Teilchensorte i und der Konzentrationen c_i in Molen pro cm³ lassen sich die Gln. (VIII.1.6a) bis (VIII.1.6c) auch in der folgenden Form schreiben:

$$j_1 = -\frac{c_1 D_1}{RT} \frac{\partial \eta_1}{\partial X}, \qquad \text{(VIII.1.7a)}$$

$$j_2 = -\frac{c_2 D_2}{RT} \frac{\partial \eta_2}{\partial X}, \qquad \text{(VIII.1.7b)}$$

$$j_3 = -\frac{c_3 D_3}{RT} \frac{\partial \eta_3}{\partial X}. \qquad \text{(VIII.1.7c)}$$

Mit diesen Flußgleichungen (VIII.1.6a) bis (VIII.1.6c) bzw. (VIII.1.7a) bis (VIII.1.7c) läßt sich das Problem der Berechnung der parabolischen Anlaufkonstanten allgemein lösen. In praktischen Fällen sind jedoch die Beweglichkeiten von Kationen und Anionen meistens sehr verschieden voneinander. Dann erfolgt der Anlaufvorgang durch Wanderung von Kationen (Metallionen) und Elektronen *oder* von Anionen und Elektronen, je nachdem welche Ionensorte eine höhere Beweglichkeit hat. Im folgenden soll vorausgesetzt werden, daß allein Metallionen und Elektronen wandern, d.h. es gelte $\sigma_1 \gg \sigma_2$ oder $|j_1| \gg |j_2|$. Der andere Fall ergibt sich in analoger Weise. Aus Gründen der Elektroneutralität folgt dann, daß der Fluß der Metallionen äquivalent dem der Elektronen ist, also:

$$z_1 j_1 = j_3 . \tag{VIII.1.8}$$

Unter Beachtung der Tatsache, daß für das elektrochemische Potential η_i die Beziehung

$$\eta_i = \mu_i + z_i F \varphi \tag{VIII.1.9}$$

(mit μ_i als dem chemischen Potential der Teilchensorte i und φ als dem elektrischen Potential) besteht, folgt aus den Gln. (VIII.1.8), (VIII.1.6a) und (VIII.1.6c):

$$j_1 = -\frac{1}{z_1^2 F^2} \frac{\sigma_1 \sigma_3}{\sigma_1 + \sigma_3} \left(\frac{\partial \mu_1}{\partial X} + z_1 \frac{\partial \mu_3}{\partial X} \right) . \tag{VIII.1.10}$$

Da das lokale chemische Potential μ_{Me} des zu oxidierenden Metalls durch die Summe der chemischen Potentiale der Metallionen und der zugehörigen Elektronen,

$$\mu_{Me} = \mu_1 + z_1 \mu_3 , \tag{VIII.1.11}$$

gegeben ist, folgt weiter

$$j_1 = -\frac{1}{z_1^2 F^2} \frac{\sigma_1 \sigma_3}{\sigma_1 + \sigma_3} \frac{\partial \mu_{Me}}{\partial X} . \tag{VIII.1.12}$$

In Gl. (VIII.1.12) erscheint nur der Gradient des chemischen Potentials des Metalls, nicht aber der Gradient der Konzentration des Metalls in der Metallverbindung. Das ist ein großer Vorteil, da die Abweichungen von der ganzzahligen stöchiometrischen Zusammensetzung vielfach sehr klein und daher experimentell schwer zugänglich sind. Die Teilleitfähigkeiten σ_1 und σ_3 sind Funktionen von μ_{Me} und darum im allgemeinen innerhalb der Anlaufschicht nicht konstant. σ_1 und σ_2 können von der Seite des Metalls bis zur Seite des Oxidationsmittels um mehrere Grö-

Theorie der Deckschichtbildung auf Metallen

ßenordnungen variieren. Durch Integration ergibt sich aus Gl. (VIII.1.12):

$$j_1 = -\frac{1}{z_1^2 F^2 \Delta X} \int_{\mu'_{Me}}^{\mu''_{Me}} \frac{\sigma_1 \sigma_3}{\sigma_1 + \sigma_3} d\mu_{Me}$$
$$= \frac{1}{z_1^2 F^2 \Delta X} \int_{\mu''_{Me}}^{\mu'_{Me}} \frac{\sigma_1 \sigma_3}{\sigma_1 + \sigma_3} d\mu_{Me}, \qquad \text{(VIII.1.13)}$$

wobei μ'_{Me} und μ''_{Me} die chemischen Potentiale des Metalls Me an der Phasengrenze Metall/Deckschicht bzw. Deckschicht/Oxidationsmittel sind.

Um die Verbindung zur parabolischen Anlaufkonstanten in Gl. (VIII.1.3) bzw. (VIII.1.4) herzustellen, wird der Fluß der Metallionen andererseits durch die zeitliche Zunahme $d\Delta X/dt$ der Dicke der Anlaufschicht multipliziert mit der Konzentration c_1 des Metalls in der Reaktionsschicht, also

$$j_1 = c_1 \frac{d\Delta X}{dt}, \qquad \text{(VIII.1.14)}$$

ausgedrückt. $\dfrac{d\Delta X}{dt}$ kann nach Gl. (VIII.1.3) durch die parabolische Anlaufkonstante k dividiert durch ΔX ersetzt werden. Damit folgt aus Gl. (VIII.1.14)

$$j_1 = c_1 \frac{k}{\Delta X}. \qquad \text{(VIII.1.15)}$$

Vergleich von Gl. (VIII.1.13) mit (VIII.1.15) ergibt den gesuchten Ausdruck für die parabolische Anlaufkonstante

$$k = \frac{1}{z_1^2 F^2 c_1} \int_{\mu''_{Me}}^{\mu'_{Me}} \frac{\sigma_1 \sigma_3}{\sigma_1 + \sigma_3} d\mu_{Me}, \qquad \text{falls } \sigma_1 \gg \sigma_2. \qquad \text{(VIII.1.16)}$$

Ist $\sigma_2 \gg \sigma_1$, d.h. wandern im wesentlichen Anionen und Elektronen durch die Deckschicht, dann folgt durch eine entsprechende Herleitung

$$k = \frac{1}{z_2^2 F^2 c_2} \int_{\mu'_X}^{\mu''_X} \frac{\sigma_2 \sigma_3}{\sigma_2 + \sigma_3} d\mu_X \qquad \text{für } \sigma_2 \gg \sigma_3, \qquad \text{(VIII.1.17)}$$

worin μ_X das chemische Potential des Nichtmetalls X bedeutet, speziell μ'_X das für das Gleichgewicht Metall/Metallverbindung und μ''_X das an der äußeren Phasengrenze der Metallverbindung bzw. in der Gasphase. Oft ist die Elektronenteilleitfähigkeit sehr viel größer als die Ionenteilleitfähigkeit, d.h. $\sigma_3 \gg \sigma_1, \sigma_2$. Dann folgt für $\sigma_1 \gg \sigma_2$ (Metallionenwanderung) aus Gl. (VIII.1.16)

$$k = \frac{1}{z_1^2 F^2 c_1} \int_{\mu''_{Me}}^{\mu'_{Me}} \sigma_1 \, d\mu_{Me} \quad \text{falls } \sigma_3 \gg \sigma_1 \gg \sigma_2 \qquad \text{(VIII.1.18)}$$

bzw. unter Verwendung von Diffusionskoeffizienten entsprechend Gl. (VIII.1.7a) bis (VIII.1.7c):

$$k = \frac{1}{RT} \int_{\mu''_{Me}}^{\mu'_{Me}} D_1 \, d\mu_{Me} \quad \text{falls } D_3 \gg D_1 \gg D_2. \qquad \text{(VIII.1.19)}$$

Die entsprechenden Ausdrücke für elektronenleitende Deckschichten bei Wanderung von Anionen ($\sigma_2 \gg \sigma_1$) sind:

bzw.

$$k = \frac{1}{z_2^2 F^2 c_2} \int_{\mu'_X}^{\mu''_X} \sigma_2 \, d\mu_X \quad \text{falls } \sigma_3 \gg \sigma_2 \gg \sigma_1 \qquad \text{(VIII.1.20)}$$

$$k = \frac{1}{RT} \int_{\mu'_X}^{\mu''_X} D_2 \, d\mu_X \quad \text{falls } D_3 \gg D_2 \gg D_1. \qquad \text{(VIII.1.21)}$$

VIII.2 Beispiele für die Deckschichtbildung auf Metallen

VIII.2.1 Die Oxidation von Kupfer zu Cu_2O bei 1000 °C [VIII.2.1].

In Kapitel III wurde die Fehlordnung von Cu_2O diskutiert und festgestellt, daß in Übereinstimmung mit der Annahme von überwiegend vorhandenen Defektelektronen und Kupferionenleerstellen die Teilleitfähigkeit der Defektelektronen experimentell proportional zu $p_{O_2}^{\frac{1}{7}}$ gefunden wird. Die theoretische Abhängigkeit bei idealem Verhalten wäre proportional zu $p_{O_2}^{\frac{1}{8}}$. Da die Konzentration der Defektelektronen gleich der der Kupferionenleerstellen ist, ist auch für die Leitfähigkeit der Kupferionen eine Abhängigkeit proportional zu $p_{O_2}^{\frac{1}{7}}$ anzunehmen. Wir können also schreiben:

$$\sigma_1 \cong \sigma_1(p_{O_2} = p'_{O_2}) \left(\frac{p_{O_2}}{p'_{O_2}} \right)^{\frac{1}{7}}. \qquad \text{(VIII.2.1)}$$

Wegen der größeren Beweglichkeit der Defektelektronen gegenüber der der Kupferionenleerstellen ist die elektronische Teilleitfähigkeit σ_3 wesentlich größer als die der Kupferionen σ_1. Darum ist Gl. (VIII.1.18) anzuwenden.

Beispiele für die Deckschichtbildung auf Metallen 149

Wegen der Gibbs-Duhem-Gleichung kann man schreiben:

$$2\,d\mu_{Cu} = -d\mu_O = -\tfrac{1}{2} d\mu_{O_2} \qquad \text{(VIII.2.2)}$$

und unter Benutzung von $\mu_{O_2} = \mu_{O_2}^0 + RT \ln p_{O_2}$:

$$d\mu_{Cu} = -\tfrac{1}{4} RT\,d \ln p_{O_2}. \qquad \text{(VIII.2.3)}$$

Durch Einsetzen von Gl. (VIII.2.1) und (VIII.2.3) in (VIII.1.3) ergibt sich

$$k = \frac{RT\,\sigma_1(p_{O_2}')}{4 F^2 c_1} \int_{p'_{O_2}}^{p''_{O_2}} \left(\frac{p_{O_2}}{p'_{O_2}}\right)^{\frac{1}{7}} d \ln p_{O_2}, \qquad \text{(VIII.2.4)}$$

$$= \frac{7}{4} \frac{RT}{F^2 c_1} \sigma_1(p'_{O_2}) \left[\left(\frac{p''_{O_2}}{p'_{O_2}}\right)^{\frac{1}{7}} - 1 \right]. \qquad \text{(VIII.2.5)}$$

Die parabolische Anlaufkonstante sollte eine lineare Funktion der siebten Wurzel des äußeren Sauerstoffpartialdruckes sein. Das steht in guter Übereinstimmung mit den experimentellen Ergebnissen [VIII.2.1].

VIII.2.2 Die Oxidation von Zink bei 400 °C. Wie in Kapitel III dargestellt, sind in ZnO quasifreie Elektronen und Zinkionen auf Zwischengitterplätzen in praktisch gleichen Konzentrationen anzunehmen. Die Teilleitfähigkeit der Elektronen als auch die der Zinkionen ist proportional zu $p_{O_2}^{-\frac{1}{4}}$, d.h. es gilt

$$\sigma_1 \cong \sigma_1'(p_{O_2} = p'_{O_2}) \left(\frac{p_{O_2}}{p'_{O_2}}\right)^{-\frac{1}{4}}. \qquad \text{(VIII.2.6)}$$

Im übrigen gelten die gleichen Überlegungen wie bei dem vorangegangenen Beispiel der Oxidation von Kupfer zu Cu_2O. Wir erhalten in analoger Weise für die Oxidation von Zink zu ZnO:

$$k = \text{konst} \left[1 - \left(\frac{p'_{O_2}}{p''_{O_2}}\right)^{\frac{1}{4}} \right] \qquad \text{(VIII.2.7)}$$

bzw. für genügend große äußere Sauerstoffpartialdrücke

$$k \cong \text{konst}, \quad \text{falls} \quad p'_{O_2} \ll p''_{O_2}, \qquad \text{(VIII.2.7 a)}$$

d.h., k ist dann unabhängig von dem äußeren Sauerstoffpartialdruck p''_{O_2}.

VIII.2.3 Die Reaktion von Silber mit flüssigem Schwefel bei 400 °C. Bei der Reaktion von Silber mit flüssigem Schwefel entsteht im allgemeinen nächst dem Silber eine poröse und nächst dem Schwefel eine kompakte Ag_2S-Schicht. Durch eine besondere Versuchsanordnung, die schematisch

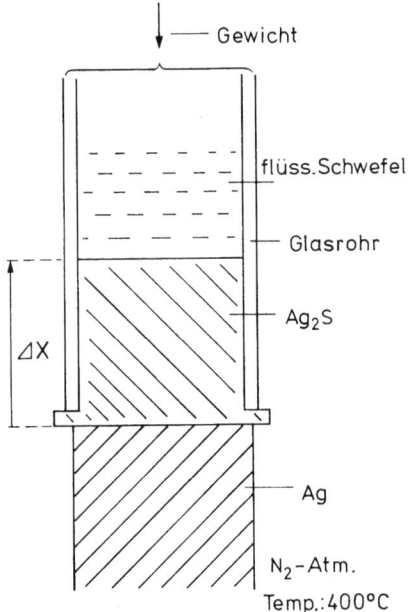

Abb. VIII.2.1. Schematische Darstellung der Versuchsanordnung zur Untersuchung der Reaktion von Silber mit flüssigem Schwefel.

in Abb. VIII.2.1 dargestellt ist, kann man jedoch die poröse Zwischenschicht unterdrücken und Ag_2S wächst eindimensional zwischen Silber und Schwefel. Die Entstehung der porösen Zwischenschicht hat ihre primäre Ursache darin, daß durch die Wanderung von Silberionen und Elektronen in Ag_2S Silber an der Phasengrenze Ag | Ag_2S verbraucht wird und dann, wenn keine Relativbewegung zwischen Ag_2S-Deckschicht und Silbermetall erfolgt, hier notwendigerweise Hohlräume entstehen. Die Versuchsanordnung nach Abb. VIII.2.1 erlaubt nun eine Relativbewegung zwischen Ag_2S und Silber, indem das Ag_2S in ein Glasrohr hineinwächst und dieses Glasrohr ständig gegen die Silberprobe gedrückt wird. Durch die hohe Beweglichkeit der Silberionen und Elektronen wächst das Ag_2S sehr schnell in das Glasrohr hinein und erreicht in einem Tag eine Schichtdicke von mehreren Zentimetern. Bei 400 °C ist praktisch Gleichgewicht an den Phasengrenzen eingestellt, während bei 200 °C und 300 °C starke Hemmungen an der Phasengrenze Ag | Ag_2S auftreten, deren Untersuchung im nächsten Kapitel beschrieben wird. Für 400 °C ist die parabolische Anlaufkonstante aus der Teilleitfähigkeit der Silberionen und der Differenz des chemischen Potentials des Silbers über die Anlaufschicht hinweg berechenbar.

Silbersulfid ist ein besonders einfaches Beispiel, weil die Teilleitfähigkeit σ_1 der Silberionen in Ag_2S praktisch konstant, unabhängig vom chemischen Potential des Silbers ist. σ_1 beträgt $5,5\,\Omega^{-1}\,cm^{-1}$ bei 400 °C. Damit ergibt sich die parabolische Anlaufkonstante k zu

$$k = \frac{\sigma_1}{F^2 c_1}(\mu'_{Ag} - \mu''_{Ag}). \tag{VIII.2.8}$$

$(\mu'_{Ag} - \mu''_{Ag})$ ist durch die EMK E der Kette (VII.2.1) in Abschnitt VII.2, die 0,22 Volt beträgt, gegeben. Damit ergibt sich k zu $2,5 \cdot 10^{-4}\,cm^2\,sec^{-1}$ in guter Übereinstimmung mit dem experimentellen Befund [VIII.2.2].

VIII.2.4 Bildung von Doppelsalzen und Doppeloxiden durch Reaktion im festen Zustand. Als Beispiel betrachten wir die Bildung von Ag_2HgJ_4 aus AgJ und HgJ_2 bei 65 °C [VIII.2.3] nach der Bruttogleichung

$$2\,AgJ + HgJ_2 = Ag_2HgJ_4. \tag{VIII.2.9}$$

Das Reaktionsprodukt bildet sich zwischen den Ausgangsstoffen und trennt diese räumlich voneinander. Das ist in Abb. VIII.2.2 schematisch dargestellt. Bei eingestelltem Gleichgewicht an den Phasengrenzen ist die Gegeneinanderdiffusion der Ag^+- und Hg^{2+}-Ionen der geschwindigkeitsbestimmende Vorgang für die Bildung von Ag_2HgJ_4 nach dem parabolischen Zeitgesetz. Die relativ großen Jodionen beteiligen sich praktisch nicht am Transport, was jedoch grundsätzlich nicht der Fall sein müßte. Sonst wäre der Reaktionsmechanismus in Abb. VIII.2.2 entsprechend zu modifizieren. Die Konstante des parabolischen Zeitgesetzes ist berechenbar, wenn die Teilleitfähigkeiten der diffundierenden Ionen in Ag_2HgJ_4 oder deren Komponentendiffusionskoeffizienten als Funktion des chemischen Potentials μ_{AgJ} (oder μ_{HgJ_2}) und die Gibbssche Reaktionsenergie für die betrachtete Reaktion bekannt sind.

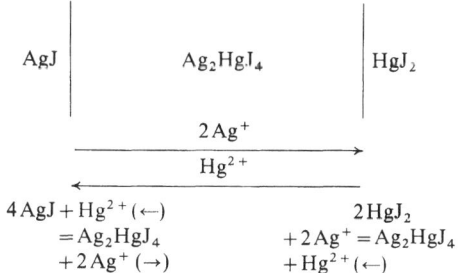

Abb. VIII.2.2. Bildung des Doppelsalzes Ag_2HgJ_4 durch Reaktion im festen Zustand.

In analoger Weise kann man die Bildung von Doppeloxiden, z.B. Spinellen, aus den Einzeloxiden behandeln. Dabei ist zu unterscheiden, ob wieder, wie in obigem Beispiel, Metallionen gegeneinanderdiffundieren oder ob sich auch die Sauerstoffionen am Stofftransport beteiligen. Gelegentlich kann auch ein Stofftransport durch die Gasphase wesentlich sein. Ein weiteres Beispiel des hier besprochenen Reaktionstypus ist die Bildung von Doppelsulfiden wie Ag_3SbS_3 und $AgSbS_2$ aus Sb_2S_3 und Ag_2S [VIII.2.4].

Literatur

VIII.0.1   WAGNER, C.: Advances in Catalysis **21**, 323 (1970).
VIII.0.2   WAGNER, C.: Z. Phys. Chem. **B21**, 25 (1933).
VIII.1.1   HAUFFE, K., PFEIFFER, H.: Z. Elektrochem. **56**, 390 (1952).
VIII.1.2   PETTIT, F.S., YINGER, R., WAGNER, J.B.: Acta Met. **8**, 617 (1960).
VIII.1.3   CZERSKI, L., MROWEC, S., WERBER, T.: Arch. Hutnictwa **3**, 49 (1958).
VIII.1.4   RICKERT, H.: Z. phys. Chem. N.F. **23**, 355 (1960).
VIII.1.5   TAMMANN, G.: Z. anorg. Chem. **111**, 78 (1920).
VIII.1.6   PILLING, N.B., BEDWORTH, R.E.: J. Inst. Metals **29**, 529 (1923).
VIII.1.7   WAGNER, C.: Z. phys. Chem. **B21**, 25 (1933).
VIII.1.8   TAMMANN, G., KÖSTER, W.: Z. anorg. Chem. **123**, 196 (1922).
VIII.1.9   KOFSTAD, P.: High Temperature Oxidation of Metals. New York: Wiley 1966.
VIII.1.10 WAGNER, C.: Werkstoffe und Korrosion, **21**, 886 (1971).
VIII.2.1   WAGNER, C., GRÜNEWALD, K.: Z. physik. Chem. **B40**, 455 (1938).
VIII.2.2   RICKERT, H.: Z. phys. Chem. N.F. **23**, 355 (1960).
VIII.2.3   KETELAAR, J.A.A.: Z. physik. Chem. **B26**, 327 (1934).
           KOCH, E., WAGNER, C.: Z. physik. Chem. **B34**, 317 (1936).
           WAGNER, C.: Z. physik. Chem. **B34**, 309 (1936).
VIII.2.4   RICKERT, H., WAGNER, C.: Z. Elektrochem. **64**, 793 (1960), **66**, 502 (1962).

IX Galvanische Ketten mit festen Elektrolyten für kinetische Untersuchungen

Außer für thermodynamische Messungen haben galvanische Ketten mit festen Elektrolyten eine zunehmende Bedeutung für kinetische Untersuchungen in und an festen Stoffen erlangt. Thermodynamische Messungen an Festkörperketten dienen der Bestimmung von Gibbsschen Reaktionsenergien ΔG oder der Ermittlung von Aktivitäten bzw. chemischen Potentialen in Mischungen und Verbindungen und sind in Kapitel VII behandelt. Mit Hilfe von Polarisationsmessungen an geeigneten galvanischen Ketten kann man nach HEBB [VI.3.9] und WAGNER [VI.3.10] (s. Abschnitt VI.3) Aussagen über Teilleitfähigkeiten von festen Stoffen erhalten, womit bereits galvanische Ketten für kinetische Untersuchungen angewandt wurden. Aber auch für weitere kinetische Messungen zur Untersuchung verschiedener Typen von Reaktionen in und an festen Stoffen haben sich galvanische Ketten mit festen Elektrolyten bewährt. Dabei handelt es sich sowohl um Diffusionsvorgänge, bzw. diffusionsbestimmte Reaktionen, als auch um Phasengrenzreaktionen sowohl an Phasengrenzen fester Stoff/Gasphase, wie auch an solchen zwischen zwei festen Stoffen. Diese kinetischen Untersuchungen werden dadurch möglich, daß galvanische Ketten mit festen Hilfselektrolyten mit praktisch reiner Ionenleitfähigkeit nicht nur über die EMK der Kette thermodynamische Aussagen geben, z.B. ΔG-Werte bzw. chemische Potentiale oder Aktivitäten, sondern daß sie es auch ermöglichen, über die Messung eines in einer geeignet aufgebauten Kette fließenden Stroms eine Reaktionsgeschwindigkeit direkt zu bestimmen. Die Kombination der Geschwindigkeitsmessung über einen elektrischen Strom und der Messung von thermodynamischen Größen über die EMK erlaubt oft die Analyse von kinetischen Vorgängen. Das wird im folgenden an sechs typischen Beispielen gezeigt:

1. Sauerstoffdiffusion in Metallen
2. Bildung von Nickelsulfid auf Nickel
3. Durchtritt von Silber durch die Phasengrenze Silber/Silbersulfid
4. Verdampfung von Jod aus Kupferjodid
5. Elektrochemische Knudsenzelle
6. Chemische Diffusion in Metalloxiden.

IX.1 Elektrochemische Messung der Sauerstoffdiffusion in Metallen bei höheren Temperaturen mit Zirkondioxid als Festelektrolyt [IX.1.1]

Die *thermodynamische* Eigenschaft einer galvanischen Kette (IX.1.I)

$$p'_{O_2}, \text{Pt} \mid \text{ZrO}_2(+\text{Y}_2\text{O}_3) \mid \text{Pt}, p''_{O_2} \qquad \text{(IX.1.I)}$$

mit dotiertem Zirkondioxid, das auf beiden Seiten von Sauerstoff mit den Partialdrücken p'_{O_2} und p''_{O_2} umspülte poröse Platinelektroden enthält, besteht darin, daß die EMK E ein Maß für die Differenz der chemischen Potentiale μ''_{O_2} und μ'_{O_2} des Sauerstoffs auf beiden Seiten der Kette (IX.1.I) ist:

$$\mu''_{O_2} - \mu'_{O_2} = 4EF \qquad \text{(IX.1.1)}$$

(s. auch Abschnitt VII.2). Unter Berücksichtigung von $\frac{1}{2}\mu_{O_2} = \mu_O = \mu_O^0 + RT \ln a_O$ ist die EMK E demnach ein Maß für das Verhältnis der Sauerstoffaktivitäten a'_O bzw. a''_O

$$E = \frac{RT}{2F} \ln \frac{a''_O}{a'_O}. \qquad \text{(IX.1.2)}$$

Daher kann man
a) über die EMK der Kette (IX.1.I) bei offenem Stromkreis das Verhältnis der Sauerstoffaktivitäten auf beiden Seiten des Elektrolyten messen, aber auch
b) durch Anlegen einer bestimmten EMK an die Kette (IX.1.I) ein bestimmtes Verhältnis der Sauerstoffaktivitäten erzwingen bzw. durch Vorgabe eines Sauerstoffdruckes an einer der Elektroden mit Hilfe einer angelegten EMK die Sauerstoffaktivität an der anderen Elektrode erzwingen. Hierbei ist darauf zu achten, daß durch Polarisationserscheinungen im Elektrolyten und an der Bezugselektrode keine Fehler entstehen.

Die *kinetische* Eigenschaft einer galvanischen Kette mit dotiertem Zirkondioxid als Festelektrolyten besteht darin, daß ein Stromfluß durch eine solche Kette, z.B. durch die Kette (IX.1.I), ein Maß für die Geschwindigkeit ist, mit der Sauerstoff von einer auf die andere Seite transportiert wird, indem durch den Elektrolyten nur Sauerstoffionen fließen und der Stromkreis durch die äußeren elektronenleitenden Zuleitungen geschlossen wird:

$$\mathbf{i} = -2F\mathbf{j}_{O^{--}}. \qquad \text{(IX.1.3)}$$

IX.1.1 Das Prinzip der elektrochemischen Messung der Sauerstoffdiffusion. Das Prinzip der elektrochemischen Messung der Sauerstoffdiffusion in einem Metall kann nun darin bestehen, daß zunächst dieses

Metall mit einem bestimmten Sauerstoffdruck ins Gleichgewicht gebracht, und damit eine bestimmte Sauerstoffkonzentration in diesem Metall eingestellt wird. Die Probe befinde sich bereits auf einer Seite des Festelektrolyten Zirkondioxid oder sie wird dorthin gebracht und stellt nun eine Elektrode einer galvanischen Kette dar. Auf der anderen Seite des Zirkondioxids befindet sich eine im Rahmen dieser Messungen praktisch nicht polarisierbare Elektrode, z.B. eine poröse Platinschicht, die mit Luft umspült ist oder eine Fe/FeO-Elektrode, durch welche ein Sauerstoffpartialdruck von ungefähr 10^{-19} atm bei 800 °C festgelegt wird. Als Beispiel betrachten wir die Kette (IX.1.II):

$$\text{Fe, FeO} \quad | \quad \text{ZrO}_2(+\text{Y}_2\text{O}_3) \quad | \quad \text{Ag}[+\text{O}(\text{gelöst})], \quad \text{(IX.1.II)}$$

$$\xleftarrow{2e^-} \quad \xleftarrow{O^{--}} \quad \xleftarrow{O}$$
$$\xleftarrow{2e^-}$$

bei der eine Fe/FeO-Elektrode auf der einen Seite benutzt wird und auf der anderen Seite Silbermetall, in dem Sauerstoff gelöst ist. Die EMK der Kette vor dem Versuch ist ein Maß für die Aktivität des im Silber gelösten Sauerstoffs und damit für die Anfangskonzentration des Sauerstoffs im Silber. Es ist die potentiostatische und die galvanostatische Methode voneinander zu unterscheiden. Wir diskutieren zunächst die potentiostatische Methode.

IX.1.2 Potentiostatische Methode. Hierbei wird zu einer bestimmten Zeit $t = t_0$ eine EMK an die Kette gelegt, derart, daß die Sauerstoffaktivität an der Phasengrenze Zirkondioxid/Metall sehr klein wird. Legt man z.B. potentiostatisch an die Kette (IX.1.II) eine Spannung von etwa 100 mV mit dem negativen Pol an Silber, so wird dadurch eine Sauerstoffaktivität an der Grenzfläche Zirkondioxid/Silber erzwungen, die noch kleiner ist, als die dem Gleichgewicht zwischen Eisen und Eisenoxid entsprechende Sauerstoffaktivität. Dadurch wird die Sauerstoffkonzentration an der Phasengrenze Ag | ZrO$_2$(+Y$_2$O$_3$) praktisch auf Null gebracht. Dann diffundiert Sauerstoff aus dem Metall an die Phasengrenze Zirkondioxid/Metall und wird wegen der angelegten EMK von dort unter Überführung elektrischer Ladung auf die andere Seite des Elektrolyten transportiert. Auf diese Weise wird der Diffusionsstrom in einen elektrischen Strom umgewandelt und der Messung zugänglich (s. Pfeile in Kette (IX.1.II)). Aus dem durch die Kette fließenden Strom, der dem aus dem Metall herausdiffundierenden Sauerstoff äquivalent ist, kann der Diffusionskoeffizient des Sauerstoffs ermittelt werden. Die Auswertung hängt von der gewählten Geometrie ab. Wir werden weiter unten a) die lineare und b) die zylindrische Geometrie diskutieren.

Sauerstoffpartialdrücke, die bei 800 °C kleiner als 10^{-23} atm sind, können nicht vorgegeben werden, da dotiertes Zirkondioxid in diesem Druckbereich elektronenleitend wird [IX.1.2], was nicht erwünscht ist. Im allgemeinen dürfte es ausreichen, wenn man die Sauerstoffkonzentration an der Phasengrenze Zirkondioxid/untersuchte Metallprobe um einen Faktor 10^2 bis 10^3 kleiner als die Anfangskonzentration des Sauerstoffs in der Metallprobe macht. Wenn der Sauerstoff atomar (evtl. auch unter Aufnahme von Elektronen) gelöst ist, entspricht nach Gl. (IX.1.2) bei 800 °C und idealem Verhalten einer Konzentrationsänderung des Sauerstoffs um einen Faktor zehn eine EMK-Änderung um 126 mV. Die Voraussetzung der Nichtpolarisierbarkeit der Gegenelektrode ist bei der Fe | FeO-Elektrode annähernd erfüllt, wenn diese Elektrode Sauerstoff aufnimmt, da die FeO-Bildung verhältnismäßig schnell erfolgt.

IX.1.2.1 Die lineare Geometrie. Hierbei kann die Silberprobe als Zylinder vorliegen, an dessen einer Stirnfläche sich die Zirkondioxidtablette befindet. Damit keine radiale Abdiffusion aus dem Silber auftritt, kann der zylindrische Silberstab mit einer Umhüllung, z.B. aus Al_2O_3 versehen werden, wie in Abb. IX.1.1 dargestellt ist. Die Sauerstoffdiffusion erfolgt nur in Richtung der Zylinderachse, die wir als x-Koordi-

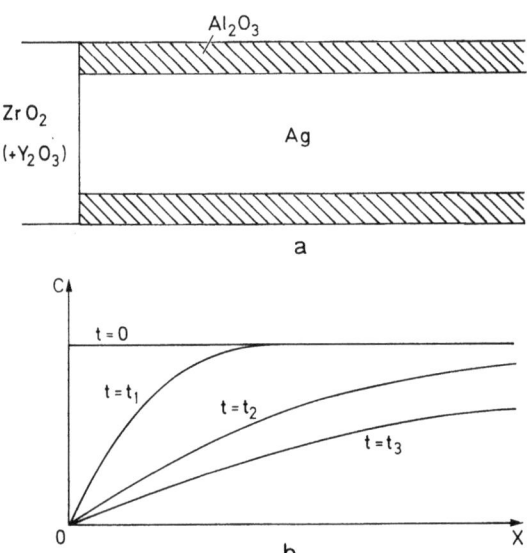

Abb. IX.1.1. a) Anordnung der Silber-Probe zur Messung der Sauerstoffdiffusion in der linearen Geometrie. b) Verlauf der Sauerstoffkonzentration in Richtung der Zylinderachse x für verschiedene Zeiten t_0, t_1, t_2 usw.

nate mit dem Ursprung an der Phasengrenze $ZrO_2(+Y_2O_3) \mid Ag$, bezeichnen wollen. Zur Bestimmung des Diffusionskoeffizienten D des Sauerstoffs ist die Diffusionsgleichung (zweites Ficksches Gesetz)

$$\frac{\partial c}{\partial t} = D \frac{\partial^2 c}{\partial x^2} \qquad (IX.1.4)$$

mit folgenden Anfangs- und Randbedingungen zu lösen

$$c = c_0 \quad \text{für } 0 < x < \infty \quad \text{und } t = 0$$
$$c = 0 \quad \text{für } x = 0 \quad \text{und } t > 0.$$

Zur Zeit $t = 0$ enthält der Silberstab gelösten Sauerstoff der Konzentration $c = c_0$. An der Phasengrenze $Ag \mid ZrO_2(+Y_2O_3)$ wird die Sauerstoffkonzentration durch potentiostatisches Arbeiten von der Zeit $t = t_0$ an ungefähr auf Null gehalten. Durch die Kette fließt ein Diffusionsgrenzstrom, wie er in der Elektrodenkinetik flüssiger Phasen seit langem bekannt ist. Dieser Diffusionsgrenzstrom muß von der an die Kette gelegten Spannung in gewissen Grenzen unabhängig sein, was auch im Versuch gezeigt werden konnte. Damit die gewählte Randbedingung (unendlicher Halbraum) erfüllt ist, muß der Silberstab so lang sein, daß während des Versuchs in größerem Abstand von der Phasengrenze $Ag \mid ZrO_2(+Y_2O_3)$ noch die Anfangskonzentration c_0 erhalten bleibt. Die Lösung der Diffusionsgleichung (IX.1.4) ergibt die Konzentration c des Sauerstoffs als Funktion der Zeit t und des Abstandes x von der Stirnfläche des Metalls mit den vorgegebenen Anfangs- und Randbedingungen (s. z.B. CRANK [IX.1.3]):

$$c = c_0 \, \text{erf} \frac{x}{2\sqrt{Dt}}. \qquad (IX.1.5)$$

Hierbei ist $\text{erf}(z)$ das Fehlerintegral

$$\text{erf}(z) = \frac{2}{\sqrt{\pi}} \int_0^z e^{-\xi^2} d\xi. \qquad (IX.1.6)$$

Der Verlauf der Konzentration c als Funktion des Abstandes x ist für drei verschiedene Zeiten in Abb. IX.1.1 schematisch dargestellt. Aus Gl. (IX.1.5) folgt für den Teilchendiffusionsfluß j mit Hilfe des ersten Fickschen Gesetzes aus dem Konzentrationsgradienten des Sauerstoffs an der Stelle $x = 0$

$$|j| = D \frac{\partial c}{\partial x}\bigg|_{x=0} = \frac{D c_0}{\sqrt{\pi D t}}. \qquad (IX.1.7)$$

Für die elektrische Stromdichte i folgt

$$i = |2Fj| = 2F \frac{c_0 \sqrt{D}}{\sqrt{\pi t}}. \qquad (IX.1.8)$$

Die elektrische Stromdichte wird also proportional $1/\sqrt{t}$ abnehmen, d.h., eine Auftragung von i über $1/\sqrt{t}$ ergibt eine Gerade mit der Steigung $2F c_0 \sqrt{D}/\sqrt{\pi}$, aus der bei bekannter Anfangskonzentration c_0 der Wert des Diffusionskoeffizienten D zu errechnen ist.

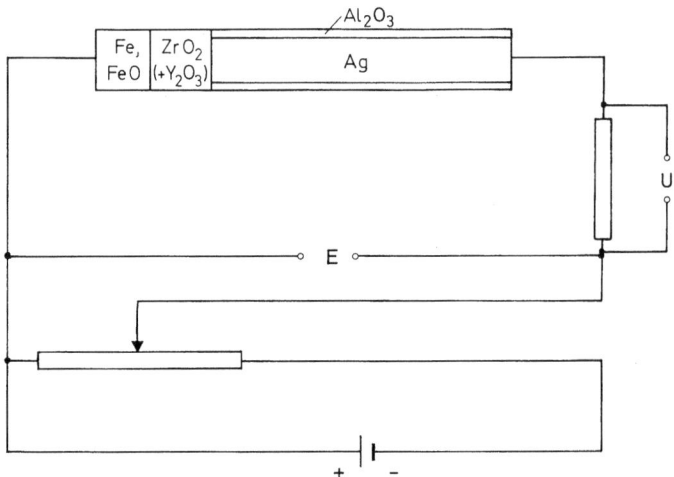

Abb. IX.1.2. Schema des Versuchsaufbaus zur potentiostatischen Messung der Sauerstoffdiffusion in Silber.

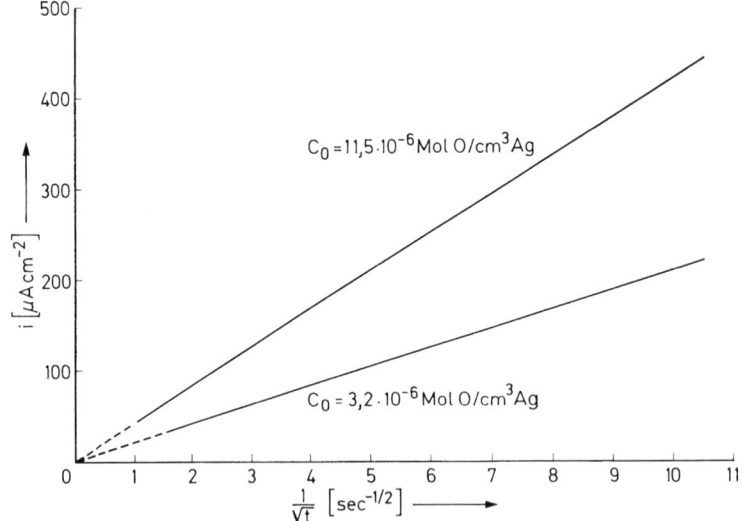

Abb. IX.1.3. Stromdichte i als Funktion von $t^{-\frac{1}{2}}$ für die Sauerstoffdiffusion in Silber in der linearen Geometrie bei 800 °C und zwei verschiedenen Anfangskonzentrationen c_0.

Abb. IX.1.2 zeigt das Schema des experimentellen Aufbaus. Als Potentiostat kann für diese Messungen ein niederohmiger Spannungsteiler gewählt werden. In Abb. IX.1.3 sind zwei Stromdichten für die Herausdiffusion von Sauerstoff aus Silber bei 800 °C in der linearen Geometrie über $1/\sqrt{t}$ aufgetragen. Die Anfangskonzentrationen c_0 des Sauerstoffs betrugen $11,5 \cdot 10^{-6}$ bzw. $3,2 \cdot 10^{-6}$ Mol O/cm³ Ag entsprechend einer vorherigen Sättigung bei 800 °C bzw. 600 °C. Aus den Messungen folgt ein Wert für den Diffusionskoeffizienten D von Sauerstoff in Silber bei 800 °C von $1,9 \cdot 10^{-5}$ cm² sec^{-1} bzw. $1,8 \cdot 10^{-5}$ cm² sec^{-1} in guter Übereinstimmung mit Werten aus der Literatur [IX.1.4], die auf andere Weise erhalten wurden.

IX.1.2.2 Die zylindrische Geometrie. Die zylindrische Geometrie hat gegenüber der linearen einige Vorteile, wie im folgenden noch diskutiert wird. Man kann entsprechend Abb. IX.1.4 das Silber in ein Zirkondioxidrohr einschmelzen und damit erreichen, daß nun der Sauerstoff

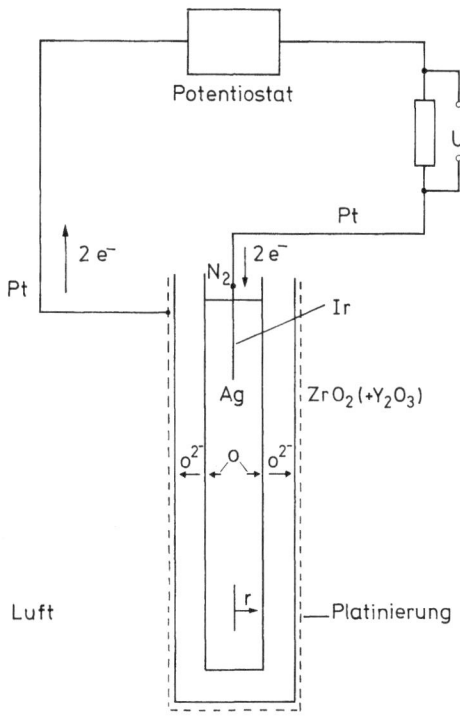

Abb. IX.1.4. Versuchsanordnung (schematisch) zur elektrochemischen Messung der Sauerstoffdiffusion in Silber in der zylindrischen Geometrie.

radial aus dem Silber in Richtung der Koordinate r herausdiffundiert, die von der Zylinderachse in Richtung des Zylindermantels gezählt wird. Der Untersuchung in dieser zylindrischen Geometrie liegt im übrigen das gleiche Prinzip zugrunde. Man muß darauf achten, daß das Verhältnis von Länge zu Durchmesser des Rohres groß gewählt wird, damit die Diffusion von Sauerstoff durch die ZrO_2-Stirnfläche keine allzugroße Rolle spielt. Dann können für die mathematische Auswertung die Randbedingungen des unendlich langen Zylinders angenommen werden. Als Gegenelektrode kann man hier z.B. zweckmäßig poröses Platin verwenden, das mit Luft von Atmosphärendruck umspült wird. Für die Lösung der Diffusionsgleichung (IX.1.4) sind nun folgende Randbedingungen zu berücksichtigen:

$$c = c_0 \quad \text{für } 0 < r < a \quad \text{und } t = 0$$
$$c = 0 \quad \text{für } r = a \quad \text{und } t > 0.$$

Hierbei bedeutet a den Radius des Zylinders und c_0 die Anfangskonzentration des Sauerstoffs im Silber. Die Strom-Zeitkurve kann nun in dreifacher Weise ausgewertet werden:

a) Für die erste Zeit, solange der Sauerstoff nur aus einer dünnen Oberflächenschicht des Silberzylinders herausdiffundiert ist, gilt praktisch die lineare Geometrie und die Stromzeitkurve kann wie bei der linearen Geometrie ausgewertet werden. Man erhält hier, wie bei der linearen Geometrie durch Auftragen der Stromdichte i über $1/\sqrt{t}$ das Produkt $c_0 \cdot D$.

b) Für hinreichend große Zeiten t kann als Lösung der Diffusionsgleichung folgende Beziehung angegeben werden (s. CRANK [IX.1.3])

$$\frac{m_t}{m_\infty} = 1 - \frac{4}{\xi_1^2} \exp\left(-\frac{\xi_1^2 D t}{a^2}\right). \tag{IX.1.9}$$

Hierbei bedeutet $m_t = \int_0^t J \, dt = \frac{1}{2F} \int_0^t I \, dt$ diejenige Substanzmenge, die in der Zeit t aus dem Zylinder herausdiffundiert ist; $m_\infty = \int_0^\infty J \, dt = \text{konst}$ ist die anfangs gelöste Menge Sauerstoff innerhalb des Zylinders, und $\xi_1 = 2{,}402$ ist die erste Nullstelle der Besselfunktion nullter Ordnung. Kennt man nun die anfangs gelöste Menge m_∞ und mißt die bis zur Zeit t herausdiffundierte Menge m_t, so läßt sich mit Hilfe von Gl. (IX.1.9) der Diffusionskoeffizient D ermitteln. Will man jedoch von der Löslichkeit unabhängig sein, so kann man Gl. (IX.1.9) nach t differenzieren und erhält für die elektrische Stromstärke

$$I = A \exp\left(-\frac{t}{\tau}\right) \tag{IX.1.10}$$

mit

$$A = \frac{8 D m_\infty F}{a^2}, \quad \text{(IX.1.11)}$$

$$\tau = \frac{a^2}{\xi_1^2 D}. \quad \text{(IX.1.12)}$$

Aus der Steigung der logarithmisch aufgetragenen Stromzeitkurve kann man die Zeitkonstante τ ermitteln und mit Hilfe von Gl. (IX.1.12) erhält man den Diffusionskoeffizienten D unabhängig von der Löslichkeit. Das ist ein besonderer Vorteil der zylindrischen Geometrie. Durch Kombination der Meßergebnisse der linearen Geometrie, die praktisch in der ersten Versuchsphase auch in der zylindrischen Anordnung vorliegt, und der zylindrischen Geometrie ist es möglich, auch c_0 zu bestimmen.

c) Die dritte Art der Auswertung ist die, daß man die gesamte Stromzeitkurve integriert und nun ein direktes Maß für die zu Anfang gelöste Menge Sauerstoff der Metallprobe m_∞ und damit für die Anfangskonzentration c_0 hat.

Abb. IX.1.5 zeigt eine halblogarithmische Auftragung des Stromes I gegen die Zeit t für zwei zylindrische Proben bei verschiedenen Temperaturen (Radien der Proben $a=2,55$ mm bzw. $a=3,5$ mm). Aus den Messungen ergab sich folgender Diffusionskoeffizient des Sauerstoffs als Funktion der Temperatur:

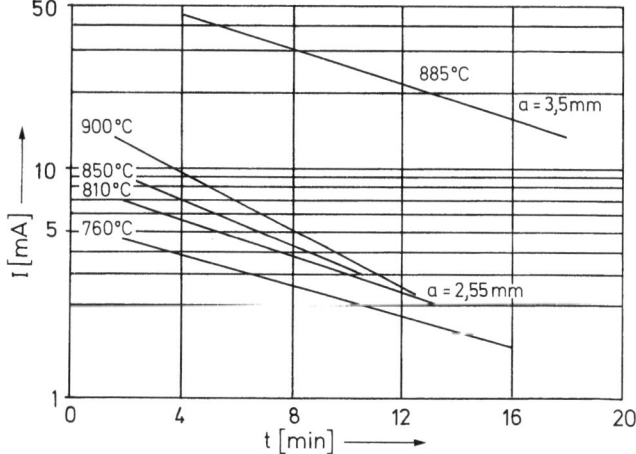

Abb. IX.1.5. Halblogarithmische Auftragung des Stromes I als Funktion der Zeit t bei der Messung der Sauerstoffdiffusion in Silber in der zylindrischen Geometrie. Radien der Proben: $a=2,55$ mm bzw. 3,5 mm; Längen der Zylinder = 5,95 bzw. 7,0 cm.

$D\,(760\,°C) = 1{,}5 \cdot 10^{-5}\ \mathrm{cm^2/sec}, \quad D\,(810\,°C) = 2{,}0 \cdot 10^{-5}\ \mathrm{cm^2/sec},$

$D\,(850\,°C) = 2{,}3 \cdot 10^{-5}\ \mathrm{cm^2/sec}, \quad D\,(885\,°C) = 2{,}9 \cdot 10^{-5}\ \mathrm{cm^2/sec}$ und

$D\,(900\,°C) = 2{,}9 \cdot 10^{-5}\ \mathrm{cm^2/sec}.$

Der Vergleich der ermittelten Werte des Sauerstoffdiffusionskoeffizienten D in Silber mit auf andere Weise erhaltenen Ergebnissen zeigt die Zuverlässigkeit der elektrochemischen Methode. Bei verschiedenen gut eingeschmolzenen Proben lag die Streuung bei $\pm 20\%$, bei ein und derselben Probe bei $\pm 5\%$, d.h., die Meßmethode selbst hat eine hohe Genauigkeit und läßt bereits kleine Unregelmäßigkeiten in der Probenherstellung erkennen.

Bei der Auswertung der Messungen war vorausgesetzt, daß sich die Stöchiometrie des Zirkondioxids als Funktion des Sauerstoffpartialdruckes praktisch nicht ändert. Im Prinzip ist jedoch eine, wenn auch geringe Änderung des Zirkon/Sauerstoffverhältnisses zu erwarten, wenn der Sauerstoffdruck verringert wird, was bedeutet, daß bei Anlegen einer Spannung ein Strombeitrag dadurch zustande kommt, daß sich das Metall/Sauerstoffverhältnis im Festelektrolyten geringfügig ändert. Bei Messungen an Metallen, die nur eine geringe Sauerstofflöslichkeit haben, muß man sich über diesen Punkt zuvor Klarheit verschaffen und gegebenenfalls diesen Beitrag mit in Rechnung setzen.

Neben der potentiostatischen Messung ist auch die galvanostatische möglich, die im folgenden besprochen werden soll.

IX.1.3 Galvanostatische Methode. Hier wird von der Zeit $t = 0$ an ein zeitlich konstanter Strom an die Zelle gelegt und damit auch ein zeitlich konstanter Diffusionsstrom erzwungen. Die EMK der Kette wird als Funktion der Zeit gemessen. Im folgenden wollen wir die lineare Geometrie betrachten. Sie ist auch eine gute Näherung in der zylindrischen Anordnung, solange die Meßzeiten kurz sind und Diffusion nur in einer dünnen Metallschicht an der Grenze zur Zirkondioxidwand vor sich geht.

Die Ortskoordinate von der Phasengrenze Metall/Zirkondioxid in das Metall hinein gerechnet, sei mit x bezeichnet; dann sind die Randbedingungen für den galvanostatischen Fall

$$c = c^0 \quad \text{für } 0 < x < a \quad \text{und } t = 0$$
$$c = c^0 \quad \text{für } x \to \infty \quad \text{und } t > 0, \qquad (\text{IX.1.13})$$

$$\left(\frac{\partial c(x,t)}{\partial t}\right)_{x=0} = -\frac{i_0}{zFD} = k = \text{konst}, \qquad (\text{IX.1.14})$$

wobei i_0 die angelegte konstante elektrische Stromdichte bedeutet.

Mit diesen Anfangs- und Randbedingungen ergibt sich für die Konzentration $c(x,t)$ des Sauerstoffs als Funktion von x und t [IX.1.5]

$$c(x,t) = c^0 - \frac{2kD^{\frac{1}{2}}t^{\frac{1}{2}}}{\pi^{\frac{1}{2}}} \exp\left(-\frac{x^2}{4Dt}\right) + kx\,\text{erfc}\left(\frac{x}{2D^{\frac{1}{2}}t^{\frac{1}{2}}}\right). \qquad \text{(IX.1.15)}$$

Hierbei ist erfc(z) das Komplement des Fehlerintegrals erf(z), definiert durch

$$\text{erfc}(z) = 1 - \text{erf}(z). \qquad \text{(IX.1.16)}$$

Für die Abhängigkeit der EMK E der Kette (IX.1.II) von den chemischen Potentialen des Sauerstoffs zu beiden Seiten des Festelektrolyten gilt folgende Beziehung

$$\mu_{O_2}(\text{Me(fl)}) - \mu_{O_2}(\text{Fe, FeO}) = 4EF. \qquad \text{(IX.1.17)}$$

Wenn die gelöste Menge des Sauerstoffs der Anfangskonzentration c^0 entspricht, sei der Wert der EMK E gleich E^0:

$$\mu_{O_2}(\text{Me(fl)}, c = c^0) - \mu_{O_2}(\text{Fe, FeO}) = 4E^0 F. \qquad \text{(IX.1.18)}$$

Mit der Definition für das chemische Potential des Sauerstoffs,

$$\mu_O = \mu_O^0 + RT \ln a_O, \qquad \text{(IX.1.19)}$$

wobei a_O die Aktivität des Sauerstoffs bedeutet, ergibt sich aus Gl. (IX.1.17) und (IX.1.18)

$$\frac{RT}{2F} \ln \frac{a_O}{a_O^0} = E - E^0 \qquad \text{(IX.1.20)}$$

bzw.

$$E = E^0 + \frac{RT}{2F} \ln \frac{a_O}{a_O^0}. \qquad \text{(IX.1.21)}$$

Für kleine Konzentrationen gilt mit guter Näherung [IX.1.5]

$$\frac{\sqrt{p_{O_2}}}{\sqrt{p_{O_2}^0}} \approx \frac{a_O}{a_O^0} \approx \frac{c}{c^0}. \qquad \text{(IX.1.22)}$$

Damit ergibt sich aus Gl. (IX.1.21)

$$E = E^0 + \frac{RT}{2F} \ln \frac{c}{c^0}. \qquad \text{(IX.1.23)}$$

Wenn man die Konzentration c des Sauerstoffs an der Stelle $x=0$ nach Gl. (IX.1.15) in Gl. (IX.1.23) einsetzt, wird die Spannung der Kette

(IX.1.II) gegeben durch

$$E = E^0 + \frac{RT}{2F} \ln \frac{1}{c^0} \left(c^0 - \frac{2kD^{\frac{1}{2}} t^{\frac{1}{2}}}{\pi^{\frac{1}{2}}} \right)$$

$$= E^0 + \frac{RT}{2F} \ln \frac{\tau^{\frac{1}{2}} - t^{\frac{1}{2}}}{\tau^{\frac{1}{2}}},$$

(IX.1.24)

wobei

$$\tau^{\frac{1}{2}} = \frac{z \pi^{\frac{1}{2}} F D^{\frac{1}{2}} c^0}{2 i_0}$$

(IX.1.25)

die Transitionszeit ist. Die Spannung nach Gl. (IX.1.24) wird theoretisch unendlich werden, wenn der Nenner Null ist, und die Zeit τ entspricht dann der Konzentration $c(0, \tau) = 0$.

Durch Messung der Transitionszeit erhält man nach Gl. (IX.1.25) eine Beziehung, die das Produkt $D^{\frac{1}{2}} c^0$ enthält.

IX.2 Elektrochemische Untersuchung über die Bildung von Nickelsulfid in festem Zustand bei höheren Temperaturen [IX.2.1]

An dem Beispiel der Bildung von Nickelsulfid auf Nickel wollen wir zeigen, wie eine diffusionsbestimmte Festkörperreaktion elektrochemisch unter Verwendung einer galvanischen Kette mit festen Elektrolyten untersucht werden kann.

Die Reaktion von Nickel mit flüssigem Schwefel erfolgt nach DRAVNIEKS [IX.2.2] nach einem parabolischen Zeitgesetz. Die Reaktionsschicht besteht im wesentlichen aus NiS mit einer sehr dünnen NiS_2-Schicht zwischen dem NiS und Schwefel. Ein gleiches Ergebnis wurde von CZERSKI, MROWEC und WERBER [IX.2.3] in dampfförmigem Schwefel von 1 atm bei 480–640 °C erhalten. Die Bildung des NiS ist in diesen Fällen offensichtlich diffusionsbestimmt. Das chemische Potential des Schwefels an der Phasengrenze NiS | NiS_2 wird durch das Gleichgewicht dieser beiden Phasen festgelegt. Für eine theoretische Analyse des Reaktionsmechanismus ist es jedoch sehr wesentlich, das chemische Potential des Schwefels an der dem Nickel abgewandten Phasengrenze des NiS zu variieren und so die Abhängigkeit der parabolischen Anlaufkonstanten k vom chemischen Potential des Schwefels μ_S an dieser Stelle zu erhalten (s. auch Kapitel VIII). So etwas ist grundsätzlich möglich durch Variation des Schwefelpartialdruckes oder durch Vorgabe verschiedener H_2-H_2S-Mischungen.

Günstiger ist das im folgenden beschriebene elektrochemische Verfahren [IX.2.1], bei dem die Bildungsgeschwindigkeit von NiS auf Nickel als Funktion des chemischen Potentials μ_S des Schwefels an der dem Nickel abgewandten Phasengrenze des NiS untersucht wird. Dieses Verfahren bietet in mancherlei Hinsicht erhebliche Vorteile. Unter anderem wächst das NiS eindimensional als kompakte Schicht auf der Stirnfläche eines Nickelzylinders auf. Dadurch wird eine auch im Fall der Sulfidierung von Nickel auftretende poröse Sulfidschicht nächst dem Metall unterdrückt.

Für die Versuchsanordnung eignet sich die in Abb. IX.2.1 dargestellte Festkörperkette mit AgJ als festem Elektrolyten mit praktisch reiner Silberionenleitung mit dem negativen Pol einer Stromquelle auf der linken Seite an Pt 1. Der positive Pol kann wahlweise an die Zuleitungen Pt 2 (Fall a) oder Pt 3 (Fall b) gelegt werden. Ein elektrischer Strom durch diese Kette ist ein Maß für die Geschwindigkeit, mit der Silber dem Ag_2S entnommen wird, indem die Silberionen durch das AgJ und die Elektronen durch die Zuleitungen Pt 2 bzw. Pt 3 abfließen. Wenn das chemische Potential des Silbers μ_{Ag} kleiner ist als μ_{Ag}^0 (gleichbedeutend mit $E>0$), dann ist der Silberentzug aus dem Ag_2S einer Schwefelabgabe aus dem Ag_2S äquivalent, da letzteres nur eine Existenzbreite von $Ag_{2,0024}S$ bis $Ag_{2,0000}S$ bei 300 °C hat. Wenn außerdem eine Ver-

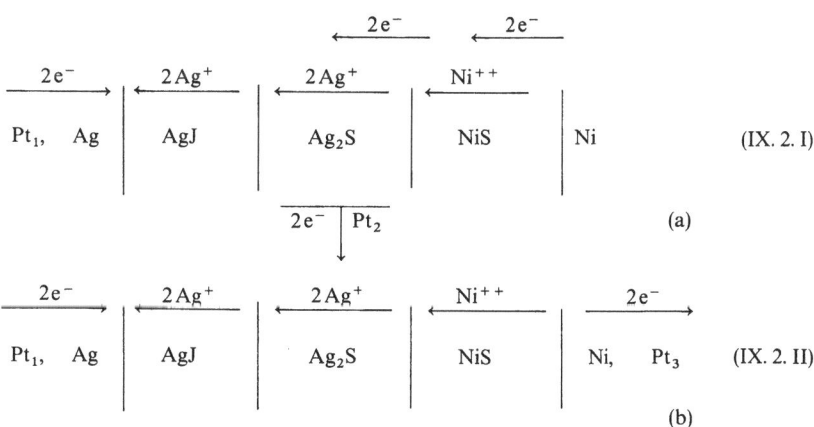

Abb. IX.2.1. Elektrochemische Festkörperkette zur Untersuchung der Bildung von festem NiS auf metallischem Nickel: a) für Wanderung von Nickelionen und Elektronen in NiS; b) für Wanderung von Nickelionen ohne gleichzeitige Wanderung von Elektronen im NiS.

dampfung von Schwefel ausgeschlossen werden kann, was bei genügend kleinen Schwefelpotentialen der Fall ist [IX.2.4], so ist die Silberentnahme aus Ag_2S weiter der Bildung von NiS äquivalent, entsprechend der Gleichung

$$Ni + Ag_2S = NiS + 2Ag. \qquad (IX.2.1)$$

Hierbei ist es natürlich notwendig zu prüfen, daß NiS wirklich als Hauptbestandteil bei der Reaktion zwischen Ni und Ag_2S auftritt, was aber auch tatsächlich der Fall ist [IX.2.1]. Weiterhin muß geprüft sein, ob das Vorhandensein des Ag_2S die Reaktion nicht in irgendeiner Weise beeinflußt. Der angenommene Reaktionsmechanismus ist in Abb. IX.2.1 dargestellt.

Im Fall a) wandern Nickelionen und Elektronen durch das NiS; ein äquivalenter Strom von Silberionen und Elektronen fließt aus dem Ag_2S durch das AgJ bzw. die Zuleitung Pt 2 ab und kann elektrisch gemessen werden.

Im Fall b) wandern lediglich Nickelionen durch das NiS ohne gleichzeitige Wanderung von Elektronen.

Fall a) und b) haben zu gleichen experimentellen Ergebnissen geführt, was bedeutet, daß der Elektronenfluß keinen Einfluß auf die Reaktionsgeschwindigkeit hat, daß also praktisch immer Elektronengleichgewicht eingestellt ist.

Als wesentliche Größen bei der Messung treten der durch die Kette in Abb. IX.2.1 fließende Strom I auf, der ein Maß für die Reaktionsgeschwindigkeit ist, und die EMK dieser Kette, die in bezug auf E gleichwertig ist mit der Kette (IX.2.III)

$$\text{Pt, Ag} \mid \text{AgJ} \mid Ag_2S, \text{Pt}, \qquad (IX.2.III)$$

deren EMK, wie in Kapitel VII diskutiert wurde, primär ein Maß für das chemische Potential μ_{Ag} des Silbers im Ag_2S entsprechend der Gleichung

$$\mu_{Ag} - \mu_{Ag}^0 = -EF \qquad (IX.2.2)$$

ist, wobei μ_{Ag}^0 das chemische Potential des Silbers im reinen Zustand und F die Faraday-Konstante bedeuten. Daneben ist die EMK auch ein Maß für das chemische Potential μ_S im Ag_2S, wie ebenfalls in Kapitel VII gezeigt ist,

$$\mu_S - \mu_S^0 = 2(E - E^*)F. \qquad (IX.2.3)$$

Dabei bedeutet E^* die EMK der Festkörperkette (IX.2.III) für Ag_2S im Gleichgewicht mit flüssigem Schwefel. Da zwischen Ag_2S und NiS keine ternären Phasen auftreten [IX.2.1], ist das chemische Potential des Schwefels μ_S im Gleichgewicht mit Ag_2S gleich demjenigen an der Phasengrenze NiS | Ag_2S, wenn hier thermodynamisches Gleichgewicht eingestellt ist und sich noch kein NiS_2 bildet. Im Ag_2S sind die Potentialabfälle wegen der hohen Beweglichkeiten der Silberionen und Elektronen zu vernachlässigen. Gegenüber den bisherigen Verfahren der Verfolgung einer Festkörperreaktion, insbesondere von Anlaufvorgängen (z. B. Messung der Zunahme der Schichtdicke durch Abkühlen der Probe und Schliffherstellung) ergeben sich bei der elektrochemischen Methode bemerkenswerte experimentelle Möglichkeiten. So gestattet der Grenzfall der galvanostatischen Messung, innerhalb gewisser Grenzen durch Vorgabe eines konstanten Stromes eine bestimmte konstante Reaktionsgeschwindigkeit der Reaktion in Gl. (IX.2.1) aufzuzwingen und das sich dann einstellende Schwefelpotential im Ag_2S zu messen. Der andere Grenzfall der potentiostatischen Messung ist den üblichen Untersuchungen verwandter.

IX.2.1 Potentiostatische Messung. An die Kette der Abb. IX.2.1 wird eine konstante Spannung E gelegt, und der Strom I wird in Abhängigkeit von der Zeit gemessen. Wenn die NiS-Schicht nach dem parabolischen Zeitgesetz wächst, d.h. an den Phasengrenzen thermodynamisches Gleichgewicht eingestellt ist, so gilt nach TAMMANN [IX.2.5] sowie PILLING und BEDWORTH [IX.2.6]

$$dX/dt = k/X, \qquad (IX.2.4)$$

wobei X die NiS-Schichtdicke und t die Zeit bedeuten. Die parabolische Anlaufkonstante k ist dabei als Funktion der Temperatur und der EMK E der Kette (IX.2.I) bzw. (IX.2.II) zu betrachten.

Da die gemessene Stromdichte i und der Fluß der Nickelionen einander äquivalent sind, gilt für die Wachstumsgeschwindigkeit der NiS-Schicht mit V_m als Molvolumen des NiS und j als Fluß der Nickelionen in Molen pro Flächen- und Zeiteinheit

$$dX/dt = j V_m = \frac{i V_m}{2F}. \qquad (IX.2.5)$$

Durch Messung der Stromdichte i wird also nach Gl. (IX.2.5) bis auf einen konstanten, aber bekannten Faktor direkt die Größe dX/dt, d.h. die Geschwindigkeit für das Wachstum der NiS-Schicht gemessen. Die bisherigen Verfahren zur Untersuchung von Festkörperreaktionen, insbesondere von Zundervorgängen, ergeben durch Messen von Schichtdicken oder Wägen die Größe X als Funktion von t. Demgegenüber ergibt die Strommessung neue theoretische und praktische Möglichkeiten durch direkte Messung von dX/dt. Integration von Gl. (IX.2.4) liefert

$$X^2 = 2kt. \qquad (IX.2.6)$$

Die Kombination der Gln. (IX.2.4), (IX.2.5) und (IX.2.6) ergibt

$$i = \frac{F}{V_m} \sqrt{\frac{2k}{t}} \qquad (IX.2.7)$$

d.h., die Auftragung von i über $(\sqrt{t})^{-1}$ ergibt eine Gerade durch den Nullpunkt mit der Steigung $FV_m^{-1}\sqrt{2k}$, woraus k zu bestimmen ist. Eine zweite Möglichkeit zur Bestimmung von k besteht in der Berechnung von X als Funktion der Zeit nach der durch Integration von Gl. (IX.2.5) erhaltenen Beziehung

$$X = \frac{V_m}{2F} \int_0^t i \, dt \qquad (IX.2.8)$$

und anschließender Auswertung in üblicher Weise, z.B. durch Auftragen von X^2 über t und Bestimmen von k nach Gl. (IX.2.6).

IX.2.2 Galvanostatische Messung. Hier wird ein konstanter Strom vorgegeben und damit auch eine konstante Stromdichte, und E wird als Funktion von t gemessen.

Dabei sind zwei Fälle zu unterscheiden:

a) k ist keine Funktion von E. Dann würde bis zu einer gewissen Schichtdicke bzw. Zeit die Silberverdrängung größer als die Geschwindigkeit des Silberabtransportes durch den Strom sein. Silber würde im Ag_2S freigesetzt. E wäre gleich Null. Danach würde mehr Silber dem Ag_2S entzogen als durch die Verdrängungsreaktion (IX.2.1) gebildet wird. Dadurch wird das zunächst im Ag_2S freigesetzte Silber ebenfalls abtransportiert. Wenn dieser Vorgang beendet ist, steigt die EMK plötzlich bei der Zeit t_k an und wird durch die Verdampfung von Schwefel aus Ag_2S bestimmt.

Die Zeit t_k ist dadurch bestimmt, daß die durch die Stromdichte i abtransportierte Menge Silber $\frac{it_k}{F}$ gerade gleich groß ist der Silberverdrängung durch die Bildung von NiS, also $2X/V_m$:

$$\frac{it_k}{F} = \frac{2X}{V_m}. \qquad (IX.2.9)$$

Aus Gl. (IX.2.9) und (IX.2.6) folgt

$$\frac{i t_k}{F} = 2 \frac{\sqrt{2 k t_k}}{V_m}. \quad \text{(IX.2.10)}$$

Mit Hilfe von Gl. (IX.2.10) kann k bestimmt werden.

b) k hängt von E ab. Dann wird auch zunächst die Spannung E gleich Null sein, solange die Schichtdicke noch klein und die Reaktionsgeschwindigkeit und die Silberverdrängung hoch sind. Danach wird die Spannung E steigen, der k-Wert steigt jedoch mit und wird der jeweiligen Schichtdicke angepaßt, so daß gilt

$$\frac{dX}{dt} = \frac{k}{X} = \frac{i V_m}{2 F} = \text{konst.} \quad \text{(IX.2.11)}$$

Trotz eines parabolischen Zeitgesetzes für $E = \text{konst}$, wird für $i = \text{konst}$ für nicht zu kurze Zeiten eine konstante Wachstumsgeschwindigkeit der NiS-Schicht erzwungen.

Für die Schichtdicke X gilt als Folge des Faradayschen Gesetzes

$$X = \frac{i V_m}{2 F} t. \quad \text{(IX.2.12)}$$

Aus Gl. (IX.2.11) und (IX.2.12) folgt

$$\frac{i^2 V_m^2}{4 F^2} t = k. \quad \text{(IX.2.13)}$$

Die Gln. (IX.2.12) und (IX.2.13) besagen, daß X und k linear mit t wachsen. Gl. (IX.2.13) liefert in einem galvanostatischen Versuch fortlaufend Werte der Konstanten $k = \left(\frac{i V_m}{2 F}\right)^2 t$, die den jeweils gemessenen Werten von E zuzuordnen sind. Auftragen von $\log\left[\left(\frac{i V_m}{2 V}\right)^2 t\right]$ über E liefert daher die Abhängigkeit von $\log k$ als Funktion von E, die für eine theoretische Diskussion von Nutzen ist.

Aus Gl. (IX.2.13) folgt weiter, daß gleichen Werten von $i^2 t$ gleiche Werte von k und damit auch von E entsprechen, d.h., bei verschiedenen Stromdichten i_1 und i_2 muß für gleichen Spannungen zugeordnete Zeiten t_1 und t_2 die Gleichung

$$i_1^2 t_1 = i_2^2 t_2 \quad \text{(IX.2.14)}$$

gelten. Gl. (IX.2.14) kann z. B. dazu benutzt werden, um das Vorliegen des parabolischen Zeitgesetzes zu prüfen.

Die experimentellen Untersuchungen haben ergeben, daß die parabolische Anlaufkonstante k bei 400 °C um eine Zehnerpotenz wächst, wenn die

EMK E um 67 mV steigt. Daraus ergibt sich die Tatsache, daß k proportional der Aktivität des Schwefels ansteigt. Dieser Befund steht in Übereinstimmung mit dem Fehlordnungsmodell des NiS, wonach Nickelionenleerstellen anzunehmen sind, die die Diffusion der Nickelionen vermitteln, während für die Elektronen eine Eigenfehlordnung praktisch unabhängig vom chemischen Potential des Nickels im NiS vorliegt. Aus instationären Versuchen (Abklingkurven) kann man weiterhin den Diffusionskoeffizienten der einzelnen Nickelionenleerstellen bestimmen und das Nickeldefizit im NiS für ein vorgegebenes chemisches Potential des Schwefels, z.B. für das Gleichgewicht NiS | NiS_2, ermitteln, was aber im einzelnen hier nicht diskutiert werden soll.

IX.3 Elektrochemische Untersuchungen über den Durchtritt von Silber, Silberionen und Elektronen durch die Phasengrenze festes Silber/festes Silbersulfid

In diesem Abschnitt wollen wir mit Hilfe der galvanischen Festkörperkette

$$\text{Pt, Ag} \mid \text{AgJ} \mid \text{Ag}_2\text{S} \mid \text{Pt} \qquad \text{(IX.3.I)}$$

den Durchtritt von Silber durch die Phasengrenze festes Ag | festes Ag_2S untersuchen. Bei diesen Untersuchungen [IX.3.1] ist das Ziel, einen quantitativen Zusammenhang zu finden zwischen der chemischen Potentialdifferenz des Silbers, den elektrochemischen Potentialdifferenzen der Silberionen und der Elektronen sowie den Flüssen des neutralen Silbers, der Silberionen und der Elektronen durch die Phasengrenze Ag | Ag_2S. Die ersten beiden Flüsse entsprechen der Abbaugeschwindigkeit des Silbers an der Phasengrenze Ag | Ag_2S.
Man sieht sofort, daß das aufgezeigte Problem in enger Beziehung zu der anodischen Auflösung von Metallen in Elektrolytlösungen steht, doch besteht dazu auch ein wesentlicher Unterschied: Ein durch die Phasengrenze Metall/wäßrige Lösung hindurchgehender anodischer Strom ist bei Abwesenheit von anderen Elektrodenreaktionen (z.B. Redoxreaktionen) ein direktes Maß für die Geschwindigkeit der Metallauflösung. Dagegen ist Silbersulfid ein überwiegender Elektronenleiter. Die Phasengrenze Ag|Ag_2S wird also von zwei Phasen mit überwiegender Elektronenleitung gebildet. Ein durch die Phasengrenze gehender elektrischer Strom ist nicht mehr ohne weiteres ein Maß für die transportierte Materie. Trotzdem ist es auch hier möglich, mit Hilfe der Festkörperkette (IX.3.I), also auf elektrochemischem Wege, zu eindeutigen Aussagen zu kommen.

Die wesentlichen Eigenschaften der Festkörperkette (IX.3.I) die uns hier interessieren, sind die folgenden:

Erstens ist die EMK E der Kette (IX.3.I) nach Gl.(VII.2.2) ein Maß für das chemische Potential μ_{Ag} des Silbers im Ag_2S,

$$\mu_{Ag} - \mu_{Ag}^0 = -EF. \tag{IX.3.1}$$

Zweitens ist ein Stromfluß durch die Kette (IX.3.I) mit dem positiven Pol einer äußeren Stromquelle auf der rechten Seite ein Maß für die Geschwindigkeit mit der Silber dem Ag_2S entzogen wird, indem die Silberionen durch das AgJ und die Elektronen durch das Platin wandern.

IX.3.1 Vereinfachte Versuchsanordnung. Abb. IX.3.1 zeigt eine vereinfachte Versuchsanordnung zur Untersuchung der Polarisationserschei-

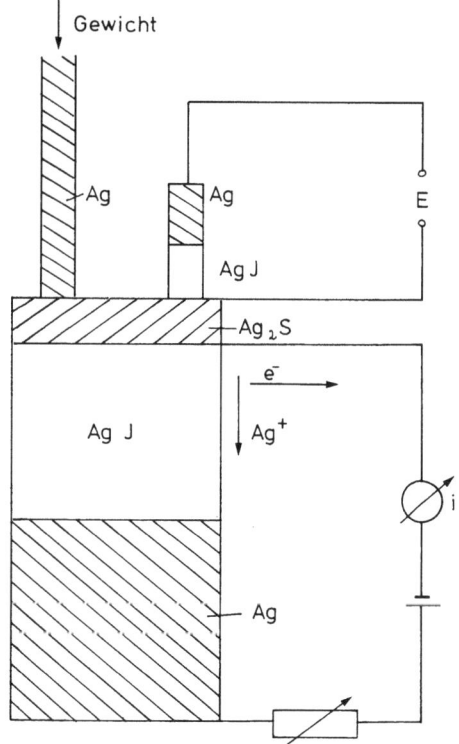

Abb. IX.3.1. Experimentelle Anordnung zur elektrochemischen Messung des Durchtritts von Silber durch die Phasengrenze Ag/Ag_2S als Funktion der chemischen Potentialdifferenz des Silbers über die Grenzfläche.

nungen an der Phasengrenze Ag | Ag$_2$S. Hiermit kann man zunächst die Summe der Flüsse der Silberionen und Elektronen, also des neutralen Silbers durch die Phasengrenze Ag | Ag$_2$S messen und dabei die chemische Potentialdifferenz des Silbers über diese Phasengrenze. Die Erweiterung der Versuchsanordnung wird weiter unten diskutiert.

In der Versuchsanordnung nach Abb. IX.3.1 liegt eine Ag$_2$S-Tablette von einigen $\frac{1}{10}$ mm Stärke auf einem AgJ-Zylinder und dieser steht auf einem solchen aus Silber. Ag$_2$S und Ag sind mit Platinzuleitungen verbunden, so daß ein Stromkreis entsteht. Der Strom in diesem Kreis kann durch einen Vorschaltwiderstand eingestellt und durch ein Amperemeter gemessen werden. Beim Stromfluß wird Silber dem Ag$_2$S entzogen und das chemische Potential des Silbers im Ag$_2$S würde immer weiter absinken und schließlich elementarer Schwefel (als Dampf) aus dem Ag$_2$S freigesetzt, wenn nicht auf der anderen Seite wieder Silber zugeführt würde. Dies geschieht durch den auf der Ag$_2$S-Tablette aufstehenden Silberstab. Im stationären Zustand geht gleich viel Silber vom Silberstab in das Ag$_2$S über, wie durch das AgJ bzw. Platin in Form von Silberionen bzw. Elektronen abgeführt wird. Den stationären Zustand erkennt man daran, daß sich das chemische Potential des Silbers im Ag$_2$S nicht mehr ändert. Das ist mit Hilfe der dargestellten Ag | AgJ-Sonde zu messen, da durch diese Sonde wieder eine galvanische Kette der Form (IX.3.I) entsteht, deren EMK E nach Gl. (IX.3.1) ein Maß für die chemische Potentialdifferenz des Silbers in reinem Silber und im Silbersulfid ist. Strom und Potentialmessung sind auf diese Weise getrennt und die Potentialmessung kann nicht durch eventuelle Polarisationserscheinungen verfälscht werden. Die Sonde entspricht einer Luggin-Kapillare, wie sie in der Elektrochemie flüssiger Phasen seit langem üblich ist.

IX.3.2 Erweiterte Versuchsanordnung. Durch zusätzliche geeignete Sonden ist es möglich, neben der chemischen Potentialdifferenz des neutralen Silbers auch die elektrochemische der Silberionen und die elektrochemische der Elektronen zu messen und weiterhin Silberionen und Elektronen getrennt durch die Phasengrenze fließen zu lassen. Das ist in Abb. IX.3.2 in der erweiterten Versuchsanordnung dargestellt.

Um die Geschwindigkeit des Durchtritts von Silberionen allein vorzugeben, kann man einen elektrischen Strom die in der folgenden Kette (IX.3.II) angegebene Folge von Phasen passieren lassen [IX.3.2]

$$\text{Pt | Ag | Ag}_2\text{S | AgJ | Ag | Pt.} \qquad \text{(IX.3.II)}$$

Durch den positiven Pol einer Stromquelle auf der linken Seite unterdrückt das für Elektronen praktisch undurchlässige AgJ die Elektronen-

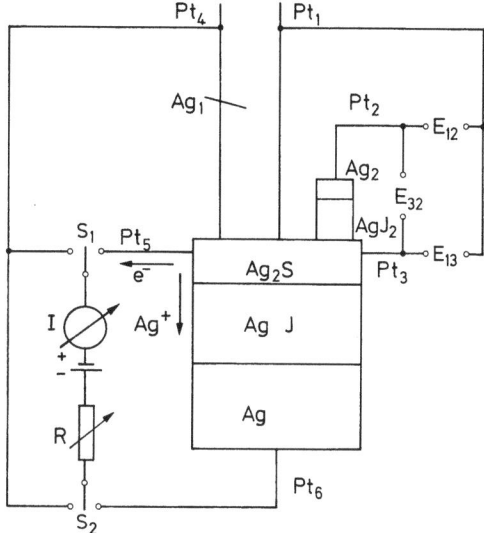

Abb. IX.3.2. Experimentelle Anordnung zur Messung der chemischen Potentialdifferenz des Silbers und der elektrochemischen Potentialdifferenzen der Silberionen und Elektronen über die Phasengrenze Ag/Ag$_2$S als Funktion des Silberflusses oder der Stromdichte der Silberionen oder Elektronen.

leitung im Ag$_2$S. Um einen bestimmten Fluß von Silberionen allein zu erhalten, muß darum der Strom die in Kette (IX.3.II) angegebene Folge von Phasen passieren. Hierzu wurde der linke Kontakt des Schalters S_1 und der rechte Kontakt des Schalters S_2 geschlossen.

Um andererseits die Geschwindigkeit des Durchtritts von Elektronen allein vorzugeben, wurde die Kette

$$\text{Pt} \mid \text{Ag} \mid \text{Ag}_2\text{S} \mid \text{Pt} \qquad (\text{IX.3.III})$$

mit dem negativen Pol einer Stromquelle auf der linken Seite benutzt, in der Platin als chemisch inerter Elektronenleiter die Silberionenleitung im Ag$_2$S unterdrückt. Hierzu wurde der rechte Kontakt des Schalters S_1 und der linke Kontakt des Schalters S_2 geschlossen.

Für jede Stromvorgabe kann neben der chemischen Potentialdifferenz $E_{32} \cdot F$ des Silbers im reinen Silber zum Silber im Ag$_2$S auch die elektrochemische der Silberionen und die elektrochemische der Elektronen gemessen werden. Das ist mit Hilfe der elektrischen Potentialdifferenzen E_{12} bzw. E_{13} möglich.

Unter Einführung des Symbols φ für das elektrische Potential mit entsprechendem Phasenindex gilt

$$E_{12} = \varphi(\text{Pt } 1) - \varphi(\text{Pt } 2) = \varphi(\text{Ag } 1) - \varphi(\text{Ag } 2). \qquad (\text{IX.3.2})$$

Nach Multiplikation von Gl. (IX.3.2) mit F und Einführung des elektrochemischen Potentials der Silberionen $\eta_{\text{Ag}^+} = \mu_{\text{Ag}^+} + F\varphi$ (entsprechend $\varphi F = \eta_{\text{Ag}^+} - \mu_{\text{Ag}^+}$) folgt

$$E_{12} F = [\eta_{\text{Ag}^+}(\text{Ag } 1) - \eta_{\text{Ag}^+}(\text{Ag } 2)] - [\mu_{\text{Ag}^+}(\text{Ag } 1) - \mu_{\text{Ag}^+}(\text{Ag } 2)]. \qquad (\text{IX.3.3})$$

Wegen der gleichen Zusammensetzung von Ag 1 und Ag 2 verschwindet der zweite Klammerausdruck in Gl. (IX.3.3). Da durch die Phasengrenzen $\text{Ag}_2\text{S} \mid \text{AgJ} 2$ und $\text{AgJ} 2 \mid \text{Ag} 2$ kein Strom fließt, sind die elektrochemischen Potentiale der Silberionen in diesen Phasen gleich, also $\eta_{\text{Ag}^+}(\text{Ag}_2\text{S}) = \eta_{\text{Ag}^+}(\text{Ag} 2)$. Daher folgt aus Gl. (IX.3.3)

$$E_{12} F = \eta_{\text{Ag}^+}(\text{Ag } 1) - \eta_{\text{Ag}^+}(\text{Ag}_2\text{S}). \qquad (\text{IX.3.4})$$

Für E_{13} kann man schreiben:

$$E_{13} = \varphi(\text{Pt } 1) - \varphi(\text{Pt } 3). \qquad (\text{IX.3.5})$$

Nach Multiplikation von Gl. (IX.3.5) mit F und Einführung des elektrochemischen Potentials der Elektronen $\eta_{e^-} = \mu_{e^-} - \varphi F$ folgt

$$E_{13} F = -[\eta_{e^-}(\text{Pt } 1) - \eta_{e^-}(\text{Pt } 3)] + [\mu_{e^-}(\text{Pt } 1) - \mu_{e^-}(\text{Pt } 3)]. \qquad (\text{IX.3.6})$$

Auch hier verschwindet der zweite Klammerausdruck. Im Hinblick auf die gute Leitfähigkeit von Ag und Pt kann auch bei Stromfluß $\eta_{e^-}(\text{Pt } 1) = \eta_{e^-}(\text{Ag } 1)$ gesetzt werden. Da ferner durch die Phasengrenze $\text{Ag}_2\text{S} \mid \text{Pt}$ kein Strom fließt, sind die elektrochemischen Potentiale der Elektronen in diesen Phasen gleich, also $\eta_{e^-}(\text{Ag}_2\text{S}) = \eta_{e^-}(\text{Pt } 3)$. Somit folgt aus Gl. (IX.3.6)

$$-E_{13} F = \eta_{e^-}(\text{Ag } 1) - \eta_{e^-}(\text{Ag}_2\text{S}). \qquad (\text{IX.3.7})$$

Gemäß Gl. (IX.3.4) und Gl. (IX.3.7) sind also die Potentialdifferenzen E_{12} und E_{13} nach Multiplikation mit F gleich den Differenzen der elektrochemischen Potentiale von Ag^+ bzw. e^- beiderseits der Phasengrenze $\text{Ag} \mid \text{Ag}_2\text{S}$. Diese elektrochemischen Potentiale sind in einer allgemeinen formalen Theorie als treibende Kräfte für den Durchtritt von Ag^+ und e^- einzuführen.

IX.3.3 Ergebnisse und Diskussion der Polarisationsmessungen an der Phasengrenze Ag | Ag$_2$S.
Als Ergebnis der Messungen ergab sich folgendes:

a) Bei alleinigem Durchtritt von Elektronen durch die Phasengrenze Ag | Ag$_2$S mit Stromdichten bis 0,75 A/cm^2 wurden keine nennenswerten Potentialdifferenzen E_{12}, E_{13}, E_{32} beobachtet.

b) Bei alleinigem Durchtritt von Silberionen war $E_{12} \approx E_{32}$. Werte etwa zwischen 0,1 und 0,2 V wurden beobachtet, während E_{13} kleiner als 0,02 V war.

c) Die Potentialdifferenzen bei Durchtritt von äquivalenten Mengen von Silberionen und Elektronen waren gleich groß wie bei alleinigem Durchtritt von Silberionen.

Für die letztgenannten Bedingungen zeigt Abb. IX.3.3 stationäre Stromdichte-Potentialkurven für 220 und 300 °C und einen Aufpreßdruck des Silberstabes Ag1 auf die Ag$_2$S-Tablette von 6 kg/cm^2. Bei Änderung des Aufpreßdruckes im Bereich von 1 bis 10 kg/cm^2 wurden nur unwesentliche Verschiebungen der Meßpunkte beobachtet. Lediglich bei Drücken über 50 kg/cm^2 zeigen sich Abweichungen, die noch näher untersucht werden müssen.

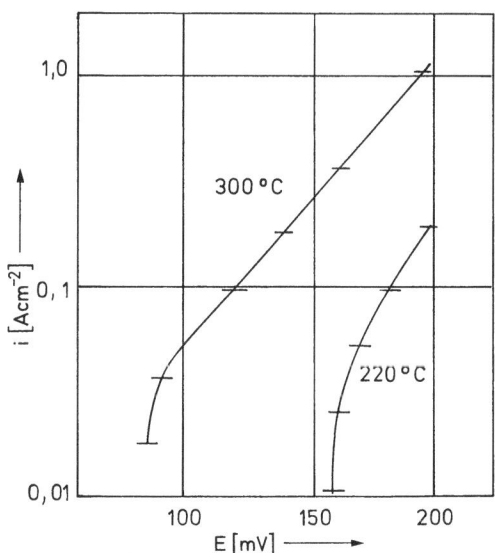

Abb. IX.3.3. Stationäre Stromdichte-Potentialkurven bei 300 und 220 °C. Druck: 6 kg cm^{-2}.

Oberhalb des Schwellenwertes E_K von 0,15 V bei 220 °C bzw. 0,11 V bei 300 °C liegen die Meßpunkte der halblogarithmischen Darstellung in Abb. IX.3.3 auf einer Geraden. Unter Benutzung von E_{32} für E in Gl. (IX.3.1) kann man daher schreiben:

$$i_{Ag^+} = A\exp(BFE_{32}) = A\exp\{B[\mu^0_{Ag} - \mu_{Ag}(Ag_2S)]\}$$
$$\text{für } [\mu^0_{Ag} - \mu_{Ag}(Ag_2S)] > E_K F \tag{IX.3.8}$$

mit $A = 0{,}0047$ A/cm^2 und $BF = 27{,}6$ V^{-1} für 300 °C. Für 220 °C ist der mögliche Meßbereich so klein, daß es nicht sinnvoll erschien, die Konstanten A und B zu bestimmen.

Aus den Versuchsergebnissen ist folgendes zu schließen:

a) An der Phasengrenze Ag | Ag$_2$S ist auch bei Durchtritt von Silber Elektronengleichgewicht eingestellt.

b) Bei alleinigem Durchtritt von Silberionen treten die gleichen Polarisationserscheinungen wie beim Durchtritt einer äquivalenten Menge neutralen Silbers auf.

Dadurch hat die gemessene Potentialdifferenz ihre Ursache in dem Durchtritt von Silberionen durch die Phasengrenze Ag | Ag$_2$S. In einer weiteren Arbeit [IX.3.3] war es möglich, mit Hilfe der vorgenannten Ergebnisse quantitative Aussagen über das Wachstum von eindimensionalem Ag$_2$S auf Silber zu erhalten. Auch konnte das lineare Zeitgesetz für die Anfangsreaktion von Silber in flüssigem Schwefel quantitativ gedeutet werden. Diese Ergebnisse erhellen die praktische Bedeutung der obigen elektrochemischen Untersuchungen. Zur Aufklärung des atomistischen Mechanismus der Phasengrenzreaktion an der Phasengrenze Ag | Ag$_2$S sind allerdings noch weitere Untersuchungen notwendig. Darum erscheint es wünschenswert, weitere Arbeiten, insbesondere auch an anderen Systemen durchzuführen.

IX.4 Elektrochemische Untersuchung der Verdampfung von Jod aus Kupferjodid

Als Beispiel für die elektrochemische Untersuchung einer Phasengrenzreaktion an der Phasengrenze Feststoff/Gas wird die Verdampfung von Jod aus festem Kupferjodid bei Temperaturen von 250–350 °C behandelt [IX.4.1]. Die Verdampfung von Jod von der Oberfläche einer festen Verbindung ist darum besonders interessant, weil im Joddampf Jodatome und J$_2$-Moleküle in vergleichbarer Menge vorkommen.

Jodatome können, wenn sie einmal aus einem Gitterplatz in die Adsorptionsschicht (ad-Schicht) übergegangen sind, direkt verdampfen, während sich J_2-Moleküle erst in der ad-Schicht durch Zusammenlagerung von zwei ad-Atomen bilden müssen, bevor sie verdampfen können.

In Anlehnung an das Volmersche Konzept [IX.4.2] der schrittweisen Verdampfung kann man für die Verdampfung von Jod aus festem CuJ annehmen, daß im ersten Schritt Jodionen aus dem Gitter (im wesentlichen von Halbkristallen) unter Entzug eines Defekt-Elektrons aus dem Gitter in die adsorbierte Schicht übergehen und dort adsorbierte Atome (ad-Atome) bilden, also:

Erster Schritt:
$$J^-(\text{Gitter}) + h(\text{Gitter}) \rightarrow J(\text{ad}). \qquad (IX.4.1)$$

Nun teilt sich für die Atome und Moleküle der Weg der Verdampfung auf. Die Jod-ad-Atome können in einem zweiten Schritt direkt verdampfen, also:

Zweiter Schritt für die Jod-Atome:
$$J(\text{ad}) \rightarrow J(g), \qquad (IX.4.2)$$

während die J_2-Moleküle sich erst in der adsorbierten Schicht aus J(ad)-Atomen bilden, also:

Zweiter Schritt für die J_2-Moleküle:
$$2J(\text{ad}) \rightarrow J_2(\text{ad}) \qquad (IX.4.3)$$

und Verdampfung in einem dritten Schritt, also:

Dritter Schritt für die J_2-Moleküle:
$$J_2(\text{ad}) \rightarrow J_2(g). \qquad (IX.4.4)$$

Die Bildung von J_2-ad-Molekülen muß nicht unbedingt aus neutralen ad-Atomen erfolgen, sondern kann auch unter Beteiligung von geladenen Teilchen vor sich gehen. Die theoretischen Überlegungen bleiben dabei in wesentlichen Teilen die gleichen. Die maximale Verdampfungsgeschwindigkeit einer Teilchensorte ergibt sich insbesondere aus gaskinetischen Überlegungen, die bereits HERTZ [IX.4.3] für die Verdampfung reiner Metalle angewandt hat. Danach kann die Verdampfungsgeschwindigkeit einer Teilchensorte nicht größer sein als die Anzahl der Teilchen, die bei Gleichgewicht mit der Gasphase aus dem Gasraum je Zeiteinheit auf die Oberflächeneinheit auftreffen. In unserem Fall der Zersetzung einer Verbindung muß man dabei berücksichtigen, daß diese maximale Verdampfungsgeschwindigkeit als Funktion des chemischen Potentials des Jods anzusetzen ist. Es ergibt sich für die maximale Verdampfungsgeschwindigkeit j_x der Jod-Atome ($x=1$) bzw. der J_2-Moleküle ($x=2$) in Molen je cm² und Sekunde

$$j_x = \frac{p_{J_x}}{(2\pi M_{J_x} RT)^{\frac{1}{2}}}, \qquad (IX.4.5)$$

wobei p_{J_x} der Gleichgewichtsdampfdruck der J-Atome bzw. J_2-Moleküle ist, der als Funktion des chemischen Potentials des Jods μ_J in CuJ anzusetzen ist. M_{J_x} bedeutet das Molekulargewicht der Jod-Atome bzw. -Moleküle.

Als Standardzustand des Jods (Bezugspunkt für das chemische Potential des Jods) kann man Joddampf mit einem Partialdruck der J_2-Moleküle von 1 atm oder mit einem Partialdruck der J-Atome von 1 atm wählen. Diese Wahl läßt sich umgehen, wenn man das chemische Potential des Jods μ_J auf dasjenige in CuJ für Gleichgewicht mit elementarem Kupfer bezieht, das wir mit μ_J^* bezeichnen wollen. Wenn wir weiter den Dampfdruck der Jodatome über CuJ im Gleichgewicht mit Kupfer mit p_J^* und den entsprechenden der J_2-Moleküle mit $p_{J_2}^*$ (allgemein $p_{J_x}^*$) bezeichnen, so ergibt sich für die Gleichgewichtspartialdrücke

$$p_{J_x} = \left(\frac{a_J}{a_J^*}\right)^x p_{J_x}^* = p_{J_x}^* \exp[x(\mu_J - \mu_J^*)/RT], \qquad (IX.4.6)$$

wenn a_J die Aktivität des Jods in CuJ und a_J^* diejenige im Gleichgewicht mit Kupfer symbolisiert.

Aus Gl. (IX.4.5) und (IX.4.6) folgt

$$j_x = \frac{p_{J_x}^*}{(2\pi M_{J_x} RT)^{\frac{1}{2}}} \exp[x(\mu_J - \mu_J^*)/RT]. \qquad (IX.4.7)$$

Die Messung des chemischen Potentials des Jods in CuJ erfolgte mit Hilfe der Festkörperkette

$$\text{Pt, Cu(fest) | CuBr(fest) | CuJ(fest), Pt} \qquad (IX.4.I)$$

unter Verwendung von Kupferbromid als festem Hilfselektrolyten mit praktisch reiner Ionenleitung für Cu-Ionen in dem benutzten Potential- und Temperaturbereich. Die EMK E dieser Kette (IX.4.I) ist mit dem chemischen Potential des Jods in CuJ verbunden durch die Gleichung

$$\mu_J - \mu_J^* = FE. \qquad (IX.4.8)$$

Einsetzen von Gl. (IX.4.8) in Gl. (IX.4.7) ergibt

$$j_x = j_x^* \exp(xEF/RT), \quad \text{(IX.4.9)}$$

worin

$$j_x^* = \frac{p_{J_x}^*}{\sqrt{2\pi M_{J_x} RT}} \quad \text{(IX.4.10)}$$

die maximale Verdampfungsgeschwindigkeit von J bzw. J_2 aus CuJ im Gleichgewicht mit Cu ist.

Aus Gl. (IX.4.9) folgt durch Logarithmieren und Differenzieren

$$\frac{d \log j_x}{dE} = \frac{xF \, 0{,}434}{RT}. \quad \text{(IX.4.11)}$$

Aus Gl. (IX.4.11) ergibt sich der Anstieg von E für einen Anstieg von j_x um eine Zehnerpotenz zu $RT/xF \, 0{,}434$. Für die Berechnung von j_x als Funktion von E sind die Werte j_x^* nach Gl. (IX.4.10) zu ermitteln. Dazu muß man die entsprechenden Gleichgewichtspartialdrücke $p_{J_x}^*$ berechnen. $p_{J_2}^*$ ergibt sich aus dem Standardwert der Gibbsschen Bildungsenergie der Reaktion

$$Cu(s) + \tfrac{1}{2} J_2(g) = CuJ(s) \ldots \Delta G_1^0: \quad \text{(IX.4.12)}$$

$$p_{J_2}^* = \exp \frac{2\Delta G_1^0}{RT} \quad \text{(IX.4.13)}$$

und p_J^* aus der Gibbsschen Bildungsenergie der Reaktion

$$Cu(s) + J(g) = CuJ(s) \ldots \Delta G_2^0: \quad \text{(IX.4.14)}$$

$$p_J^* = \exp \frac{\Delta G_2^0}{RT}. \quad \text{(IX.4.15)}$$

ΔG_1^0 ist aus Enthalpie- und Entropiewerten für 298 K [IX.4.4] und Werten für die spezifischen Wärmen c_p bei konstantem Druck [IX.4.5] zu berechnen und in Tabelle IX.4.1 für verschiedene Temperaturen wiedergegeben. ΔG_2^0 kann man aus ΔG_1^0 (Gl. (IX.4.12)) und der Gibbs-

Tabelle IX.4.1. Zusammenstellung thermodynamischer Daten der Reaktion (IX.4.12) und (IX.4.14)

T [°C]	ΔG_1^0 [kJ]	$p_{J_2}^*$ [atm]	j_2^* [mol/cm²sec]	ΔG_2^0 [kJ]	p_J^* [atm]	j_1^* [mol/cm²sec]
250	−64,664	$1{,}2 \cdot 10^{-13}$	$2{,}9 \cdot 10^{-9}$	−113,612	$4{,}5 \cdot 10^{-12}$	$7{,}7 \cdot 10^{-13}$
300	−61,555	$5{,}8 \cdot 10^{-12}$	$1{,}3 \cdot 10^{-7}$	−107,865	$1{,}5 \cdot 10^{-10}$	$2{,}3 \cdot 10^{-11}$
350	−58,729	$1{,}3 \cdot 10^{-10}$	$3{,}1 \cdot 10^{-6}$	−102,494	$2{,}2 \cdot 10^{-9}$	$3{,}4 \cdot 10^{-10}$

schen Bildungsenergie der Reaktion

$$\tfrac{1}{2} J_2(g) = J(g) \ldots \Delta G_3^0 \qquad (IX.4.16)$$

kombinieren:

$$\Delta G_2^0 = \Delta G_1^0 - \Delta G_3^0. \qquad (IX.4.17)$$

ΔG_3^0 ist zu berechnen aus Enthalpie- und Entropiewerten für 298 K [IX.4.4] und aus den zugehörigen Enthalpie- und Entropieinkrementen [IX.4.5]. Nach Gl. (IX.4.17) berechnete Werte für ΔG_2^0 sind ebenfalls in Tabelle IX.4.1 enthalten und weiter die nach Gl. (IX.4.13) bzw. (IX.4.15) berechneten Werte von $p_{J_2}^*$ und p_J^* und die sich damit nach Gl. (IX.4.10) ergebenden maximalen Verdampfungsgeschwindigkeiten j_x^* der Jodatome bzw. J_2-Moleküle aus CuJ im Gleichgewicht mit Kupfer. Hiermit und mit den Werten für $d \log j_x/dE$ kann man die maximalen Verdampfungsgeschwindigkeiten als Funktion von E konstruieren.

Die maximale Verdampfungsgeschwindigkeit (Gl. (IX.4.10)) wird insbesondere dann nicht erreicht, wenn ein der eigentlichen Verdampfung vorgelagerter Teilschritt geschwindigkeitsbestimmend ist. Wenn für die Verdampfung der J_2-Moleküle Teilschritt 2 (Gl. (IX.4.3)) geschwindigkeitsbestimmend ist, so kann man ansetzen [IX.4.6]

$$j_2 = k_2 a_J^2 = k_2 \exp(2(\mu_J - \mu_J^0)/RT), \qquad (IX.4.18)$$

wobei a_J die Jodaktivität im CuJ bedeutet und k_2 die Geschwindigkeitskonstante für die Reaktion in Gl. (IX.4.3). Aus Gl. (IX.4.18) folgt, daß die Potentialabhängigkeit von j_2 die gleiche ist wie in Gl. (IX.4.7), die absolute Größe von j_2 ist jedoch kleiner.

Experimentell wurde die Verdampfungsgeschwindigkeit auf elektrochemischem Wege [IX.4.1] (s. Abb. IX.4.1) mit Hilfe der Festkörperkette (IX.4.I), die CuBr als festen Hilfselektrolyten enthält, gemessen.

Nach J. B. WAGNER und C. WAGNER [IX.4.7] hat CuBr in den benutzten Temperatur- und Potentialbereichen eine genügend kleine Elektronenleitung, so daß die für die mitgeteilten Untersuchungen wesentlichen Eigenschaften der Festkörperkette (IX.4.I) gesichert sind:

Erstens ist die EMK E der Kette (IX.4.I) ein Maß für das chemische Potential des Jods μ_J in CuJ (s. Gl. (IX.4.8)).

Zweitens ist ein Stromfluß durch die Kette (IX.4.I) mit dem positiven Pol auf der rechten Seite ein Maß für die Geschwindigkeit, mit der Kupfer dem CuJ entzogen wird, und diese Geschwindigkeit ist im stationären Zustand wieder äquivalent der Verdampfungsgeschwindigkeit des Jods aus CuJ.

Eine weitere Voraussetzung für das Funktionieren der Kette (IX.4.I) zur Messung der Verdampfungsgeschwindigkeit des Jods ist noch die, daß

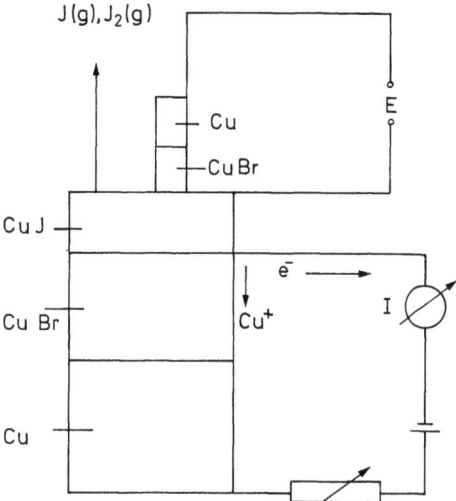

Abb. IX.4.1. Versuchsanordnung zur elektrochemischen Messung der Verdampfungsgeschwindigkeit des Jods aus festem CuJ ins Vakuum als Funktion des chemischen Potentials des Jods in CuJ.

in CuJ die Ausgleichsvorgänge schnell und die Potentialabfälle im stationären Zustand gering sind. Dafür ist neben einer genügend hohen Ionenleitfähigkeit auch eine genügend große Elektronenleitung erforderlich, was aber auch erfüllt ist (s. [IX.4.7]).

Die Meßanordnung entsprechend Abb. IX.4.1 teilt sich auf in einen Strom- und einen Spannungskreis. Der Strom im stationären Zustand ist ein direktes Maß für die Verdampfungsgeschwindigkeit des Jods $(j_1 + 2j_2)$ in Äquivalenten je Quadratzentimeter und Sekunden

$$j_1 + 2j_2 = I/Fq, \qquad (IX.4.19)$$

wobei q die freie Oberfläche der CuJ-Probe und I den gemessenen Strom im stationären Zustand bedeuten.

Die EMK E wurde mit einer kleinen Cu | CuBr-Sonde gemessen, die auf die CuJ-Oberfläche gedrückt wurde. Dieser Sonde kommt so eine analoge Bedeutung zu, wie sie eine Lugginkapillare in der Elektrochemie flüssiger Phasen besitzt.

Die Meßanordnung befindet sich im Vakuum in einem durchsichtigen Ofen auf gewünschter Temperatur. Das verdampfte Jod wurde durch einen Kühlfinger, der sich etwa 3 cm oberhalb der CuJ-Probe befand, ausgefroren.

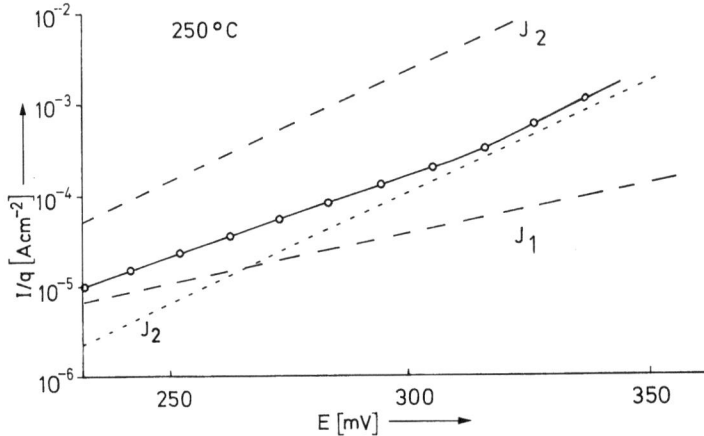

Abb. IX.4.2

Abb. IX.4.2 – Abb. IX.4.4. Experimentell gemessene und maximale theoretische Verdampfungsgeschwindigkeit des Jods als Funktion der EMK E bei 250, 300 und 400 °C. Kreise: Meßpunkte. Gestrichelte Kurven: Maximale theoretische Verdampfungsgeschwindigkeit der J-Atome bzw. J_2-Moleküle. Gepunktete Linie: Aus den Meßwerten sich ergebende Verdampfungsgeschwindigkeit der J_2-Moleküle.

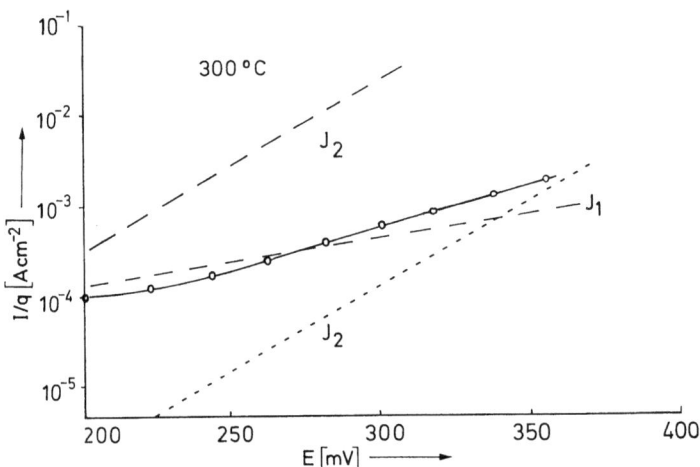

Abb. IX.4.3

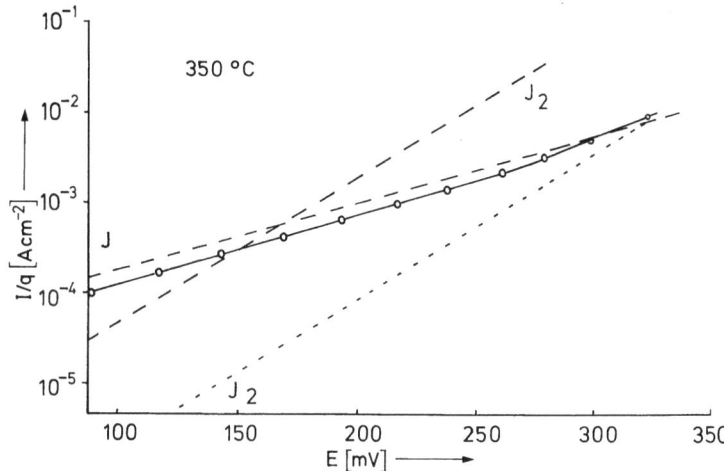

Abb. IX.4.4

Die Meßergebnisse bei 250, 300 und 350 °C sind in Abb. IX.4.2 bis IX.4.4 durch Kreise wiedergegeben. Die Verdampfungsgeschwindigkeit des Jods ist dargestellt als elektrische Stromdichte (gemessener Strom I, dividiert durch die freie CuJ-Oberfläche q). Als Maß des Jodpotentials μ_J dient die EMK E der Kette (IX.4.I), entsprechend Gl. (IX.4.8).

In Abb. IX.4.2 sind neben den Meßwerten für 250 °C die maximalen Verdampfungsgeschwindigkeiten für J_2 und J_1 (gestrichelte Kurven) eingetragen. Die maximale Verdampfungsgeschwindigkeit der J_2-Moleküle liegt über den Meßwerten. Die Meßwerte lassen sich jedoch deuten, wenn man annimmt, daß die Geschwindigkeit für die Verdampfung der J_2-Moleküle etwas mehr als eine Zehnerpotenz kleiner ist als die maximale Geschwindigkeit, aber die Potentialabhängigkeit die gleiche bleibt, was in Abb. IX.4.2 durch die gepunktete Linie für die J_2-Moleküle angedeutet ist, während die J-Atome mit der maximalen Geschwindigkeit verdampfen. Dann stimmt die Summe beider Geschwindigkeiten in elektrischen Einheiten mit den Meßwerten überein. Im atomistischen Bild wurde das bedeuten, daß in der ad-Schicht Gleichgewicht der ad-Atome mit dem Gitter eingestellt ist, daß dann die J-Atome aus der ad-Schicht mit der maximalen Geschwindigkeit verdampfen, während für die Verdampfung der J_2-Moleküle deren Bildung in der ad-Schicht aus den J-Atomen — Gl. (IX.4.3) — geschwindigkeitsbestimmend ist. Auch für 300 und 350 °C führt diese Annahme zu einer widerspruchsfreien Deutung der Meßergebnisse, wie aus Abb. IX.4.3 und IX.4.4 hervorgeht.

IX.5 Elektrochemische Knudsenzelle zur Untersuchung der Thermodynamik von Gasen

KNUDSEN [IX.5.1] hat 1909 am Beispiel des Quecksilberdampfes die dynamische Messung von Gleichgewichtsdampfdrücken bei sehr kleinen Drücken gezeigt. Eine normale Knudsenzelle ist schematisch in Abb. IX.5.1 dargestellt. Sie besteht aus einem kleinen Gefäß, das die kondensierte Phase mit ihrem Gleichgewichtsdampf enthält. Außerhalb der Knudsenzelle ist Vakuum. Die Knudsenzelle selbst hat ein kleines Loch, das das Innere mit dem Vakuum verbindet. Durch dieses kleine Loch strömt der Dampf aus der Knudsenzelle ins Vakuum. Das Loch der Knudsenzelle muß gegenüber der Oberfläche der kondensierten Phase klein sein, damit immer praktisch Gleichgewicht zwischen Dampf und Bodenkörper in der Knudsenzelle eingestellt ist. Aus gaskinetischen Überlegungen folgt für die Geschwindigkeit der Ausströmung in Molen pro Fläche des Loches und Zeiteinheit

$$j = \frac{p}{\sqrt{2\pi MRT}}. \tag{IX.5.1}$$

Hierbei ist p der Druck in der Knudsenzelle, R die Gaskonstante, T die absolute Temperatur und M das Molekulargewicht der ausströmenden Gasmoleküle.

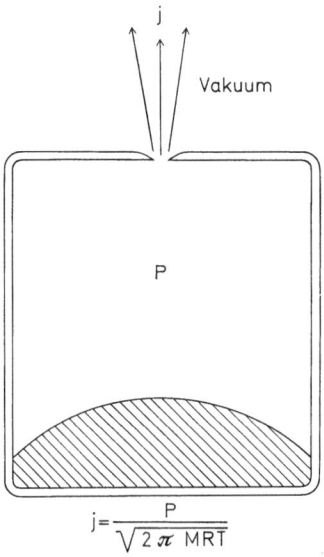

Abb. IX.5.1. Schematische Darstellung einer Knudsenzelle.

Wenn verschiedene Sorten von Gasmolekülen vorliegen, gilt Gl. (IX.5.1) für jede Molekülsorte und die Ausströmungsgeschwindigkeit ist durch die Summe der einzelnen Ausströmungsgeschwindigkeiten gegeben. Hierdurch ist klar, daß die Berechnung des Dampfdruckes nur dann einfach ist, wenn man die Zusammensetzung des Dampfes kennt, d. h., man muß wissen, ob der Dampf aus Atomen, Molekülen oder einer bestimmten Mischung derselben besteht. Für komplex zusammengesetzte Dämpfe sind zusätzliche Informationen notwendig. Diese kann man erhalten aus der Kombination einer normalen Knudsenzelle mit einer galvanischen Festkörperkette, wodurch eine elektrochemische Knudsenzelle [IX.5.2] entsteht. Ein weiterer Vorteil entsteht durch Kombination einer elektrochemischen Knudsenzelle mit einem Massenspektrometer [IX.5.3].

Das Prinzip der elektrochemischen Knudsenzelle wollen wir am Beispiel der Untersuchung der Thermodynamik von Schwefeldampf erläutern. Wesentlicher Bestandteil der in Abb. IX.5.2 schematisch dargestellten elektrochemischen Knudsenzelle sind zwei im Aufbau gleiche galvanische Festkörperketten

$$\text{Pt} \mid \text{Ag} \mid \text{AgJ} \mid \text{Ag}_2\text{S} \mid \text{Pt} \qquad (\text{IX.5.I})$$

mit Silberjodid als praktisch reinem Ionenleiter für Silberionen. Die Ag_2S-Tabletten der Ketten (IX.5.I) bilden jeweils Teile der inneren Oberfläche der Knudsenzelle. Eine der galvanischen Ketten wird unter Stromfluß betrieben und sorgt damit für eine Schwefelverdampfung aus der Ag_2S-Tablette und aus der Knudsenzelle, während die zweite galvanische Kette bei offenem Stromkreis zur Potentialmessung benutzt wird. Die Strommessung der einen Kette und die Potentialmessung der anderen Kette geben damit gleichzeitig Aussagen über die Verdampfungsgeschwindigkeit des Schwefels aus der Zelle und die Aktivität des Schwefels bzw. die Partialdrücke der Schwefelmoleküle in der Knudsenzelle. Durch die Aufteilung dieser beiden Meßgrößen auf zwei unabhängige galvanische Ketten ist dafür gesorgt, daß eventuelle Polarisationserscheinungen bzw. Nichtgleichgewichtseinstellungen die Potentialmessungen nicht verfälschen. Die besondere Bedeutung dieser Kombination einer Knudsenzelle mit elektrochemischen Festkörperketten liegt darin, daß die Messung nicht nur bei einem bestimmten chemischen Potential und damit Dampfdruck des Schwefels durchgeführt werden kann, sondern, daß durch Veränderung der Ausströmungsgeschwindigkeit mittels des durch die Kette (IX.5.I) fließenden Stromes diese Größen variiert werden. Dadurch entstehen neue theoretische Möglichkeiten zur Bestimmung der Partialdrücke der einzelnen Schwefelmolekülsorten im Gleichgewichtsdampf, indem für jede Ausströmungsgeschwindigkeit das chemische Potential des Schwefels über die EMK zu messen und auf diese Weise die Aktivitätsabhängigkeit der Ausströmungsgeschwindigkeit zu erhalten ist.

Die Potentialmessung der Kette (IX.5.I), die bei offenem Stromkreis betrieben wird, liefert zunächst Aussagen über das chemische Potential des Silbers im Silbersulfid, aber wegen des Bestehens der Gibbs-Duhem-Gleichung, wie in Abschnitt VII gezeigt wurde, auch Aussagen über das chemische Potential des Schwefels. Es gilt

$$\mu_S - \mu_S^0 = 2(E - E^*)F. \tag{IX.5.2}$$

Hierbei ist μ_S das chemische Potential des Schwefels in der Silbersulfid-Tablette, μ_S^0 das chemische Potential des Schwefels im Standardzustand, für den flüssiger Schwefel gewählt wird, E die EMK der Kette bei offenem Stromkreis, E^* die EMK für Gleichgewicht von Silbersulfid mit flüssigem Schwefel, F die Faraday-Konstante.

Wenn sich nun das Silbersulfid der galvanischen Kette bei offenem Stromkreis in Gleichgewicht mit den Schwefelmolekülen in der Knudsenzelle einstellt, was unter stationären Bedingungen nach einiger Zeit immer geschieht, so sind die thermodynamischen Größen des Schwefels in Silbersulfid gleich denen der Schwefelmoleküle in der Gasphase, also im Innern der Knudsenzelle. Mit der Definition der Aktivität a_S der Schwefelatome

$$\mu_S = \mu_S^0 + RT \ln a_S$$

folgt aus Gl. (IX.5.2)

$$a_S = \exp[2(E - E^*)F/RT]. \tag{IX.5.3}$$

Für die Gleichgewichtspartialdrücke p_{S_x} der verschiedenen Schwefelmoleküle in der Gasphase (x = Anzahl der Atome im Molekül) folgt aus der Beziehung für das thermodynamische Gleichgewicht:

$$p_{S_x} = a_S^x \, p_{S_x}^0, \tag{IX.5.4}$$

d.h., der Partialdruck einer Schwefelmolekülsorte S_x ist gleich dem Produkt aus dem Partialdruck $p_{S_x}^0$ im Sättigungsdampf multipliziert mit der Aktivität der Schwefelatome hoch x. Aus Gl. (IX.5.3) und (IX.5.4) folgt

$$p_{S_x} = p_{S_x}^0 \exp[2x(E - E^*)F/RT], \tag{IX.5.5}$$

d.h., die Partialdrücke der Schwefelmolekülsorten zeigen jeweils eine exponentielle Abhängigkeit von der EMK E der Festkörperkette (IX.5.I), wobei der Exponent proportional der Zahl x ist, also der Anzahl der Atome in der jeweiligen Molekülsorte. Jeder Partialdruck hängt also in charakteristischer Weise von der EMK E der galvanischen Festkörperkette (IX.5.I) ab.

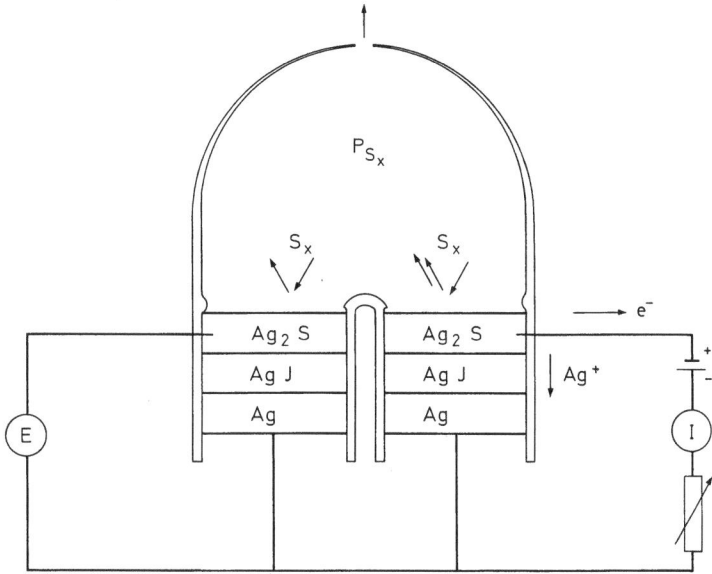

Abb. IX.5.2. Elektrochemische Knudsenzelle (schematisch).

Der durch die andere galvanische Festkörperkette (IX.5.I) fließende elektrische Strom mit dem positiven Pol einer äußeren Stromquelle an der Ag₂S-Tablette liefert ein Maß für die Ausströmungsgeschwindigkeit des Schwefels aus der Knudsenzelle, sobald stationäre Zustände eingestellt sind. Der Strom ist primär ein Maß für die Silberentnahme aus Silbersulfid, von dem Silberionen durch das AgJ und Elektronen durch den Platindraht abfließen, wie durch Pfeile in der Abb. IX.5.2 dargestellt ist; unter stationären Bedingungen ist aber dieser Silberentzug gleich der Schwefelverdampfung aus der Tablette und auch der Schwefelverdampfung aus der Knudsenzelle. Wenn wir mit I den elektrischen Strom durch die galvanische Kette der Form (IX.5.I) bezeichnen, mit q den Querschnitt der Öffnung der Knudsenzelle und mit i die Stromdichte bezogen auf die Öffnung der Knudsenzelle, so ergibt sich

$$i = \frac{I}{q} = \sum i_{S_x} = 2F \sum x j_{S_x}. \qquad \text{(IX.5.6)}$$

Dabei ist i_{S_x} die jeweilige Teilstromdichte, die der Schwefelmolekülsorte S_x zukommt, und j_{S_x} ist die Ausströmungsgeschwindigkeit je Flächeneinheit der Schwefelmolekülsorte S_x aus der Öffnung der Knudsenzelle. Für diese Ausströmungsgeschwindigkeiten je Flächeneinheit gilt nach gaskinetischen Überlegungen entsprechend Gl. (IX.5.1)

$$j_{S_x} = \frac{p_{S_x}}{\sqrt{2 M_{S_x} RT}}. \tag{IX.5.7}$$

Wesentlich für die Methode ist nun, daß die Ausströmungsgeschwindigkeit und damit die Partialdrücke in der Knudsenzelle mit Hilfe des elektrischen Stromes der einen Kette variiert werden können, wobei die sich jeweils einstellende EMK mit Hilfe der anderen Kette gemessen werden kann. Für die Abhängigkeit der einzelnen Stromdichten i_{S_x} von der EMK E ergibt sich aus Gl. (IX.5.5), (IX.5.6) und (IX.5.7)

$$\ln i_{S_x} = \ln 2xF j^0_{S_x} + 2x(E - E^*)F/RT. \tag{IX.5.8}$$

Eine Auftragung von $\ln i_{S_x}$ über der EMK liefert also Geraden mit der Steigung $2xF/RT$. Mit der elektrochemischen Knudsenzelle allein können diese Teilstromdichten allerdings nur gemessen werden, wenn eine einzelne Molekülsorte vorliegt oder wenn diese wesentlich überwiegt, da der in der Knudsenzelle gemessene Strom nach Gl. (IX.5.6) gleich der Summe der Teilströme ist.

Um weitere Aufschlüsse zu erhalten, wurde darum die elektrochemische Knudsenzelle mit einem Massenspektrometer kombiniert. Der aus der elektrochemischen Knudsenzelle ausströmende Schwefeldampf wurde dabei durch Elektronenstoß ionisiert und dann wurden in üblicher Weise die einzelnen Ionenintensitäten gemessen. Die Intensität $I^+_{S_x}$ der S^+_x-Ionen im Massenspektrometer kann nun zwei Anteile besitzen. Ein Anteil entspricht den primär in der Knudsenzelle vorhandenen Molekülen, der andere kommt durch Bruchstückbildung höherer Schwefel-Polymere bei der Ionisierung zustande. Die Intensität $I^+_{S_x}$ der durch Elektronenstoß erzeugten Primärionen ist mit dem Partialdruck p_{S_x} der S_x-Moleküle in der Knudsenzelle verknüpft durch die Beziehung

$$I^+_{S_x} = \frac{p_{S_x} A_{S_x}}{T}. \tag{IX.5.9}$$

Hierbei ist A_{S_x} die Empfindlichkeit des Massenspektrometers für die S_x-Moleküle.

Die vorliegende Methode gibt nun die Möglichkeit, die Anteile der Primär- und Bruchstückionen voneinander zu trennen. Trägt man $\ln I^+_{S_x}$ über der EMK E auf, so erhält man gemäß den Gln. (IX.5.9) und (IX.5.5) für das Primärion jeder Molekülart S_x eine Gerade mit der charakteristischen Steigung $2xF/RT$. Die Intensität der Bruchstückionen besitzt dagegen die Potentialabhängigkeit der $S_{x'}$-Moleküle, aus denen sie entstanden sind ($x' > x$). Neben der Möglichkeit, Primär- und Bruchstückionen im Massenspektrometer voneinander zu unterscheiden, ergibt die Kombination der elektrochemischen Knudsenzelle mit dem Massenspektrometer auch noch die zweite Möglichkeit, das Massenspektrometer zu eichen. Überwiegt in einem Potentialbereich eine Molekülsorte S_x, so ist die Gesamtstromdichte $i_{ges} \approx i_{S_x}$ und aus den Gln. (IX.5.6), (IX.5.7), (IX.5.4) und (IX.5.9) ergibt sich die Empfindlichkeit A_{S_x} der vorliegenden Molekülsorte. Der elektrische Strom ist dann direkt ein Maß für den Druck dieser Molekülsorte, und damit ergibt sich die Empfindlichkeit des Massenspektrometers. Liegen zwei Molekülsorten vor, so kann durch Differenzbildung und Kenntnis der Empfindlichkeit einer Molekülsorte die Empfindlichkeit der anderen bestimmt werden. Liegen mehrere Molekülsorten nebeneinander vor, so können durch weitere Differenzbildung und optimale Anpassung der Summe der Teilstromdichten an die Gesamtstromdichte auch die Empfindlichkeiten für die anderen Ionensorten bestimmt werden. Für Ionensorten, die im gesamten Meßbereich keinen wesentlichen Beitrag zur Gesamtstromdichte und zum Gesamtdruck liefern, können die Empfindlichkeiten nur geschätzt werden.

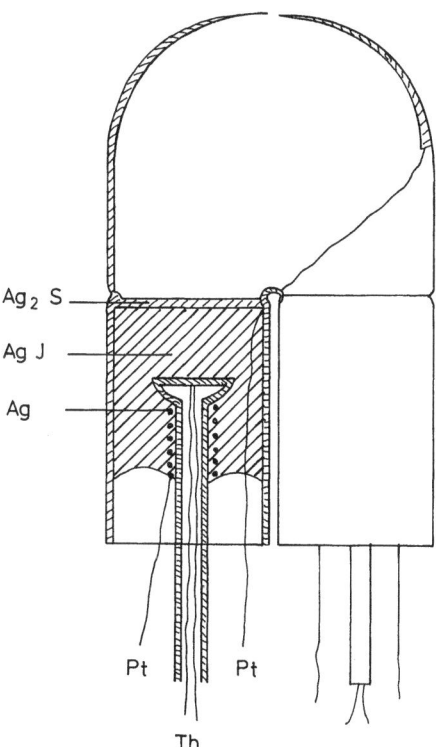

Abb. IX.5.3. Aufbau der elektrochemischen Knudsenzelle.

190   Galvanische Ketten mit festen Elektrolyten für kinetische Untersuchungen

Der experimentelle Aufbau der elektrochemischen Knudsenzelle ist in Abb. (IX.5.3) dargestellt. Um die beiden Stutzen, die die galvanischen Festkörperketten aufnehmen, gasdicht abzuschließen, wurde das Silberjodid kurzzeitig geschmolzen und dann im erstarrten Zustand, jedoch ohne abzukühlen, in einem Ofen in das Massenspektrometer eingebracht und dort justiert.

Es wurden Messungen im Temperaturbereich von 200–400 °C durchgeführt. Abb. IX.5.4 und IX.5.5 zeigen als Beispiel eine Messung bei 300 °C. In Abb. IX.5.4 sind die Ionenintensitäten für die S_x-Moleküle sowie die Gesamtstromdichte über der EMK aufgetragen. In Abb. IX.5.5 sind entsprechend die daraus berechneten Partialdrücke dargestellt.

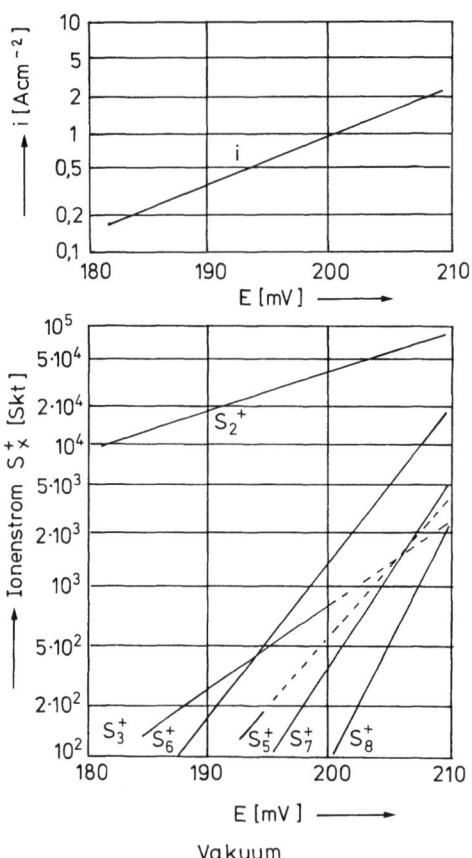

Abb. IX.5.4. Ionenintensitäten der S_x-Moleküle und Gesamtstromdichte i als Funktion der EMK E bei 300 °C.

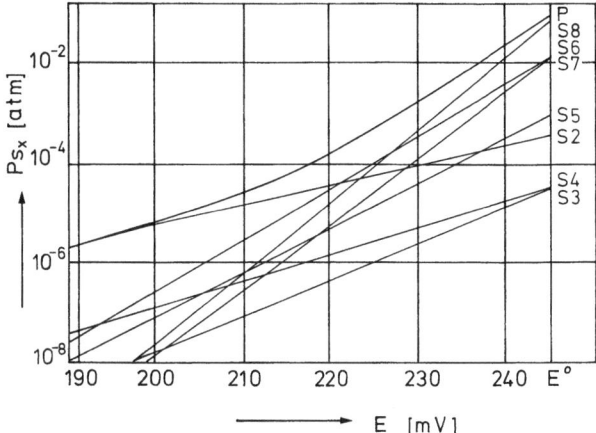

Abb. IX.5.5. Partialdrücke p_{S_x} der S_x-Moleküle als Funktion der EMK E bei 300 °C.

Durch Extrapolation der Geraden bis zum Sättigungspunkt $E = E^0$ erhält man die Sättigungspartialdrücke p_S^0. Addition dieser Partialdrücke ergibt die in Tabelle IX.5.1 bei verschiedenen Temperaturen bestimmten Gesamtdrücke. Die Werte in Tabelle IX.5.1 zeigen gute Übereinstimmung mit den von WEST und MENZIES [IX.5.4] direkt gemessenen Gesamtdrücken. Um jedoch die bei Addition der Partialdrücke zu erwartende größere Ungenauigkeit im Gesamtdruck zu vermeiden, wurden die relativen Partialdrücke mit dem Gesamtdruck von WEST und MENZIES kombiniert. Die damit erhaltenen absoluten Partialdrücke sind in Tabelle IX.5.2 zusammengestellt. Tabelle IX.5.3 enthält die hieraus berechneten thermodynamischen Daten der Schwefelmoleküle.

Ähnliche Messungen an Selendampf haben die Existenz der Moleküle Se_2, Se_3, Se_4, Se_5, Se_6, Se_7 und Se_8 gezeigt [IX.5.5]. Die Sättigungspartialdrücke der verschiedenen Selenpartialdrücke sind in Tabelle IX.5.4 zusammengestellt. Ebenfalls wurden die thermodynamischen Daten berechnet [IX.5.6]. Der Einsatz von elektrochemischen Knudsenzellen an anderen Systemen, insbesondere auch an Oxidsystemen, erscheint durchaus möglich.

Tabelle IX.5.1. Gesamtdichte von gesättigtem Schwefeldampf bei 200 – 400 °C

	$T = 200$ °C	$T = 250$ °C	$T = 300$ °C	$T = 350$ °C	$T = 400$ °C
p_{ges} [atm]	$3{,}03 \cdot 10^{-3}$	$1{,}96 \cdot 10^{-2}$	$8{,}09 \cdot 10^{-2}$	$2{,}43 \cdot 10^{-1}$	$6{,}11 \cdot 10^{-1}$

Tabelle IX.5.2. Gesamtdrücke p_{ges} nach WEST und MENZIES [IX.5.4] und Partialdrücke $p^0_{S_x}$ von gesättigtem Schwefeldampf im Temperaturbereich 200 bis 400 °C

	$T=200$ °C	$T=250$ °C	$T=300$ °C	$T=350$ °C	$T=400$ °C
$p^0_{S_2}$ [atm]	$1,40 \cdot 10^{-6}$	$2,60 \cdot 10^{-5}$	$2,68 \cdot 10^{-4}$	$1,90 \cdot 10^{-3}$	$9,40 \cdot 10^{-3}$
$p^0_{S_3}$	$1,70 \cdot 10^{-7}$	$3,38 \cdot 10^{-6}$	$3,66 \cdot 10^{-5}$	$2,68 \cdot 10^{-4}$	$1,34 \cdot 10^{-3}$
$p^0_{S_4}$	$2,65 \cdot 10^{-7}$	$3,04 \cdot 10^{-6}$	$3,25 \cdot 10^{-5}$	$2,15 \cdot 10^{-4}$	$1,04 \cdot 10^{-3}$
$p^0_{S_5}$	$1,56 \cdot 10^{-5}$	$1,72 \cdot 10^{-4}$	$9,64 \cdot 10^{-4}$	$4,20 \cdot 10^{-3}$	$1,43 \cdot 10^{-2}$
$p^0_{S_6}$	$5,50 \cdot 10^{-4}$	$3,60 \cdot 10^{-3}$	$1,60 \cdot 10^{-2}$	$5,25 \cdot 10^{-2}$	$1,37 \cdot 10^{-1}$
$p^0_{S_7}$	$3,28 \cdot 10^{-4}$	$2,63 \cdot 10^{-3}$	$1,27 \cdot 10^{-2}$	$4,55 \cdot 10^{-2}$	$1,26 \cdot 10^{-1}$
$p^0_{S_8}$	$1,89 \cdot 10^{-3}$	$1,02 \cdot 10^{-2}$	$3,64 \cdot 10^{-2}$	$9,70 \cdot 10^{-2}$	$2,14 \cdot 10^{-1}$
p_{ges} [IX.5.4]	$2,79 \cdot 10^{-3}$	$1,66 \cdot 10^{-2}$	$6,62 \cdot 10^{-2}$	$2,00 \cdot 10^{-1}$	$4,98 \cdot 10^{-1}$

Tabelle IX.5.3. Thermodynamische Daten der Schwefelmoleküle [IX.5.3]. ΔH^0_T Reaktionsenthalpie; ΔS^0_T Reaktionsentropie; S^0_T Entropie der S_x-Moleküle; $\Delta_v H^0_0$ Verdampfungsenthalpie der S_x-Moleküle

Molekül	Gleichgewichts- reaktion	Temperatur [K]	ΔH^0_T [kJ mol^{-1}]	ΔS^0_T [Cl · mol^{-1}]	$S^0_T(S_x)$[a] [Cl · mol^{-1}]	$\Delta_v H^0_0$ [kJ mol^{-1}]
S_2	$2 S(kond.) \rightleftharpoons S_2(g)$	460 bis 670	$117,4 \pm 1,5$	$32,6^9$	$59,6^9$ (565 °K)	$129,12 \pm 1,46$
S_3	$2 S_3(g) \rightleftharpoons 3 S_2(g)$	566 bis 669	$111,2 \pm 8,4$	$(37,6 \pm 3,0)$	$(71,8 \pm 1,5)$ (618 °K)	$139,3 \pm 5,4$
S_4	$S_4(g) \rightleftharpoons 2 S_2(g)$	615	$117,9 \pm 8,4$	$(36,7 \pm 2,5)$	$(83,9 \pm 2,5)$ (615 °K)	$140,2 \pm 9,2$
S_5	$2 S_5(g) \rightleftharpoons 5 S_2(g)$	565 bis 620	$399,2 \pm 16,7$	$(111,4 \pm 8,0)$	$(94,3 \pm 4,0)$ (592 °K)	$121,8 \pm 10,5$
S_6	$\frac{3}{4} S_8(g) \rightleftharpoons S_6(g)$	435 bis 625	$26,2 \pm 1,4$	$7,6 \pm 0,8$	$(101,6 \pm 3,3)$ (512 °K)	$103,8 \pm 11,3$
S_7	$\frac{7}{8} S_8(g) \rightleftharpoons S_7(g)$	435 bis 625	$24,1 \pm 1,3$	$7,2 \pm 1,0$	$116,9 \pm 3,8$ (512 °K)	$117,6 \pm 11,3$
S_8	$S_8(g) \rightleftharpoons 4 S_2(g)$	460 bis 625	$404,6 \pm 17,6$	$110,2 \pm 4,2$	$126,8 \pm 4,2$ (530 °K)	$108,8 \pm 11,3$

[a]) Die Werte für S_6, S_7, S_8 wurden aus den experimentellen Daten und dem Literaturwert (s. [IX.5.3]) der Entropie von S_2 berechnet. Für S_2, S_3, S_4, S_5 wurden statistisch berechnete Entropiewerte verwendet.

Tabelle IX.5.4. Sättigungspartialdrücke $p^0(Se_x)$ der Selenmoleküle in atm

Temp.	200 °C	250 °C	300 °C	350 °C	400 °C	450 °C
$p^0(Se_2)$	$3,52 \cdot 10^{-8}$	$9,43 \cdot 10^{-7}$	$1,27 \cdot 10^{-5}$	$1,07 \cdot 10^{-4}$	$6,51 \cdot 10^{-4}$	$3,02 \cdot 10^{-3}$
$p^0(Se_3)$	$4,02 \cdot 10^{-11}$	$2,36 \cdot 10^{-9}$	$5,56 \cdot 10^{-8}$	$7,36 \cdot 10^{-7}$	$6,63 \cdot 10^{-6}$	$4,43 \cdot 10^{-3}$
$p^0(Se_4)$	$9,69 \cdot 10^{-11}$	$6,14 \cdot 10^{-9}$	$1,45 \cdot 10^{-7}$	$1,90 \cdot 10^{-6}$	$1,70 \cdot 10^{-5}$	$1,09 \cdot 10^{-4}$
$p^0(Se_5)$	$3,03 \cdot 10^{-7}$	$5,24 \cdot 10^{-6}$	$4,07 \cdot 10^{-5}$	$2,02 \cdot 10^{-4}$	$7,97 \cdot 10^{-4}$	$2,53 \cdot 10^{-3}$
$p^0(Se_6)$	$1,48 \cdot 10^{-6}$	$2,11 \cdot 10^{-5}$	$1,33 \cdot 10^{-4}$	$5,57 \cdot 10^{-4}$	$1,86 \cdot 10^{-3}$	$4,89 \cdot 10^{-3}$
$p^0(Se_7)$	$3,98 \cdot 10^{-7}$	$6,58 \cdot 10^{-6}$	$4,34 \cdot 10^{-5}$	$1,88 \cdot 10^{-4}$	$6,49 \cdot 10^{-4}$	$1,80 \cdot 10^{-3}$
$p^0(Se_8)$	$3,57 \cdot 10^{-8}$	$7,25 \cdot 10^{-7}$	$5,18 \cdot 10^{-6}$	$2,20 \cdot 10^{-5}$	$8,01 \cdot 10^{-5}$	$2,36 \cdot 10^{-4}$
$\sum p^0(Se_x)$	$2,25 \cdot 10^{-6}$	$3,46 \cdot 10^{-5}$	$2,35 \cdot 10^{-4}$	$1,08 \cdot 10^{-3}$	$4,06 \cdot 10^{-3}$	$1,27 \cdot 10^{-2}$

IX.6 Elektrochemische Messung des chemischen Diffusionskoeffizienten von Wüstit und Silbersulfid

Der in Abschnitt VI.1 beschriebene chemische Diffusionskoeffizient konnte elektrochemisch für die Modellsubstanzen Wüstit und Silbersulfid experimentell bestimmt werden [IX.6.1]. Als Grundelement der Messung an $Fe_{1-\delta}O$ dient die galvanische Festkörperkette

$$p_{O_2}, Pt\,1 \mid ZrO_2(+10\,Mol\text{-}\%\,Y_2O_3) \mid Fe_{1-\delta(x)}O \mid Pt\,2, N_2 \quad (IX.6.I)$$

mit dotiertem ZrO_2 als festem Hilfselektrolyten für praktisch reine Sauerstoffionenleitung. Auf der einen Seite befindet sich eine mit Luft umspülte Pt-Elektrode. Die andere Elektrode besteht aus dem zu untersuchenden Wüstit. Das Prinzip der Messungen besteht darin, ausgehend von einem geeigneten Anfangszustand, die Spannung E oder den Strom I der Kette (IX.6.I) systematisch zu ändern und die abhängige Variable I bzw. E als Funktion der Zeit zu messen und hinsichtlich des Diffusionskoeffizienten des Oxids zu analysieren. In den Messungen an Wüstit wurde durch Anlegen einer bestimmten Spannung zunächst ein bestimmtes chemisches Potential des Sauerstoffs durch die Probe hindurch eingestellt. Dann wurde die EMK E der Kette, die die Sauerstoffkonzentration im $Fe_{1-\delta}O$ an der Phasengrenze mit dem ZrO_2 angibt, sprunghaft um einen Betrag von $\Delta E = 5\ldots 20\,mV$ geändert und der Strom als Funktion der Zeit gemessen. Dieser ist zunächst ein Maß für die Aufnahme bzw. Abgabe von Sauerstoff an der Phasengrenze $ZrO_2 \mid $ Wüstit und damit ein Maß für die Zu- bzw. Abdiffusion von Eisen aus der Verbindung an diese Phasengrenze. Dadurch wird eine neue Stöchiometrie im Wüstit als Funktion der Zeit eingestellt. Aus der Lösung [IX.6.2] des zweiten Fickschen Gesetzes (IV.1.15) mit den Anfangs- und Randbedingungen für die Konzentration c des Metalls

$$\begin{aligned} c(x=0, t) &= c' \quad \text{für } t>0 \\ c(x, t=0) &= c'' \quad \text{für } 0<x\leq l \\ \left(\frac{\partial c}{\partial x}\right)_{x=l} &= 0 \quad \text{für } t>0 \end{aligned} \quad (IX.6.1)$$

folgt für die elektrische Stromstärke I für kleine Zeiten $t \ll l^2/\tilde{D}$

$$I = \frac{2qe\sqrt{\tilde{D}}(c'-c'')}{\sqrt{\pi t}} \quad \left(\text{falls } t \ll \frac{l^2}{\tilde{D}}\right). \quad (IX.6.2)$$

q bedeutet den Querschnitt der Metalloxidprobe und e die Elementarladung. Wenn Q die während des gesamten Relaxationsvorgangs fließende

Ladung ist, die neben der direkten Messung z. B. auch aus Coulometrischen Titrationskurven [IX.6.3] entnommen werden kann, folgt aus Gl. (IX.6.2)

$$I = \frac{\sqrt{\tilde{D}}\,Q}{l\sqrt{\pi t}} \quad \left(\text{falls } t \ll \frac{l^2}{\tilde{D}}\right). \tag{IX.6.3}$$

Nach Gl. (IX.6.2) bzw. (IX.6.3) ist für kurze Zeiten der Strom umgekehrt proportional zur Wurzel aus der Zeit t. Für große Zeiten $t > l^2/4\tilde{D}$ gilt [IX.6.4]

$$\log I = \log \frac{4\,q\,e\,\tilde{D}(c'-c'')}{l} - \frac{1{,}071\,\tilde{D}}{l^2}\,t \quad \left(t > \frac{l^2}{4\tilde{D}}\right), \tag{IX.6.4}$$

d.h., für Zeiten $t > l^2/4\tilde{D}$ klingt der Strom exponentiell ab. Aus dem Anstieg der Geraden im $\log I - t$-Diagramm läßt sich auch ohne Kenntnis der Konzentrationsdifferenz $c''-c'$ der chemische Diffusionskoeffizient bestimmen. Ebenso kann der Ordinatenabstand zur Bestimmung von $\tilde{D}$ herangezogen werden, wozu aber die Kenntnis von $c''-c'$ erforderlich ist. Der für den Vergleich des chemischen mit dem Komponenten- und Tracer-Diffusionskoeffizienten wesentliche thermodynamische Faktor $d \ln a_{Me}/d \ln c_{Me}$ kann als Funktion der Stöchiometrie aus dem Verlauf der Coulometrischen Titrationskurve der galvanischen Kette (IX.6.I) entnommen werden:

$$\frac{d \ln a_{Me}}{d \ln c_{Me}} = \frac{2F}{RT}\frac{dE}{d\delta}. \tag{IX.6.5}$$

Die schematische Versuchsanordnung ist in Abb. IX.6.1 dargestellt. Der Verlauf eines typischen Relaxationsvorganges bei $T = 1000\,°C$ und

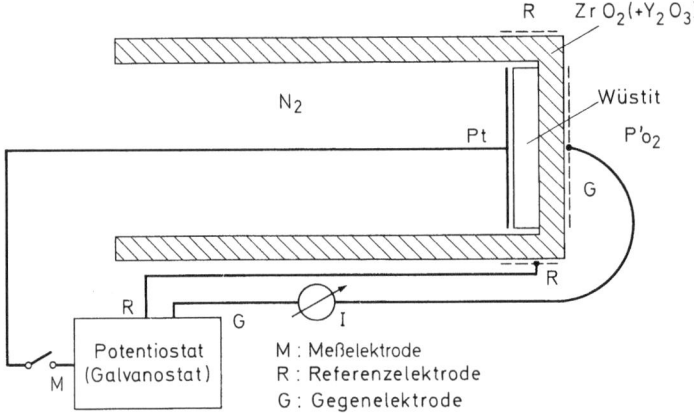

Abb. IX.6.1. Schematische Darstellung des Versuchsaufbaus zur Messung des chemischen Diffusionskoeffizienten in Wüstit.

$\delta = 0{,}106$ ist in den Abb. IX.6.2 bis IX.6.4 wiedergegeben. Es zeigt sich sowohl für das Anfangsverhalten als auch für große Zeiten eine gute Übereinstimmung mit der Theorie. Für den chemischen Diffusionskoeffizienten ergibt sich bei der angegebenen Abweichung von der Stöchiometrie und Temperatur für kurze Zeiten $\tilde{D} = 3{,}4 \times 10^{-6}$ cm² sec⁻¹, für große Zeiten $\tilde{D} = 3{,}1 \times 10^{-6}$ cm² sec⁻¹ und aus dem Ordinatenab-

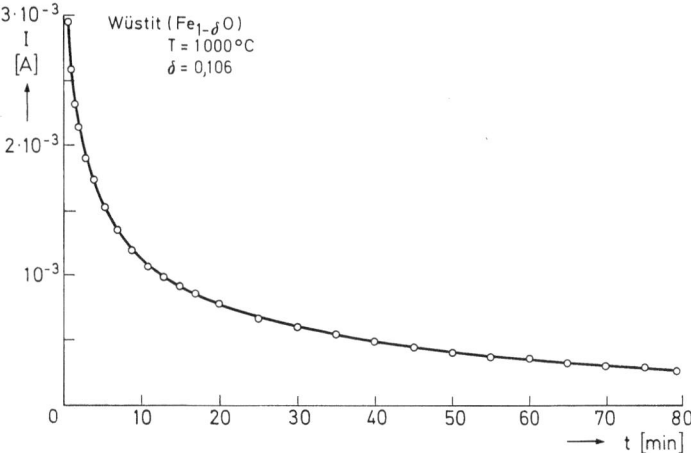

Abb. IX.6.2. Abhängigkeit des Stromes I von der Zeit t nach einer Spannungsänderung von $\Delta E = 20$ mV der Kette (IX.6.I) bei $T = 1000$ °C und $\delta = 0{,}106$ zur Messung des chemischen Diffusionskoeffizienten von Wüstit.

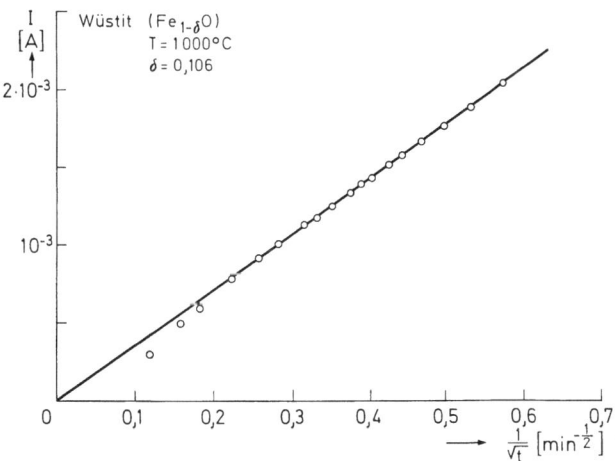

Abb. IX.6.3. Relaxationsverlauf für kurze Zeiten der Meßwerte aus Abb. IX.6.2.

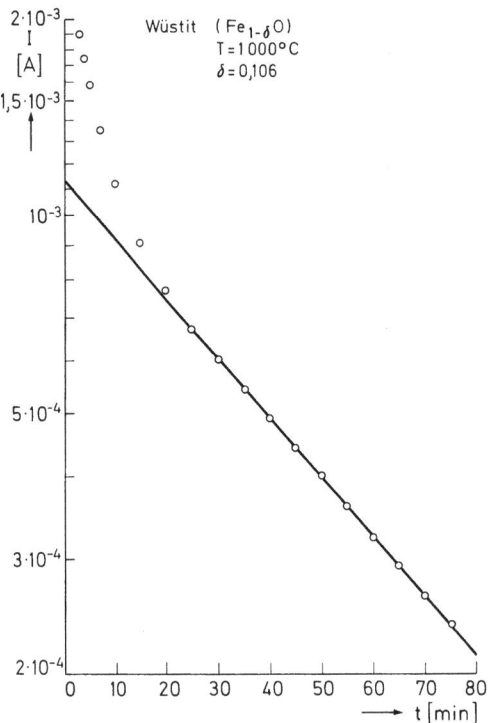

Abb. IX.6.4. Logarithmische Darstellung der Meßwerte des Stromes I aus Abb. IX.6.2 als Funktion der Zeit t zur Bestimmung von $\tilde{D}$ für Zeiten $t > l^2/4\tilde{D}$ und aus dem Ordinatenabschnitt.

schnitt $\tilde{D} = 3{,}2 \times 10^{-6}$ cm^2 sec^{-1}. Der aus Tracerdiffusionsmessungen [IX.6.5] mit dem Korrelationsfaktor $f = 0{,}78$ und dem thermodynamischen Faktor $d \ln a_{Fe}/d \ln c_{Fe} = 32$ berechnete Wert beträgt $\tilde{D} = 3{,}5 \times 10^{-6}$ cm^2 sec^{-1}.

Grundelement der Versuchsanordnung zur Messung des chemischen Diffusionskoeffizienten von Ag$_2$S war die galvanische Kette

$$\text{Ag} \mid \text{AgJ} \mid \text{Ag}_{2+\delta}\text{S}. \tag{IX.6.II}$$

Bei Vernachlässigung von Polarisationseffekten, d.h. bei offenem Stromkreis ist die EMK E ein Maß für das chemische Potential des Silbers im Ag$_2$S:

$$-EF = \mu_{Ag} - \mu_{Ag}^0, \tag{IX.6.6}$$

wobei μ_{Ag}^0 das chemische Potential des Silbers im reinen Silber bedeutet. Ein Stromfluß durch die Kette ist ein Maß für die Geschwindigkeit, mit der Silber dem Ag$_{2+\delta}$S zugeführt oder entnommen wird. Damit sind die wesentlichen Eigenschaften, a) die thermodynamische, b) die kinetische, die für die Relaxationsmessungen von Bedeutung sind, angegeben. Zur Messung des chemischen Diffusionskoeffizienten in $Ag_{2+\delta}S$ für das Gleichgewicht mit Schwefel diente die galvanische Kette

$$Pt, Ag \mid AgJ \mid Ag_{2+\delta}S \mid S(l),$$
$$\mid$$
$$Pt$$
(IX.6.III)

bei der sich das $Ag_{2+\delta}S$ auf der einen Seite im Kontakt mit Schwefel befand.

Zu Beginn der Messungen wurde ein konstanter Strom oder eine konstante EMK vorgegeben, so daß sich durch das $Ag_{2+\delta}S$ ein stationäres Konzentrationsgefälle des Silbers von der Phasengrenze $Ag_{2+\delta}S \mid AgJ$ bis zur Phasengrenze $Ag_{2+\delta}S \mid S(l)$ einstellte. Die EMK der Kette bei diesen Versuchen war nur um $10-20\,mV$ vom Gleichgewicht mit Schwefel entfernt. Danach wurde der Stromkreis unterbrochen und durch Verfolgen der EMK der Kette die Änderung des chemischen Potentials des Silbers und damit die Änderung der Ag-Konzentration − deren Zusammenhang aus Coulometrischen Titrationskurven bekannt ist − als Funktion der Zeit gemessen.

Theoretisch erhält man die Konzentration als Funktion der Zeit durch Lösen des zweiten Fickschen Gesetzes mit den Anfangs- und Randbedingungen

$$c = c'' - (c'' - c')\frac{x}{L} \quad \text{für } t = 0$$
$$c = c' \quad \text{für } x = L, \, t \geq 0 \qquad \text{(IX.6.7)}$$
$$\left(\frac{\partial c}{\partial x}\right)_{x=0} = 0 \quad \text{für } t > 0.$$

Die Lösung lautet [IX.6.6]

$$c = c'' - \frac{2(c''-c')}{L}\sqrt{\frac{\tilde{D}t}{\pi}} \quad \left(t \ll \frac{4L^2}{\pi^2 \tilde{D}}\right). \qquad \text{(IX.6.8)}$$

Die experimentelle Anordnung ist in Abb. IX.6.5 dargestellt. Zur Vermeidung von Polarisationseffekten wurde für die EMK-Messungen eine eigene $Ag \mid AgJ$-Sonde verwendet. Das $Ag_{2+\delta}S$ war eindimensional vor dem Versuch in ein Glasrohr hineingewachsen. Abb. IX.6.6 gibt eine Abschaltkurve wieder, bei der die EMK als Funktion der Zeit aufgetragen ist. Die hieraus mit Hilfe von Titrationskurven ermittelte Konzentration $c(x=0)$ ist in Abb. IX.6.7 als Funktion von $\sqrt{t}$ aufgetragen. Entsprechend Gl. (IX.6.8) ergibt sich eine Gerade, aus deren Steigung $\tilde{D}$

198 Galvanische Ketten mit festen Elektrolyten für kinetische Untersuchungen

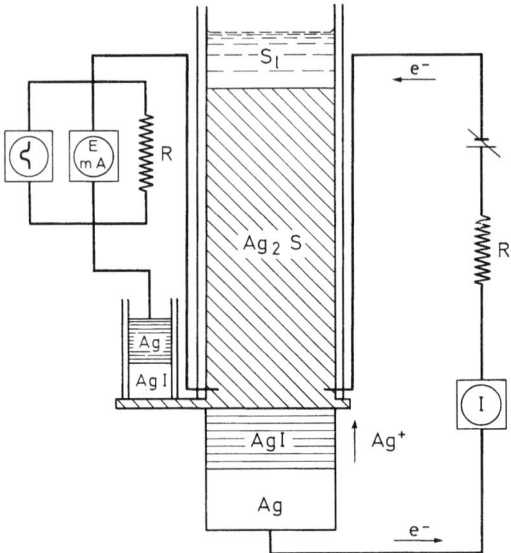

Abb. IX.6.5. Experimentelle Anordnung zur Bestimmung des chemischen Diffusionskoeffizienten in Silbersulfid.

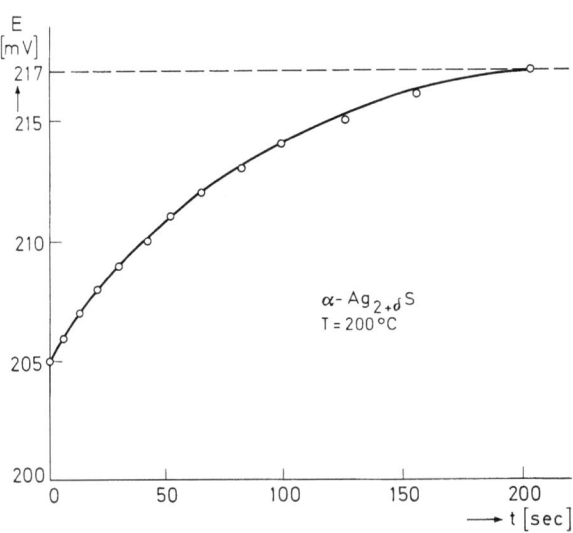

Abb. IX.6.6. Relaxation der EMK E der Kette (IX.6.III) als Funktion der Zeit.

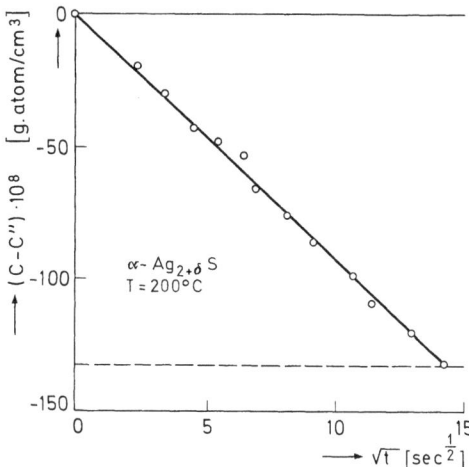

Abb. IX.6.7. Konzentration $c(x=0)$ als Funktion von $\sqrt{t}$, berechnet aus Abb. IX.6.6.

berechnet werden kann. Für 200 °C ergab sich $\tilde{D}=0{,}47\,\dfrac{\text{cm}^2}{\text{sec}}$. Der aus Teilleitfähigkeiten [IX.6.7] und $\dfrac{d\ln a}{d\ln c}$ berechnete Wert beträgt $\tilde{D}=0{,}39\,\dfrac{\text{cm}^2}{\text{sec}}$. Diese Übereinstimmung kann als befriedigend angesehen werden, insbesondere da der thermodynamische Faktor etwa 4 Zehnerpotenzen hat.

Literatur

IX.1.1 RICKERT, H., ELMILIGY, A. A.: Z. f. Metallkunde **59**, 635 (1968).
RICKERT, H., STEINER, R.: Die Naturwissenschaften **52**, 451 (1965).
RICKERT, H., STEINER, R.: Z. phys. Chem. N.F. **49**, 127 (1966).
RICKERT, H., WAGNER, H., STEINER, R.: Chemie-Ingenieur-Technik, **38**, 618 (1966).
IX.1.2 BURKE, L. D., RICKERT, H., STEINER, R.: Z. phys. Chem. N.F. **74**, 146 (1971).
PATTERSON, J. W., BOGREN, E. C., RAPP, R. A.: J. Electrochem. Soc. **114**, 752 (1967).
IX.1.3 CRANK, J.: The Mathematics of Diffusion. London, Oxford: Clarendon Press 1957.
IX.1.4 EICHENAUER, W., MÜLLER, G.: Z. Metallkunde **53**, 321 (1962).
IX.1.5 SAND, H. J.: Phil. Mag. **1**, 45 (1901), Z. physik. Chem. **35**, 641 (1900).
IX.1.6 RICKERT, H., WAGNER, H.: Electrochim. Acta **11**, 83 (1966).
IX.2.1 MROWEC, S., RICKERT, H.: Z. phys. Chem. N.F. **36**, 329 (1963).
IX.2.2 DRAVNIEKS, A.: J. electrochem. Soc. **102**, 435 (1955).
IX.2.3 CZERSKI, L., MROWEC, S., WERBER, T.: J. electrochem. Soc. **109**, 273 (1962).
IX.2.4 RICKERT, H.: Z. Electrochem., Ber. Bunsenges. physik. Chem. **65**, 463 (1961).
IX.2.5 TAMMANN, G.: Z. anorg. allg. Chem. **111**, 78 (1920).
IX.2.6 PILLING, N. B., BEDWORTH, R. E.: J. Inst. Metals **29**, 599 (1923).

IX.3.1 RICKERT, H., O'BRIAIN, C.D.: Z. phys. Chem. N.F. **31**, 71 (1962).
         RICKERT, H., WAGNER, C.: Z. phys. Chem. N.F. **31**, 32 (1962).
IX.3.2 HEBB, M.H.: J. chem. Phys. **20**, 185 (1952).
IX.3.3 RICKERT, H., WAGNER, C.: Z. phys. Chem. N.F. **31**, 32 (1962).
IX.4.1 MROWEC, S., RICKERT, H.: Z. Electrochem. **66**, 14 (1962).
IX.4.2 VOLMER, M.: Kinetic der Phasenbildung. Dresden und Leipzig, 1939.
IX.4.3 HERTZ, H.: Ann. Physik **17**, 177 (1882).
IX.4.4 Circular of National Bureau of Standards 500, Washington, 1952.
IX.4.5 Bulletin 584. Washington: Bureau of Mines 1960.
IX.4.6 RICKERT, H.: Z. Elektrochem. **65**, 463 (1961).
IX.4.7 WAGNER, J.B., WAGNER, C.: J. chem. Phys. **26**, 1597 (1957).
IX.5.1 KNUDSEN, M.: Ann. Phys. (Leipzig) **29**, 179 (1909).
         RATCHFORD, R.J., RICKERT, H.: Z. Elektrochem. **66**, 497 (1962).
IX.5.2 BIRKS, N., RICKERT, H.: Bes. Bunsenges. phys. Chem. **67**, 97 (1963).
IX.5.3 DETRY, D., et al.: Z. phys. Chem. N.F. **55**, 314 (1967).
         INGHRAM, M.G., DROWART, J.: High Temperature Technology, S. 219. New York: McGraw-Hill 1960.
IX.5.4 WEST, L.A., MENZIES, A.W.: J. phys. Chem. **33**, 1880 (1929).
IX.5.5 KELLER, H., RICKERT, H., DETRY, D., DROWART, J., GOLDFINGER, P.: Z. phys. Chem. N.F. **75**, 273 (1971).
IX.5.6 KELLER, H.: Dissertation, Dortmund 1970.
IX.6.1 CHU, W.F., RICKERT, H., WEPPNER, W.: Proceedings of the Advanced Study Institute "Fast ion transport in solids, solid state batteries and devices" (Belgirate 5.–15. Sept. 1972), S. 181. Amsterdam: North-Holland Publ. Comp. 1973.
IX.6.2 HAUFFE, K.: Reaktionen in und an festen Stoffen, S. 395. Berlin-Heidelberg-New York: Springer 1966.
IX.6.3 RIZZO, H.F., GORDON, R.S., CUTLER, I.B.: Mass Transport in Oxides (Eds. J.B. WACHTMAN JR., A.D. FRANKLIN), S. 129. NBS Spec. Publ. 296, 1968.
         RIZZO, F.E., SMITH, J.V.: J. Phys. Chem. **72**, 485 (1968).
         SOCKEL, H.G., SCHMALZRIED, H.: Ber. Bunsenges. phys. Chem. **72**, 745 (1968).
IX.6.4 CRANK, J.: The mathematics of diffusion, S. 17. Oxford: Univ. Press London 1957.
IX.6.5 HIMMEL, L., MEHL, R.F., BIRCHENALL, C.E.: Trans. AIME **197**, 827 (1953).
IX.6.6 CARSLAW, H.S., JAEGER, J.C.: Conduction of Heat in Solids, S. 97. Oxford: Clarendon Press 1959.
IX.6.7 RICKERT, H.: Z. phys. Chem. N.F. **23**, 355 (1960).

X Nichtisotherme Systeme

Werden feste Verbindungen einem Temperaturgefälle ausgesetzt, so beobachtet man eine oder mehrere der folgenden Erscheinungen:

a) Es tritt eine Entmischung auf, d.h., entlang der Probe beobachtet man Änderungen der Stöchiometrie bzw. der Aktivitäten der Komponenten. Diese Erscheinung ist analog zu der in flüssigen Elektrolytlösungen, wo bei Vorhandensein eines Temperaturgradienten nach einiger Zeit Konzentrationsgradienten der in der Lösung enthaltenen Ionen beobachtet werden. Darum wollen wir auch bei festen Stoffen das Auftreten von Stöchiometrie- bzw. Aktivitätsgefällen bei Vorhandensein von Temperaturdifferenzen − wie im Falle der flüssigen Elektrolyte − als Soret-Effekt bezeichnen.

b) Unter bestimmten Bedingungen beobachtet man bei Vorhandensein eines Temperaturgefälles im festen Stoff Transportvorgänge, bei denen eine oder mehrere Komponenten der festen Verbindung von höherer zu tieferer Temperatur oder umgekehrt wandern. Zum Beispiel läßt sich folgende Beobachtung machen: Wenn festes Ag_2S in Schwefeldampf oberhalb 200 °C einem Temperaturgefälle ausgesetzt wird, verschwindet Ag_2S am heißeren Ende der Probe und eine gleiche Menge Ag_2S entsteht am kälteren [X.0.1]. Entsprechend der hohen Beweglichkeit von Silberionen und Elektronen in Ag_2S kann angenommen werden, daß einerseits Silberionen und Elektronen im Silbersulfid wandern, andererseits Schwefel in molekularer Form über die Gasphase von höherer zu niedrigerer Temperatur transportiert wird. Das ist in Abb. X.0.1 schematisch dargestellt.

c) An galvanischen Ketten mit festen Elektrolyten, die in ihrem stofflichen Aufbau symmetrisch zusammengesetzt sind, aber einem Temperaturgefälle ausgesetzt werden, treten elektrische Spannungen auf. Diese Thermospannungen bei galvanischen Ketten mit festen Elektrolyten sind jedoch nicht wie bei Metallen eindeutig allein durch die vorhandenen Materialien und die Temperaturdifferenz bestimmt, sondern auch durch weitere experimentelle Randbedingungen, insbesondere durch die Festlegung der Aktivitäten der Komponenten in dem Festelektrolyten an den beiden Elektroden, was in Abschnitt X.4 noch ausführlicher diskutiert wird.

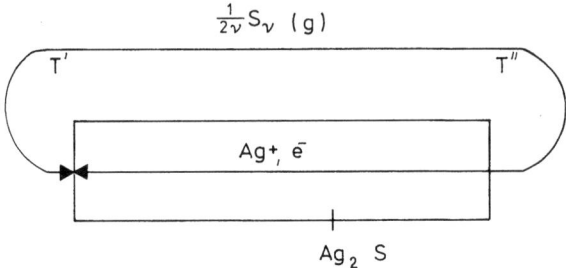

X.0.1. Transport in Ag$_2$S in Schwefeldampf im Temperaturgefälle ($T' < T''$).

Alle drei genannten Erscheinungen lassen sich mit Hilfe der Ansätze der irreversiblen Thermodynamik, deren Grundlagen zunächst dargestellt werden, quantitativ behandeln.

X.1 Grundgleichungen der irreversiblen Thermodynamik

Wir betrachten im folgenden eine Metall/Nichtmetall-Verbindung, in der lediglich die Kationen mit der Wertigkeit z_1 und Elektronen beweglich sind. Für den Fluß der Kationen und Elektronen j_1 bzw. j_2 in Molen je Flächen- und Zeiteinheit sowie für den Energiefluß j_3 in x-Richtung, in welcher allein ein Temperaturgefälle auftreten soll, gelten die Transportgleichungen der irreversiblen Thermodynamik [X.1.1]:

$$j_1 = L_{11} X_1 + L_{12} X_2 + L_{13} X_3, \qquad (\text{X.1.1})$$

$$j_2 = L_{21} X_1 + L_{22} X_2 + L_{23} X_3, \qquad (\text{X.1.2})$$

$$j_3 = L_{31} X_1 + L_{32} X_2 + L_{33} X_3. \qquad (\text{X.1.3})$$

Hierbei stellen die Symbole X_1, X_2 und X_3 verallgemeinerte Kräfte und L_{ik} ($i, k = 1, 2, 3$) Leitwerte, die sog. Onsager-Koeffizienten, dar. Die Kräfte sind derart definiert, daß die Entropiezunahme je Volumen- und Zeiteinheit gleich $\sum_{i=1}^{3} j_i X_i / T$ ist. Daher wird gesetzt:

$$X_1 = -T \frac{d}{dx} \left(\frac{\eta_1}{T} \right), \qquad (\text{X.1.4})$$

$$X_2 = -T \frac{d}{dx} \left(\frac{\eta_2}{T} \right), \qquad (\text{X.1.5})$$

$$X_3 = -T \frac{d}{dx} \left(\frac{1}{T} \right) = -\frac{1}{T} \frac{dT}{dx}, \qquad (\text{X.1.6})$$

Grundgleichungen der irreversiblen Thermodynamik 203

wobei η_1 und η_2 die elektrochemischen Potentiale der Kationen und Elektronen und T die Temperatur bedeuten. Im Einklang mit allgemeinen Überlegungen [X.1.2] über die elektrochemische Deutung von Transportvorgängen bei der Oxidation von Metallen kann — wie bereits in Kapitel VIII — angenommen werden, daß sich die Kationen und Elektronen praktisch unabhängig voneinander bewegen. Dann gilt

$$L_{12} = L_{21} = 0. \tag{X.1.7}$$

Durch Einsetzen der Gln. (X.1.4), (X.1.5) und (X.1.7) in (X.1.1) und (X.1.2) ergibt sich für die Flüsse j_1 und j_2:

$$j_1 = -L_{11}\frac{d\eta_1}{dx} + (\eta_1 L_{11} - L_{13})\frac{1}{T}\frac{dT}{dx}, \tag{X.1.8}$$

$$j_2 = -L_{22}\frac{d\eta_2}{dx} + (\eta_2 L_{22} - L_{23})\frac{1}{T}\frac{dT}{dx}. \tag{X.1.9}$$

Die Onsager-Koeffizienten L_{11} und L_{22} lassen sich, wie in Abschnitt VI.1 gezeigt wurde, durch die Teilleitfähigkeiten der Kationen und Elektronen σ_1 bzw. σ_2 ausdrücken:

$$L_{11} = \sigma_1/z_1^2 F^2, \tag{X.1.10}$$

$$L_{22} = \sigma_2/F^2. \tag{X.1.11}$$

Für den Energiefluß j_3 folgt unter Berücksichtigung der Onsagerschen Reziprozitätsbeziehungen [X.1.1]

$$L_{13} = L_{31}, \tag{X.1.12}$$

$$L_{23} = L_{32}$$

durch Einsetzen der Gln. (X.1.4) bis (X.1.6) und (X.1.12) in Gl. (X.1.3) der Ausdruck

$$j_3 = -L_{13}\frac{d\eta_1}{dx} + L_{13}\frac{\eta_1}{T}\frac{dT}{dx}$$
$$= -L_{23}\frac{d\eta_2}{dx} + L_{23}\frac{\eta_2}{T}\frac{dT}{dx} - \frac{L_{33}}{T}\frac{dT}{dx}. \tag{X.1.13}$$

Aus den Gln. (X.1.8) und (X.1.13) resultiert speziell unter isothermen Bedingungen (T=konst) und für konstantes elektrochemisches Potential η_2 der Elektronen, d.h. wenn lediglich ein Gradient des elektrochemischen Potentials η_1 der Ionen vorhanden ist, für das Verhältnis des Energieflusses j_3 zum Ionenfluß j_1:

$$\left(\frac{j_3}{j_1}\right)_{\eta_2, T} = \frac{L_{13}}{L_{11}}. \tag{X.1.14}$$

Dieser Quotient aus Energie- und Teilchenfluß, läßt sich andererseits auch als Summe der partiellen molaren inneren Energie u_1 der Teilchen 1, deren elektrischer Energie $z_1 F \varphi$, der Überführungswärme Q^* und der Volumenarbeit $p v_1$ des Systems bei Zugabe eines Mols, wobei v_1 das partielle molare Volumen der Teilchen 1 ist, ausdrücken [X.1.1]. $u_1 + p v_1$ ist gleich der partiellen molaren Enthalpie h_1 der betrachteten Teilchen, hier also der Kationen. Es gilt also auch

$$\left(\frac{j_3}{j_1}\right)_{\eta_2, T} = u_1 + z_1 F \varphi + Q^* + p v_1$$
$$= h_1 + z_1 F \varphi + Q_1^*. \tag{X.1.15}$$

Aus den Gln. (X.1.10), (X.1.14) und (X.1.15) folgt dann

$$L_{13} = (h_1 + z_1 F \varphi + Q_1^*) \sigma_1 / z_1^2 F^2. \tag{X.1.16}$$

Damit ist der Kopplungskoeffizient L_{13} durch kalorische Größen ausgedrückt. Auf analoge Weise erhält man durch Vertauschung des Indices 1 und 2 für L_{23}:

$$L_{23} = (h_2 - F \varphi + Q_2^*) \sigma_2 / F^2. \tag{X.1.17}$$

Da für die elektrochemischen Potentiale η_1 und η_2 die Ausdrücke

$$\eta_1 = \mu_1 + z_1 F \varphi = h_1 - T s_1 + z_1 F \varphi, \tag{X.1.18}$$

$$\eta_2 = \mu_2 - F \varphi = h_2 - T s_2 - F \varphi \tag{X.1.19}$$

gelten, worin s_1 und s_2 die partiellen molaren Entropien der Metallionen bzw. Elektronen bedeuten, ergibt sich durch Einsetzen der Gln. (X.1.10), (X.1.11) und (X.1.16) bis (X.1.19) in (X.1.8) und (X.1.9) schließlich

$$j_1 = -\frac{\sigma_1}{z_1^2 F^2} \left[\frac{d\eta_1}{dx} + \left(s_1 + \frac{Q_1^*}{T}\right) \frac{dT}{dx}\right], \tag{X.1.20}$$

$$j_2 = -\frac{\sigma_2}{F^2} \left[\frac{d\eta_2}{dx} + \left(s_2 + \frac{Q_2^*}{T}\right) \frac{dT}{dx}\right]. \tag{X.1.21}$$

Die Gln. (X.1.20) und (X.1.21) geben die Teilchenflüsse der Kationen und Elektronen an, wenn sich der feste Stoff in einem Temperaturgefälle befindet. Sie ermöglichen uns im folgenden, die drei Phänomene

a) den Soret-Effekt,
b) die Transportvorgänge in festen Stoffen im Temperaturgefälle sowie
c) die Thermokräfte

quantitativ zu behandeln.

X.2 Der Soret-Effekt

Der Soret-Effekt, die stationär auftretende Entmischung in einem Temperaturgefälle ohne gleichzeitige Transportvorgänge, läßt sich behandeln, indem die Flüsse j_1 und j_2 in Gl. (X.1.20) und (X.1.21) gleich Null gesetzt werden. Dann müssen offensichtlich, da die Teilleitfähigkeiten σ_1 und σ_2 als endlich vorauszusetzen sind, die eckigen Klammern in Gl. (X.1.20) und (X.1.21) Null sein. Durch Addition dieser beiden Ausdrücke ergibt sich

$$\left[\frac{d(\eta_1 + z_1 \eta_2)}{dx}\right]_{j_1, j_2 = 0} + \left(s_1 + z_1 s_2 + \frac{Q_1^* + z_1 Q_2^*}{T}\right)\frac{dT}{dx} = 0, \quad \text{(X.2.1)}$$

bzw., da $\eta_1 + z_1 \eta_2$ gleich dem chemischen Potential μ_{Me} des Metalls und $s_1 + z_1 s_2$ gleich der partiellen molaren Entropie s_{Me} des Metalls ist,

$$\left(\frac{d\mu_{Me}}{dx}\right)_{j_1, j_2 = 0} + \left(s_{Me} + \frac{Q_{Me}^*}{T}\right)\frac{dT}{dx} = 0 \quad \text{(X.2.2)}$$

oder auch

$$\left(\frac{d\mu_{Me}}{dT}\right)_{j_1, j_2 = 0}\frac{dT}{dx} + \left(s_{Me} + \frac{Q_{Me}^*}{T}\right)\frac{dT}{dx} = 0. \quad \text{(X.2.3)}$$

Durch Division von Gl. (X.2.3) mit dT/dx folgt

$$\left(\frac{d\mu_{Me}}{dT}\right)_{j_1, j_2 = 0} + \left(s_{Me} + \frac{Q_{Me}^*}{T}\right) = 0. \quad \text{(X.2.4)}$$

Die Änderung des chemischen Potentials des Metalls mit der Temperatur bei verschwindenden Transportvorgängen, d.h., $j_1, j_2 = 0$ läßt sich entsprechend Gl. (X.2.4) durch die partielle molare Entropie s_{Me} sowie die Überführungswärme Q_{Me}^* des Metalls in der Verbindung ausdrücken.

Bezogen auf den Standardzustand ergibt sich durch Subtraktion der Beziehung

$$\frac{d\mu_{Me}^0}{dT} = s_{Me}^0 \quad \text{(X.2.5)}$$

von Gl. (X.2.4) die Form

$$\left[\frac{d(\mu_{Me} - \mu_{Me}^0)}{dT}\right]_{j_1, j_2 = 0} = \left[\frac{d(RT \ln a_{Me})}{dT}\right]_{j_1, j_2 = 0} \quad \text{(X.2.6)}$$
$$= -\left[(s_{Me} - s_{Me}^0) + \frac{Q_{Me}^*}{T}\right],$$

in der ausschließlich experimentell ermittelbare Größen auftreten.

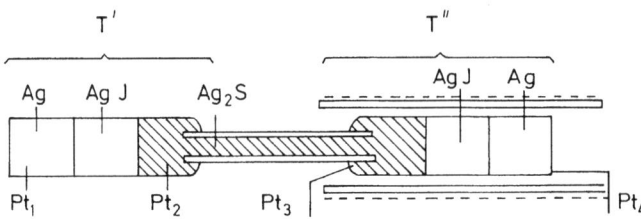

X.2.1. Versuchsanordnung zur Bestimmung der Aktivitäten $a_{Ag}(T')$ und $a_{Ag}(T'')$ in Ag$_2$S mit Temperaturgefälle unter stationären Bedingungen ($j=0$), d. h. vernachlässigbar kleinen Schwefelpartialdrücken (mit Zusatzheizung auf der rechten Seite zur Einstellung der Temperatur T'').

Messungen des Soret-Effektes in festen Verbindungen sind z. B. an festem Ag$_2$S [X.0.1] durchgeführt worden. Die Versuchsanordnung ist schematisch in Abb. X.2.1 dargestellt. Dabei wurde zur Messung von $RT \ln a_{Me}$ die galvanische Festkörperkette

$$\text{Pt} \mid \text{Ag} \mid \text{AgJ} \mid \text{Ag}_2\text{S} \mid \text{Pt} \qquad (X.2.I)$$

benutzt, deren EMK E nach Gl. (VII.2.2) ein Maß für $\mu_{Ag} - \mu_{Ag}^0$ bzw. $RT \ln a_{Ag}$ ist. Zur Bestimmung des Gradienten von $RT \ln a_{Ag}$ wurden zwei jeweils isotherme Ketten des Typs (X.2.I) verwendet. Da ohne spezielle Voraussetzung der Gradient von $RT \ln a_{Me}$ nicht nur durch die Temperaturdifferenz $(T'' - T')$ sondern auch durch den Wert von a_{Me} am kälteren oder wärmeren Ende der Probe oder einer mittleren Stelle bestimmt ist, kann in der in Abb. X.2.1 dargestellten Anordnung der Wert $a_{Me}(T')$ am kälteren Ende mit der Temperatur T' eingestellt werden, indem entweder zwischen den Ableitungen Pt$_1$ und Pt$_2$ mit Hilfe eines Potentiometers eine bestimmte Potentialdifferenz $E(T')$ vorgegeben oder eine coulometrische Titration durchgeführt wird [X.2.1], bis ein bestimmter Wert $a_{Me}(T')$ erreicht ist. Nach Einstellung des stationären Zustandes mißt man dann $E(T'')$ als Potentialdifferenz zwischen den Ableitungen Pt$_4$ und Pt$_3$. In Tabelle X.2.1 sind die EMK-Messungen zur Ermittlung von $(dRT \ln a_{Ag}/dT)_{j_1, j_2 = 0}$ dargestellt. Hierbei ist zu beachten, daß in der beschriebenen Meßanordnung die Auswertung nur für solche Werte von a_{Ag} möglich ist, für die der Schwefeldruck über den freien Oberflächen der Ag$_2$S-Probe vernachlässigbar klein ist, da andernfalls nach dem in Abb. X.0.1 angegebenen Mechanismus Silber im Ag$_2$S und Schwefel über die Gasphase wandern und damit $j_1, j_2 \neq 0$ wird. Werte für niedrige Silberaktivitäten, d. h. höhere Schwefelaktivitäten, sind durch Extrapolation zu erhalten. Aus den in Tabelle X.2.1 erhaltenen Daten kann man $\left(s_{Ag} - s_{Ag}^0 + \dfrac{Q_{Ag}^*}{T}\right)$ für Silber in Silbersulfid erhalten.

Tabelle X.2.1. EMK-Messungen nach Abb. X.2.1 zur Ermittlung von $(d \ln a_{Ag}/dT)_{j=0}$

E (250 °C):	0	30	60	90	115	140 (mV)
E (350 °C):	28	59	91	124	150	177 (mV)

Diese Werte sind von der Größenordnung 30 J/Grad Mol. Im Hinblick auf die kleinen Temperaturkoeffizienten der Teilleitfähigkeiten der Ag^+-Ionen und Elektronen in Ag_2S entsprechend den kleinen scheinbaren Aktivierungswärmen sind die Überführungswärmen nur von der Größenordnung RT. Damit erhält man für die partielle molare Entropie von Silber in Silbersulfid minus der im Standardzustand, $s_{Ag} - s^0_{Ag}$, für Gleichgewicht mit Silber einen Wert von 21 J/Grad Mol. Dieser Wert paßt zu demjenigen, der durch Messung der Temperaturabhängigkeit der isothermen Kette (X.2.I) erhalten wurde [X.2.2].

X.3 Stationäre Transportvorgänge in festen Stoffen im Temperaturgefälle

Zur Behandlung von Transportvorgängen in festen Stoffen, die einem Temperaturgefälle ausgesetzt sind, gehen wir wiederum von den Gln. (X.1.20) und (X.1.21) aus. Bei der Herleitung dieser Gleichungen hatten wir angenommen, daß in der festen Verbindung lediglich Kationen und Elektronen beweglich sind, während die Anionen sich in dem festen Stoff praktisch nicht bewegen können. Die Nichtmetallkomponente könnte also höchstens, wie am Beispiel des Ag_2S in Abb. X.0.1 schematisch dargestellt ist, über die Gasphase transportiert werden. Für den Zusammenhang der Flüsse der Metallionen und der Elektronen j_1 bzw. j_2 gilt aus Elektroneutralitätsgründen

$$j_1 = \frac{j_2}{z_1}. \qquad (X.3.1)$$

Unter Berücksichtigung dieser Gleichung ergibt sich durch Multiplikation von Gl. (X.1.20) mit σ_2 und von Gl. (X.1.21) mit σ_1 und Addition beider Gleichungen

$$j_1 = -\frac{\sigma_1 \sigma_2}{(\sigma_1 + \sigma_2) z_1^2 F} \cdot \left[\frac{d(\eta_1 + z_1 \eta_2)}{dx} + \left(s_1 + z_1 s_2 + \frac{Q_1^* + z_1 Q_2^*}{T} \right) \frac{dT}{dx} \right]. \qquad (X.3.2)$$

Hierin können noch die thermodynamischen Größen der Ionen und Elektronen durch die des neutralen Metalls ausgedrückt werden, da folgende Beziehungen gelten:

$$\eta_1 + z_1 \eta_2 = \mu_{Me}, \qquad (X.3.3)$$

$$s_1 + z_1 s_2 = s_{Me}, \qquad (X.3.4)$$

$$Q_1^* + z_1 Q_2^* = Q_{Me}^*, \qquad (X.3.5)$$

womit für den Fluß des Metalls folgt:

$$j_1 = -\frac{\sigma_1 \sigma_2}{(\sigma_1 + \sigma_2) z_1^2 F} \left[\frac{d\mu_{Me}}{dx} + \left(s_{Me} + \frac{Q_{Me}^*}{T} \right) \frac{dT}{dx} \right]. \qquad (X.3.6)$$

Um zu meßbaren Größen zu gelangen, wird die Beziehung

$$\frac{d\mu_{Me}^0}{dx} - s_{Me}^0 \frac{dT}{dx} = 0 \qquad (X.3.7)$$

für den Standardzustand zur eckigen Klammer von Gl. (X.3.6) hinzu addiert, so daß sich ergibt

$$j_1 = -\frac{\sigma_1 \sigma_2}{(\sigma_1 + \sigma_2) z_1^2 F} \left[\frac{d(\mu_{Me} - \mu_{Me}^0)}{dx} + \left(s_{Me} - s_{Me}^0 + \frac{Q_{Me}^*}{T} \right) \frac{dT}{dx} \right] \qquad (X.3.8)$$

bzw., wenn die Differenz $\mu_{Me} - \mu_{Me}^0$ durch $RT \ln a_{Me}$ ausgedrückt wird,

$$j_1 = -\frac{\sigma_1 \sigma_2}{(\sigma_1 + \sigma_2) z_1^2 F} \left[\frac{dRT \ln a_{Me}}{dx} + \left(s_{Me} - s_{Me}^0 + \frac{Q_{Me}^*}{T} \right) \frac{dT}{dx} \right]. \qquad (X.3.9)$$

Der zweite Term in der Klammer, $s_{Me} - s_{Me}^0 + \frac{Q_{Me}^*}{T}$, kann noch durch den sich beim Soret-Effekt ($j_1 = 0$) einstellenden Gradienten von $RT \ln a_{Ag}$ entsprechend Gl. (X.2.6) ersetzt werden:

$$j_1 = -\frac{\sigma_1 \sigma_2}{(\sigma_1 + \sigma_2) z_1 F^2} \left[\frac{dRT \ln a_{Me}}{dx} - \left(\frac{dRT \ln a_{Me}}{dT} \right)_{j_1 = 0} \frac{dT}{dx} \right]. \qquad (X.3.10)$$

Die Gln. (X.3.8), (X.3.9) und (X.3.10) sind allgemeine Lösungen des vorliegenden Problems. Häufig liegen jedoch solche Fälle vor, daß die Leitfähigkeit der Kationen sehr viel größer als die der Elektronen ist oder umgekehrt. Im folgenden wird der Fall $\sigma_2 \gg \sigma_1$ betrachtet, der z.B. bei Ag_2S vorliegt, an dem entsprechende Messungen durchgeführt wurden. Es vereinfacht sich dann Gl. (X.3.10) zu

$$j_1 = -\frac{\sigma_1}{z_1^2 F^2} \left[\frac{dRT \ln a_{Me}}{dx} - \left(\frac{dRT \ln a_{Me}}{dT} \right)_{j_1 = 0} \frac{dT}{dx} \right]. \qquad (X.3.11)$$

Stationäre Transportvorgänge in festen Stoffen im Temperaturgefälle

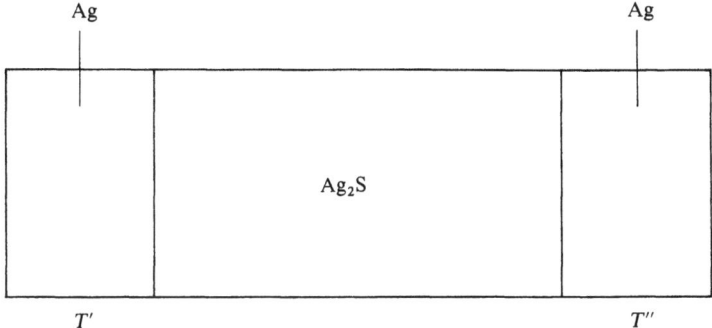

X.3.1. Silbersulfid im Temperaturgefälle in Kontakt mit metallischem Silber am heißeren und kälteren Ende.

Der Teilchenfluß wird also durch die Teilleitfähigkeit der weniger beweglichen Teilchensorte, z.B. bei Ag_2S der Silberionen und der Differenz aus dem durch äußere Bedingungen tatsächlich vorgegebenen Gradienten von $(RT \ln a_{Me})$ und demjenigen, der sich für $j_1 = 0$ — also im Falle des Soret-Effektes — einstellt, bestimmt. Ein Sonderfall ist der, bei dem das Ag_2S im Temperaturgefälle auf beiden Seiten der Probe, also sowohl am heißeren als auch am kälteren Ende mit metallischem Silber in Gleichgewicht gebracht wird. Dann gilt durch die ganze Probe hindurch $a_{Ag} = 1$. Das ist in Abb. X.3.1 schematisch dargestellt. Wegen $dRT \ln a_{Ag}/dx = 0$ vereinfacht sich in diesem Fall Gl. (X.3.11) zu

$$j_1 = \frac{\sigma_1}{F^2} \left(\frac{dRT \ln a_{Ag}}{dT} \right)_{j_1 = 0} \frac{dT}{dx}. \qquad (X.3.12)$$

$dRT \ln a_{Ag}/dT$ läßt sich für ein endliches Temperaturintervall näherungsweise ermitteln, indem in der Versuchsanordnung der Abb. X.2.1 $E(T') = 0$ vorgegeben und bei verschwindendem Teilchenfluß $E(T'')$ gemessen wird. Für eine Probe der Länge Δx resultiert unter Berücksichtigung von $E = -\frac{RT}{F} \ln a_{Ag}$:

$$j_1 \cong \frac{\sigma_1(T'' + T')}{\Delta x F^2} \left[-\frac{E(T'')}{T''} \right]_{j_1 = 0, E(T') = 0}. \qquad (X.3.13)$$

Aus dieser Gleichung errechnet sich für die elektrische Stromdichte der Silberionen und Elektronen in Ag_2S bei konstanter Aktivität $a_{Ag} = 1$ für eine benutzte experimentelle Anordnung [X.0.1] mit einer Probenlänge von $\Delta x = 3{,}13$ cm und $T' = 250\,°C$, $T'' = 350\,°C$ ein Wert von

35 mA/cm², wobei $\sigma_1 = 4{,}26\,\Omega^{-1}\,\text{cm}^{-1}$ bei $\dfrac{T' + T''}{2}$ 300 °C [X.3.1] und $E(T'') = 28$ mV eingesetzt wurde. Zur experimentellen Bestimmung der Transportgeschwindigkeit wurden die Ableitungen Pt 1 und Pt 2 direkt sowie Pt 3 und Pt 4 über einen Shunt von 1 Ω kurzgeschlossen. Durch den Spannungsabfall an diesem Shunt konnte der dem Silbertransport äquivalente elektrische Strom gemessen werden, da das transportierte Silber zunächst als Stromfluß der Ionen durch das AgJ und der Elektronen durch die Zuleitungen Pt 3, Pt 4 und den Shunt in Erscheinung trat. Die hierbei gemessene Stromdichte betrug 27 mA/cm² in für derartige Versuche genügender Übereinstimmung mit dem errechneten Wert. Für in ähnlicher Weise [X.0.1] berechnete und gemessene Transportgeschwindigkeiten von Silber in Silbersulfid, das sich in einem Temperaturgefälle im Schwefeldampf befand, ergab sich eine noch bessere Übereinstimmung.

X.4 Thermokräfte

Im Anschluß an eine ausführliche Darstellung von C. WAGNER [X.4.1] über Thermoelemente mit festen chemischen Verbindungen betrachten wir folgende galvanische Kette

$$(\alpha)\ \text{Pt}\ |\ \text{AX}_\nu\ |\ \text{AX}_\nu\ |\ \text{Pt}\ |\ \text{Pt}(\beta). \qquad \text{(X.4.I)}$$

$$\underset{T}{\longleftrightarrow}\quad \underset{T+\Delta T}{\longleftrightarrow}\quad \underset{T}{\longleftrightarrow}$$

Diese Kette stellt ein Thermoelement dar, bei dem ein Schenkel aus der Verbindung AX_ν und der andere aus Platin besteht. An den kalten Enden befinden sich die Zuleitungen α und β, die beide aus dem gleichen Metall hergestellt sein sollen, z.B. beide aus Platin. Der der heißen Lötstelle eines gewöhnlichen Thermoelementes aus verschiedenen Metallen entsprechende heiße Kontakt ist hier die Grenzfläche AX_ν| Platin.

Ein Thermoelement, bei dem mindestens ein Schenkel aus einer festen Verbindung besteht, zeigt gegenüber solchen aus Metallen oder Legierungen wesentliche Unterschiede. Der wichtigste Punkt hierbei ist wohl der, daß die Thermokraft des Elementes (X.4.I) nicht eindeutig allein durch die benutzten Materialien bestimmt ist, sondern vielmehr noch von weiteren Bedingungen abhängt, die in thermodynamischer Hinsicht den Stoff AX_ν erst vollständig charakterisieren. Folgende vier Grenzfälle sind von besonderer Bedeutung:

a) Die Verbindung AX_ν hat auf ihrer gesamten Länge ein konstantes Verhältnis der Konzentrationen der Komponenten, d.h. die Stöchiometrie ist konstant. Wegen des Vorliegens eines Temperaturgradienten ist aber die thermodynamische Aktivität bzw. das chemische Potential in der Verbindung von Ort zu Ort nicht mehr konstant sondern variiert lokal.

b) Es liegt ein stationärer Gradient des Metallüberschusses bzw. -unterschusses entsprechend dem Soret-Effekt vor (vgl. den Soret-Effekt in Abschnitt X.2).

c) Es wird eine konstante Aktivität a_A des Metalls A in der Verbindung vorgegeben.

d) Es wird ein konstanter Partialdruck p_A des Metalls A oder ein konstanter Partialdruck p_{X_2} des Nichtmetalls in der Gasphase über der Probe hergestellt.

Der Fall a) liegt experimentell z.B. vor, wenn das Thermoelement (X.4.I) aus einem isothermen Gleichgewichtszustand plötzlich einem Temperaturgefälle ausgesetzt wird; dann hat sich nämlich kurz nach Vorgabe der Temperaturdifferenz die Stöchiometrie der Verbindung noch nicht geändert, d.h. sie ist über die gesamte Probe hin noch konstant wie unter isothermen Gleichgewichtsbedingungen. Der sich nach einiger Zeit neu einstellende stationäre Zustand in der Verbindung AX_ν ist — wenn keine Transportvorgänge stationär möglich sind — ein stationärer Gradient des Metallüberschusses bzw. -defizits entsprechend dem Soret-Effekt, der in Abschnitt X.2 ausführlich behandelt ist. Es liegt dann Fall b) vor.

Eine konstante Aktivität a_A des Metalls A, entsprechend Fall c), besteht z.B. dann, wenn die Verbindung AX_ν sowohl am kälteren als auch am heißeren Ende mit dem Metall A ins Gleichgewicht gesetzt wird. Diese Möglichkeit ist in der folgenden Kette (X.4.II) verwirklicht:

$$(\alpha)\text{Pt} \mid A \mid AX_\nu \mid AX_\nu \mid A \mid \text{Pt} \mid \text{Pt}(\beta). \qquad (X.4.II)$$

$$\underset{T}{\longleftrightarrow} \quad \underset{T+\Delta T}{\longleftrightarrow} \quad \underset{T}{\longleftrightarrow}$$

Im folgenden werden wir beispielhaft die Fälle b) und c) behandeln, die auch praktisch von größerer Bedeutung sind. Ein großer Teil der Überlegungen gilt jedoch auch allgemein. Für die weitere Behandlung sei auf ausführlichere Literatur [X.4.1] verwiesen, in der sich auch viele weiterführende Literaturangaben befinden. Wie in dem gesamten Kapitel wird auch hier angenommen, daß lediglich Elektronen und geladene Metallionen beweglich sind.

Die Thermokraft, die ausgerechnet werden soll, ist definiert durch

$$\varepsilon := \lim_{\Delta T \to 0} \frac{E(T, \Delta T)}{\Delta T} = \frac{dE}{dT} = \frac{d[\varphi(\beta) - \varphi(\alpha)]}{dT}, \qquad (X.4.1)$$

wobei E die EMK der Kette (X.4.I) oder (X.4.II) bedeutet. Da beide Zuleitungen α und β aus dem gleichen Metall bestehen, sind die chemischen Potentiale μ_2 der Elektronen in den Zuleitungen α und β gleich, und wir können die Differenz der elektrischen Potentiale in den Zuleitungen α und β gemäß der allgemeinen Beziehung

$$\eta_2 = \mu_2 - F\varphi \qquad (X.4.2)$$

durch die elektrochemischen Potentiale η_2 der Elektronen ersetzen:

$$\varphi(\beta) - \varphi(\alpha) = -[\eta_2(\beta) - \eta_2(\alpha)]/F. \qquad (X.4.3)$$

Unter isothermen Bedingungen gilt im thermodynamischen Gleichgewicht für Elektronenleiter, daß das elektrochemische Potential auf beiden Seiten einer Phasengrenze das gleiche ist, so daß sich anstelle von Gl. (X.4.3) schreiben läßt:

$$\varphi(\beta) - \varphi(\alpha) = -[\eta_2(\text{Pt}, \beta) - \eta_2(\text{Pt}, \alpha)]/F. \qquad (X.4.4)$$

Für die Phasengrenze $AX_\nu | \text{Pt}$ bei der höheren Temperatur $T + \Delta T$ gilt ebenfalls, daß dort zu beiden Seiten der Phasengrenze das elektrochemische Potential η_2 der Elektronen gleich ist. Damit wird klar, daß eine auftretende Differenz des elektrochemischen Potentials der Elektronen in Gl. (X.4.4) ihre Ursache in den Differenzen des elektrochemischen Potentials der Elektronen in der Verbindung AX_ν und im Platin hat, und zwar an solchen Stellen, wo Temperaturgradienten vorhanden sind. Mit diesen Überlegungen läßt sich für die Thermokraft gemäß der Definition (X.4.1) schreiben:

$$\varepsilon = \frac{d[\varphi(\beta) - \varphi(\alpha)]}{dT} = -\frac{1}{F}\left[\frac{d\eta_2(AX_\nu)}{dT} - \frac{d\eta_2(\text{Pt})}{dT}\right]. \qquad (X.4.5)$$

In dieser Gleichung treten zwei Terme auf,

$$-\frac{1}{F}\frac{d\eta_2(AX_\nu)}{dT} := \varepsilon(AX_\nu) \qquad (X.4.6)$$

und

$$-\frac{1}{F}\frac{d\eta_2(\text{Pt})}{dT} := \varepsilon(\text{Pt}), \qquad (X.4.7)$$

die als die absoluten Thermokräfte der Verbindung AX_v bzw. des Pt bezeichnet werden. Werden die Definitionen (X.4.6) und (X.4.7) in Gl. (X.4.5) eingesetzt, folgt:

$$\varepsilon = \varepsilon(AX_v) - \varepsilon(Pt). \tag{X.4.8}$$

Da bei offenem Stromkreis im Platin keine Transportvorgänge stattfinden, insbesondere der Fluß der Elektronen gleich Null ist, gilt für die Änderung des elektrochemischen Potentials der Elektronen mit der Temperatur nach Abschnitt X.1 und X.2

$$\varepsilon(Pt) = \frac{1}{F}\left[s_2(Pt) + \frac{Q_2^*(Pt)}{T}\right]. \tag{X.4.9}$$

Durch diese Gleichung ist die absolute Thermokraft des Platins auf kalorische Größen zurückgeführt. Die Änderung des Ausdrucks (X.4.9) mit der Temperatur ist dem Thomson-Koeffizienten proportional, der über die Thomson-Wärme experimentell zugänglich ist. Es gilt, wie hier nicht im einzelnen gezeigt werden soll (s. Spezialliteratur [X.4.2]), für den Thomson-Koeffizient $\tau(Pt)$ von Platin

$$\tau(Pt) = T\left(\frac{\partial \varepsilon(Pt)}{\partial T}\right)_P, \tag{X.4.9a}$$

$$\tau(Pt) = \frac{T}{F}\frac{\left[s_2(Pt) + \frac{Q_2^*(Pt)}{T}\right]}{\partial T}. \tag{X.4.9b}$$

Zur Bestimmung der absoluten Thermokraft müßte der Thomson-Koeffizient bis zur absoluten Temperatur 0 K gemessen werden. Praktisch ist man so vorgegangen, daß der Thomson-Koeffizient als Funktion der Temperatur und damit die absolute Thermokraft von Blei experimentell zunächst bestimmt worden sind. Bei Blei ist die Messung nur bis zur Sprungtemperatur für die einsetzende Supraleitung erforderlich. Durch Messung der Thermokraft eines Thermoelementes Blei/Platin kann man dann auch die absolute Thermokraft von Platin erhalten.

Zur Berechnung der absoluten Thermokraft der Verbindung AX_v betrachten wir zunächst Fall b): Wenn sich ein stationärer Gradient des Metallüberschusses bzw. -defizits, entsprechend dem Soret-Effekt einstellt, bedeutet das, daß keine Transportvorgänge stattfinden, insbesondere ist auch in der Verbindung unter dieser Bedingung der Fluß der Elektronen gleich Null. Für die Änderung des elektrochemischen Potentials der Elektronen in der Verbindung mit der Temperatur gilt dann

$$\varepsilon_b(AX_v) = \frac{1}{F}\left[s_2(AX_v) + \frac{Q_2^*(AX_v)}{T}\right]. \tag{X.4.10}$$

Im Fall c) wird in der Verbindung eine konstante Aktivität a_A des Metalls A, die mit dem chemischen Potential μ_A des Metalls und demjenigen im Standardzustand μ_A^0 durch

$$RT \ln a_A = \mu_A - \mu_A^0 \qquad (X.4.11)$$

zusammenhängt, erzwungen, so daß sich der stationäre Gradient der Aktivität, der sich entsprechend dem Soret-Effekt einstellen würde, nicht ausbilden kann, d.h. es muß stationär mit einem Fluß von Ionen und Elektronen gerechnet werden. Für die Flüsse der Ionen j_1 und der Elektronen j_2 gilt aus Gründen der Elektroneutralität:

$$z_1 j_1 = j_2. \qquad (X.4.12)$$

Durch Einsetzen der Gln. (X.1.20) und (X.1.21) in Gl. (X.4.12) ergibt sich

$$\frac{\sigma_1}{z_1} \left[\frac{d\eta_1}{dx} + \left(s_1 + \frac{Q_1^*}{T} \right) \frac{dT}{dx} \right] = \sigma_2 \left[\frac{d\eta_2}{dx} + \left(s_3 + \frac{Q_3^*}{T} \right) \frac{dT}{dx} \right]. \qquad (X.4.13)$$

Da sich das chemische Potential des Metalls in das der Ionen und der Elektronen aufteilen läßt (s. Gl. (V.2) und Kapitel II.5), kann der Gradient des elektrochemischen Potentials der Ionen durch den Gradienten des chemischen Potentials des Metalls und den Gradienten des elektrochemischen Potentials der Elektronen,

$$\frac{d\eta_1}{dx} = \frac{d\eta_1}{dT} \frac{dT}{dx} = \left(\frac{d\mu_1}{dT} - z_1 \frac{d\eta_2}{dT} \right) \frac{dT}{dx}, \qquad (X.4.14)$$

ausgedrückt werden.

Aus Gl. (X.4.14) und (X.4.13) sowie Auflösen nach $\frac{d\eta_2}{dT}$ folgt unter Berücksichtigung von Gl. (X.4.7)

$$\varepsilon_c(AX_\nu) = \frac{1}{F} \left[\frac{\sigma_1}{\sigma_1 + \sigma_2} \frac{1}{z_1} \left(-\frac{d\mu_1}{dT} - s_1 - \frac{Q_1^*}{T} \right) \right.$$
$$\left. + \frac{\sigma_2}{\sigma_1 + \sigma_2} \left(s_3 + \frac{Q_3^*}{T} \right) \right]. \qquad (X.4.15)$$

Hierin ist die absolute Thermokraft der Verbindung AX_ν für den Fall c) bereits durch kalorische Größen und die Teilleitfähigkeiten der Elektronen und Ionen ausgedrückt. Um zu meßbaren Größen zu gelangen, wird Gl. (X.4.15) weiter umgeformt. Für $d\mu_A/dT$ kann man schreiben:

$$\frac{d\mu_A}{dT} = \frac{d\mu_A^0}{dT} + R \ln a_A = -s_A^0 + R \ln a_A, \qquad (X.4.16)$$

worin s_A^0 den Standardwert der molaren Entropie des Metalls A bedeutet. Einsetzen von Gl. (X.4.16) in (X.4.15) liefert

$$\varepsilon_c(AX_\nu)_{a_A = \text{konst}} = \frac{1}{F} \left[\frac{1}{z_A} \frac{\sigma_1}{\sigma_1 + \sigma_2} \left(s_A^0 - s_1 - R \ln a_A - \frac{Q_1^*}{T} \right) \right.$$
$$\left. + \frac{\sigma_2}{\sigma_1 + \sigma_2} \left(s_2 + \frac{Q_2^*}{T} \right) \right]. \qquad (X.4.17)$$

Diese Gleichung ist der allgemeine Ausdruck für die absolute Thermokraft der Verbindung AX_ν im Falle c). Wenn ein überwiegender Ionenleiter vorliegt, vereinfacht sich Gl. (X.4.17) weiterhin, indem der zweite Term in der eckigen Klammer verschwindet und sich auch die Teilleitfähigkeiten beim ersten Term herausheben. Damit ergibt sich als Spezialfall die in der Literatur [X.4.3] viel behandelte Gleichung

$$\varepsilon_c(AX_\nu)_{a_A = 1, \sigma_1 \gg \sigma_2} = \frac{1}{z_A F} \left(s_A^0 - s_1 - \frac{Q_1^*}{T} \right). \qquad (X.4.18)$$

Literatur

X.0.1 RICKERT, H., WAGNER, C.: Ber. Bunsenges. phys. Chem. **67**, 621 (1963).
X.1.1 DEGROOT, S. R.: Thermodynamics of Irreversible Processes. Amsterdam: North-Holland Publ. Comp. 1951. Deutsche Übersetzung von H. STAUDE, Bibliographisches Institut, Mannheim, 1960.
DEGROOT, S. R., MAZUR, P.: Non-equilibrium Thermodynamics. Amsterdam: North-Holland Publ. Comp. 1962.
DENBIGH, K. G.: The Thermodynamics of the Steady State. London: Methuen 1951.
PRIGOGINE, I.: Étude thermodynamique des phénomènes irreversibles. Paris: Dunod 1947.
X.1.2 WAGNER, C.: Z. physik. Chem. **B 21**, 25 (1933).
X.2.1 WAGNER, C.: J. chem. Phys. **21**, 1819 (1953).
X.2.2 SATTLER, V., RICKERT, H.: Erscheint demnächst.
X.3.1 RICKERT, H.: Z. physik. Chem. N.F. **23**, 355 (1960).
X.4.1 WAGNER, C.: Progress in Solid State Chemistry, Vol. 7 (Hrsg. H. REISS, J. MCCALDIN). Oxford u.a.: Pergamon Press 1972.
X.4.2 DELAHAY, P., TOBIAS, C. W.: Advances in Electrochemistry and Electrochemical Engineering, Vol. 3, S. 69. New York: Interscience Publ. 1963.
HAASE, R.: Thermodynamik der Mischphasen. Berlin-Göttingen-Heidelberg: Springer 1956.
X.4.3 AGAR, J. N.: Advances in Electrochemistry and electrochemical Engineering, Vol. 3, S. 31. New York: Interscience Publ. 1963.
HAASE, R.: Thermodynamik der irreversiblen Prozesse. Darmstadt: DR. Dietrich Steinkopff-Verlag 1963.
LIDIARD, A. B.: Handbuch der Physik, Encyclopedia of Physics, Bd. 20. Berlin-Göttingen-Heidelberg: Springer 1957.
PITZER, K. S.: J. Chem. Phys. **65**, 147 (1961).

Namenverzeichnis

Ackermann, W.   140
Agar, J. N.   215
Alcock, C. B.   4
Arrhenius, S.   2

Barr, L. W.   45, 100, 116
Baumbach, H. H. v.   53
Bedworth, R. E.   3, 167, 143, 152, 199
Belton, W. L.   4
Birchenall, C. E.   200
Birks, N.   200
Bogren, E. C.   53, 116, 199
Bronstein, I. N.   116
Bruni, E.   3, 102, 116
Bueren, H. G. van   44
Burke, L. D.   53, 116, 199

Carslaw, H. S.   83, 116, 200
Catoul, P.   140
Chu, W. F.   200
Crank, J.   83, 157, 160, 199, 200
Cutler, I. B.   200
Czerski, L.   143, 152, 164, 199

Darken, L. S.   86, 92, 116
Debye, P.   2
De Groot, S. R.   116, 215
Dekker, A. J.   44, 71
Delahay, P.   215
Denbigh, K. G.   116, 215
Detry, D.   200
Diaz, C. M.   140
Doehlmann, E.   46
Dougall, P.   78
Dravnieks, A.   164, 199
Drowart, J.   200
Dünwald, H.   53
DuPré, K. F.   29, 45

Egan, J. J.   126, 140
Eggert, S.   116
Eichenauer, W.   199

El Miligy, A. A.   199
Engell, H. J.   46, 140
Erdey-Gruz, T.   2
Eyring, H.   44
Eysel, H. H.   138, 140

Falkenhagen, H.   2
Faraday, B. J.   2
Faurschou, D. K.   140
Fischer, W. A.   138, 140
Fitterer, G. R.   140
Frenkel, J.   3, 4, 15, 26, 44, 45
Frumkin, A. N.   2
Fruehan, R. J.   140

Galvani, L.   2
Geserich, H. P.   78, 80
Glaser, G.   53
Gool, W. van   44, 45
Gordon, R. S.   200
Gray, T. J.   44
Grotthus, T.   2
Grünewald, K.   152
Gundermann, J.   53
Gurney, R. W.   53

Haase, R.   215
Haber, F.   3, 102, 116
Harvey, W. W.   71
Hauffe, K.   4, 13, 44, 46, 53, 83, 116, 143, 152
Hebb, M.   3, 106, 116, 153, 200
Hedvall, J. A.   44
Helmholtz, H. L. F. von   2
Henderson, J. B.   140
Henderson, D.   44
Hertz, H.   177, 200
Heus, R. J.   140
Hilsch, R.   53
Himmel, L.   200
Hittorf, J. W.   2

Hückel, E.   2
Huggins, R. A.   140
Hund, F.   53
Hutner, K. A.   29, 45

Ilschner, B.   116
Inghram, M. G.   200

Jaeger, J. C.   83, 116, 200
Joffé, A. F.   44
Jost, W.   29, 44, 45, 83, 100, 116

Keller, H.   200
Ketelaar, J. A. A.   152
Kittel, C.   44, 71
Kiukkola, K.   122, 125, 140
Kleinschmager, H.   138, 140
Knudsen, M.   200
Koch, E.   26, 45, 152
Köster, W.   144, 152
Kofstad, P.   144, 152
Kortüm, G.   4, 23, 45
Kröger, F. A.   4, 9, 11, 23, 42, 44–46, 53
Kummer, J. T.   140

Lidiard, A. B.   29, 45, 100, 116, 215
Littleton, N. F.   29, 45
Lorenz, F.   116

Maak, F.   136, 140
McDougall, J.   62, 71, 80
Madelung, O.   71
Manning, J. R.   116
Martonik, L. J.   140
Mazur, P.   116, 215
Mehl, R. F.   200
Menzies, A. W.   191, 200
Mijatani, S.   72, 80, 107, 116
Mott, N. F.   29, 44, 45, 53
Mrowec, S.   143, 152, 164, 199, 200
Müller, G.   199

Nernst, W.   2

O'Briain, C. D.   199
Osterwald, J.   140
Owens, B. B.   139, 140

Pargeter, J. K.   140
Patterson, J. W.   53, 116, 199
Pearson, G. L.   71
Pettit, F. S.   143, 152

Pfeiffer, H.   143, 152
Pick, H.   45, 53
Pilling, N. B.   3, 143, 152, 167, 199
Pitzer, K. S.   215
Pluschkell, W.   140
Pohl, R. W.   53
Prigogine, I.   116, 215

Rahlfs, P.   73, 80
Raleigh, D. O.   4
Rapp, R. A.   4, 53, 116, 136, 140, 199
Ratchford, R. J.   200
Reich, A.   138, 140
Reinhold, H.   3, 72, 80, 116, 119, 139
Reiss, H.   44
Richards, S.   140
Richardson, F. D.   140
Rickert, H.   53, 80, 116, 139, 140, 143, 152, 199, 200, 215
Ritter, G.   2
Rittner, E. S.   29, 45
Rizzo, H.-F.   200
Rohr, F. J.   138, 140
Rosenberg, A. J.   71
Ruka, R.   137, 140

Sand, H. J.   199
Sattler, V.   72, 80, 215
Scarpa, O.   3, 102, 116
Schmalzried, H.   105, 116, 126, 140, 200
Schottky, W.   3, 4, 15, 19, 20, 22, 29, 44–46, 56, 68, 71
Schwab, G. M.   46
Semendjajew, K. A.   116
Shewmon, P. G.   116
Simkovich, G.   47, 53
Smith, J. V.   200
Sockel, H. G.   200
Spenke, E.   44, 71
Stasiw, O.   44
Steele, B. C. H.   4, 53
Steiner, R.   53, 116, 138, 140, 199
Stoner, E. C.   62, 71, 78, 80
Süptitz, P.   29, 45
Swinkels, D. A. J.   140

Tammann, G.   3, 143, 144, 152, 167, 199
Tegetmeier, F.   3, 102, 116
Teltow, J.   29, 45
Tobias, C. W.   215
Tolloczko, A.   3, 102, 116
Tubandt, C.   3, 72, 80, 102, 116
Turkdogan, E. T.   140

Valverde, N. 116
Vink, H.J. 9, 11
Volmer, M. 2, 200
Volta, A. 2

Wagner, C. 4, 15, 20, 26, 44, 53, 72–75, 79, 80, 83, 92, 104, 106, 116, 122, 125, 140, 141, 144, 152, 153, 180, 200, 210, 215
Wagner, H. 199
Wagner, J. B. 143, 152, 180, 200

Warburg, E. 3, 102, 116
Weissbart, J. 137, 140
Weppner, W. 200
Werber, T. 143, 152, 164, 199
West, L. A. 191, 200
Whittingham, M. S. 140
Wilder, T. C. 140
Wolkenstein, T. 46

Yinger, R. 152
Yoa, Y. F. Y. 140

Sachverzeichnis

Ad-Atome 177
Ag, Durchtritt durch die Phasengrenze
 Ag/Ag$_2$S 170–176
—, Reaktion mit Schwefel 149, 150
AgCl 118–120
AgJ 103, 165, 170, 185, 196
Ag$_4$RbJ$_5$ 138
α-Ag$_2$S 72–80, 120, 121, 149–151, 196–199
β-Ag$_2$S 79
Akzeptoren 32
Alkali-Halogenide 47
β-Al$_2$O$_3$ 138
Anlaufkonstante, parabolische 145–150
Anti-Schottky-Gleichgewicht 29
Anti-Struktur-Gleichgewicht 30
Austrittsarbeit 67, 68

Bauelemente, relative 7–15, 34
—, Zusammenhang mit Strukturelementen 12
Beweglichkeit, elektrische 81, 89
—, mechanische 81, 83, 84
Boltzmann-Näherung 63
Brennstoffzellen 138

CaF$_2$ 126
chemische Potentiale von Störstellen 19
chemisches Potential 18
— — adsorbierter Teilchen 43
— — von Ag in Ag$_2$S 127–132
— — von S in Ag$_2$S 135, 136
CuBr 178
CuO 51, 53
Cu$_2$O 51, 52, 122, 123

Deckschichtbildung auf Metallen 141–152
—, lineares Zeitgesetz 143
—, logarithmisches Zeitgesetz 144
—, parabolisches Zeitgesetz 143

Defektelektronen, Aktivitätskoeffizient bei Entartung 66
—, Fermi-Verteilungsfunktion 59
—, Gleichgewicht mit Elektronen 31
Diffusion 81
—, chemische 92, 93, 193–199
— von Sauerstoff in Metallen 154–164
Diffusionskoeffizient 82, 83
—, chemischer 92
—, Fickscher 82
—, Komponenten 85
—, Tracer 87
Diffusionsmechanismen 98
Donatoren 32
Doppeloxide 151, 152
Doppelsalze 151, 152

Eigenfehlordnung 26, 32
Eigenleitung 54
Elektrochemie fester Stoffe,
 geschichtliche Entwicklung 1–3
— wäßriger Lösungen,
 geschichtliche Entwicklung 2, 3
elektrochemische Potentiale 18
Elektronen, Aktivitätskoeffizient bei Entartung 66
—, chemisches Potential 63
—, chemisches Potential im Standardzustand 65
—, elektrochemisches Potential 31, 54
—, Gleichgewicht mit Defektelektronen 31
—, partielle innere Energie 57
Energiefluß 202

Fehlerintegral 157
Fehlordnung, strukturelle 47
Fehlordnungsgleichgewichte 15
— im Volumen 23–36
—, kinetische Herleitung 34–36
— mit Nachbarphasen 36–42
— mit Oberflächen 42–44

Fehlordnungsreaktionen,
  Gleichgewichtsbedingung 18
Fermipotential 31, 54−63, 129
Fermi-Verteilungsfunktion 56
Festkörperreaktionen 141−152
Ficksche Gesetze 82, 83
Frenkel-Fehlordnung 26, 47
Frenkel-Gleichgewicht 24, 25, 34, 35

Galvani-Potential 70
Galvani-Spannung 70
galvanische Ketten 1. Art 127−135
− − 2. Art 135, 136
Gibbs-Energie, reales Gitter 19−21
Gibbssche Bildungsenergie von AgCl 118−120
− − von Ag_2S 120, 121
− − von AlF_3 126
− − von COF_2 126
− − von Cu_2O 122−125
− − von FeO 123, 124
− − von $NiAl_2O_4$ 125, 126
− − von NiF_2 126
− − von NiO 124, 125
− − von PbF_2 126
− − von PbS 121, 122
− − von ThF_4 126
− − von UF_2 126
− Reaktionsenergie 103, 118
Gitterfehler 5−15

Helmholtzsche Betrachtungsweise 117

Interstitialcy-Mechanismus 99
Intrinsic-Dichte 63
intrinsic disorder 26
Ionisierungsgleichgewichte 33
Ionosorptionsgleichgewicht 42

Jod, Verdampfung aus CuJ 176−183

kinetische Untersuchungen 153
Knudsenzelle 184
−, elektrochemische 185−192
Komponentendiffusionskoeffizient 85−87
Kontaktpotential 69
Korrelationsfaktor 95, 98
Kräfte, verallgemeinerte 202
Kröger-Vink-Symbolik 10

Leerstellen 6
−, Gleichgewicht zwischen einfachen und zusammengesetzten 33, 34
Leerstellenmechanismus 98
Leitfähigkeit, spezifische elektrische 87

Mischphase, geordnete 5

Nernstsche Betrachtungsweise 117
Nernst-Einstein-Gleichung 84−86, 99
nichtisotherme Systeme 201
NiS, Bildung auf Ni 164−170
NiO 124

Onsager-Koeffizienten 91, 92, 202
Onsager-Reziprozitätsbeziehungen 203
Oxidation von Cu 148, 149
− von Metallen 141−152
− von Zn 149

PbS 121, 122
Phasengrenze Ag/Ag_2S 170−176
− Festkörper/Vakuum 67
Polarisationsmessungen 101
−, stationäre 106

Reaktionsenthalpien, Bestimmung aus EMK-Messungen 137

S, Reaktion mit Ag 149−151
S, Verdampfung aus Ag_2S 195
Sauerstoffaktivität in flüssigem Kupfer 134, 135
− in flüssigen Metallen 137
Sauerstoffpartialdruck in Gasen 132, 133, 137
Sauerstoffdiffusion in Metallen 154−164
Schottky-Fehlordnung 28, 47
Schottky-Gleichgewicht 26−28
Schottky-Symbolik 12
−, alt 13
−, neu 13
Schwefeldampf, Thermodynamik 185
Selbstdiffusionskoeffizient 87
Selendampf 191
Silber-Halogenide 47
Soret-Effekt 201, 205−207
Sprungfrequenz 99
Sprungweite 99
Standardzustände der Elektronen 65
Störstellen 7−15
−, chemisches Potential 19, 22
−, elektrochemisches Potential 2

Sachverzeichnis

—, Wechselwirkung untereinander 23
Störstellen-Assoziate 47
Störstellenleitung 55
Strukturelemente 9, 34
—, Zusammenhang mit Bauelementen 12
Substitutionsteilchen 6

Teilchenfluß 84
— im elektrischen Feld 87
— im elektrochemischen Potentialgefälle 89, 90
Teilleitfähigkeit 81
—, Meßverfahren 100
—, Zusammenhang mit dem Komponentendiffusionskoeffizienten 89
—, Zusammenhang mit mechanischer Beweglichkeit 89
thermodynamische Aktivität von Ag in Ag_2S 127–132
— — von Ni in Cu-Ni-Legierungen 136
thermodynamischer Faktor 86, 194
Thermokraft 210–215
—, absolute 213, 215
Thermospannung 201
Thomson-Koeffizient 213
ThO_2 48, 111–115
Titration, elektrochemische 75, 76
Tracer-Diffusionskoeffizient 87
Transitionszeit 164
Transportgleichungen 202

Transportvorgänge, phänomenologische Behandlung 81
—, statistische Behandlung 94

Überführungsmessungen 101, 102
Überführungswärme 204
Überführungszahl 87
—, Bestimmung durch EMK-Messung 101, 103–106

Verdampfung von Jod aus CuJ 176–183
Verdampfungsgeschwindigkeit, maximale 177–180, 183
Verschiebungsquadrat, mittleres 96–98
Volta-Potential 69

Wahrscheinlichkeit, thermodynamische 57
Wüstit 123, 124, 193–196

Zeitgesetz, parabolisches 145
ZnO 51
ZrO_2 48, 109–115, 154–164, 193
—, Fehlordnung 49
—, Teilleitfähigkeiten 50
Zustandsdichte 60
—, effektive 62
Zwischengittermechanismus 98
Zwischengitterteilchen 6

K. Hauffe
Reaktionen in und an festen Stoffen

2., erweiterte
Auflage
Mit 525 Abbildungen
XII, 968 Seiten. 1966
(Anorganische und
allgemeine Chemie in
Einzeldarstellungen,
Bd. 2)
Geb. DM 198,–
US $ 81.20
ISBN 3-540-03459-5

Preisänderungen
vorbehalten

**Springer-Verlag
Berlin
Heidelberg
New York**
München London Paris
Sydney Tokyo Wien

In dem Buch wird zum ersten Mal der Versuch unternommen, die vielfältigen Erscheinungen beim Reaktionsablauf in und an festen Stoffen auf einige wenige Elementarschritte zurückzuführen. Neben Phasengrenzreaktionen sind häufig auch Diffusionsvorgänge für den Reaktionsablauf von entscheidender Bedeutung. Art und Geschwindigkeit des Ablaufs derartiger Vorgänge werden maßgebend durch die Ionen- und Elektronenfehlordnung im festen Körper bestimmt, der die Ausgangsstoffe räumlich voneinander trennt.
Es war daher wünschenswert, einen nicht unerheblichen Teil des Buches den Fehlordnungserscheinungen zu widmen, da die hieraus gewonnenen Erkenntnisse in Verbindung mit den verschiedenen Diffusionsmöglichkeiten, die ebenfalls ausführlich behandelt werden, die Basis für das Verständnis der Metalloxydation, der Erzreduktion, der Spinell- und Doppelsalzbildung sowie der Gasreaktionen an halbleitenden Katalysatoren bilden. Die Beschreibung des Mechanismus und der Technik der Veränderung der Konzentration dieser Fehlordnungsstellen stand daher im Mittelpunkt der Betrachtung.
Ein besonderes Kapitel wurde den Gasreaktionen an Halbleiteroberflächen gewidmet unter gleichzeitiger Berücksichtigung gewisser Teilprobleme aus der heterogenen Katalyse.

W. Bollmann
Crystal Defects and Chrystalline Interfaces

By W. Bollmann, Dr. sc. nat., Dipl. Phys., Battelle Institute, Advanced Studies Center, Geneva, and Privatdozent, Eidgenössische Technische Hochschule, Zürich

158 figures and a Set of Moiré Models.
XI, 254 pages. 1970
Cloth DM 98,–; US $40.20
ISBN 3-540-05057-4

Prices are subject to change without notice

Springer-Verlag
Berlin
Heidelberg
New York
München · London · Paris
Sydney · Tokyo · Wien

From the reviews:

"The title of this book suggests that it is a text on crystal imperfections, in particular the solid–solid boundaries, which are all too often neglected by many authors in this field. The attractive illustration on the dust cover reinforces this impression. However, after a cursory glance through its pages many mineralogists might conclude that this is a text of linear algebra, which somehow has found its way into the wrong dust cover. In fact, the author is presenting his geometrical concept of crystalline interfaces and in this is contained a new and potentially significant technique for the structural analysis of these defects. These analyses are being applied by metallurgists to grain boundary studies. It is too early to assess the real value of the author's concept to this field and therefore draw any definite conclusions as to its mineralogical potential. There are no apparent reasons why it should not be applied by mineralogists to interfaces in mineral systems . . . The book is well written, well illustrated, and contains few errors, misprints, etc. The reproduction of the included photomicrographs is excellent. The overall understanding of the text is aided by the regular inclusion of summaries and discussions. The book is not suitable as an introductory or general text on defects and interfaces for undergraduate or graduate mineralogists and geologists. Its appeal is, at present, limited to researchers studying the structure and properties of solid–solid boundaries. However, as the study of solid state reactions by electron microscopy becomes more universal in mineralogy, the need for a specialized book such as this will increase amongst mineralogists."

Mineralogical Society

". . . Bollmann has worked in this field for 14 years, and his book is a survey of the types of dislocation which exist in crystals, followed by an account of their effects. His own work has contributed considerably to the understanding of how dislocations arise, and what their frequency is likely to be. This is a highly technical book, mathematical in the later chapters, but containing a good exposition of a difficult subject, and it is made more interesting by lucid diagrams and by a set of moiré models in a flap pocket . . ."

The Pharmaceutical Journal

"The general geometrical theory behind the subject of crystalline interfaces is presented as a whole for the first time in this book. Special emphasis is given to discussion, and many diagrams are included in order that a clear view of the basic concepts can be obtained. Instead of specific exercises, general suggestions for them are given. Many of the ideas contained in the book originated from observations made on moiré models and the subsequent formulation of these models in mathematical terms."

Crystallography

K. J. Vetter
Elektrochemische Kinetik

342 Abbildungen
XVI, 698 Seiten. 1961
Gebunden DM 179,–; US $73.40
ISBN 3-540-02767-X

Preisänderungen vorbehalten

If you have any concerns about our products,
you can contact us on
ProductSafety@springernature.com

In case Publisher is established outside the EU,
the EU authorized representative is:
**Springer Nature Customer Service Center GmbH
Europaplatz 3, 69115 Heidelberg, Germany**

Printed by Libri Plureos GmbH
in Hamburg, Germany